MIKROSKOPISCHE ANATOMIE DER WIRBELTIERE

IN EINZELDARSTELLUNGEN

Von

RUDOLF KRAUSE

A. O. PROFESSOR DER ANATOMIE AN DER UNIVERSITÄT BERLIN

III.

AMPHIBIEN

MIT 85 ORIGINALABBILDUNGEN IM TEXT

BERLIN UND LEIPZIG 1923

WALTER DE GRUYTER & CO.

VORMALS G. J. GÖSCHEN'SCHE VERLAGSHANDLUNG :: J. GUTTENTAG, VERLAGSBUCHHANDLUNG :: GEORG REIMER :: KARL J. TRÜBNER :: VEIT & COMP.

Druck von Metzger & Wittig in Leipzig.

Inhaltsangabe.

Amphibien.

II. Ordnung: **Anuren.**

In der Jugend stets Wasserbewohner, die ausgebildeten Tiere leben teils im Wasser, teils auf dem Lande. Körper gedrungen, schwanzlos, mit vier zum Laufen und Springen dienenden, gegliederten Beinen. Hintergliedmaßen durch den aus Ileum und Ischiopubis bestehenden Beckengürtel, Vordergliedmaßen durch den aus Skapula, Supraskapula, Korakoid und Klavikula bestehenden Schultergürtel mit der Wirbelsäule verbunden. Die beiderseitigen Schultergürtel sind wieder durch das in der Mittellinie der Ventralfläche gelegene Sternum und Episternum vereinigt. Rippen fehlen. Die Wirbelsäule setzt sich aus 9 prozölen Wirbeln und dem stabförmigen Steißbein zusammen. Der durch zwei Gelenkhöcker mit dem ersten Wirbel (Atlas) gelenkig verbundene Schädel besteht aus dem nur teilweise verknöchernden knorpligen Primordialkranium und den sekundären Deckknochen. Er bildet eine allseitig geschlossene Kapsel für das Gehirn in Verbindung mit einer Nasen- und Ohrenkapsel. Oberkieferbein nicht mehr beweglich, sondern dem Schädel fest angefügt, durch das Quadratomaxillare mit dem knorpeligen Quadratbein verbunden, dessen Processus pterygoideus den Arcus subocularis bildet und sich mit der Nasenkapsel verbindet. Mit dem Quadratum artikuliert der MECKELsche Knorpel und bildet mit dem Dentale und Angulare zusammen den Unterkiefer. Von dem Viszeralskelett werden die Kiemenbogen vollkommen zurückgebildet bis auf die die Zunge stützende Cartilago hyoidea.

Haut nackt, mit zahlreichen Drüsen. Am Auge tritt ein bewegliches unteres Augenlid auf. Im häutigen Labyrinth schnürt sich vom Sakkulus die Pars basilaris und die Lagena ab. Zu dem inneren Ohr gesellt sich das Mittelohr mit Paukenhöhle, Kolumella und Trommelfell. Das Geruchsorgan ist in die paarige Nasenhöhle eingelagert, die sich durch die Choane in die Mundhöhle öffnet und in ausgedehntem Maße der Atmung dient. Das Gehirn ist ausgezeichnet durch Zurücktreten des Mittelhirns, geringe Entwicklung des Kleinhirns und Auftreten der Hemisphären des Vorderhirns.

Zähne am Ober-, Zwischen- und Unterkiefer und am Vomer vorhanden. Zunge stark entwickelt, muskulös, am Vorderende fixiert und ausklappbar. Mundhöhlendrüsen vorhanden. Magen deutlich abgesetzt, Darm lang, in Schlingen liegend. Atmung durch Lungen, paarige Ausstülpungen des Vorderdarms und mit diesem durch die unpaare Stimmlade verbunden. In der letzteren kommt es zur Ausbildung von Stimmfalten. Die paarigen Nieren sind Urnieren, ihr Ausführungsgang ist der in die Kloake mündende WOLFFsche Gang. Die Harnblase ist eine ventrale Ausstülpung der Kloakenwand. Die Geschlechter sind getrennt, doch findet sich nicht selten ein rudimentärer Hermaphroditismus. Die paarigen Hoden treten durch ihre Vasa efferentia in Verbindung mit dem Kanalsystem der Niere, so daß der Harnleiter gleichzeitig als Samenleiter dient. Beim weiblichen Geschlecht geht die Verbindung von Eierstock und Niere verloren. Die Eier gelangen in die Bauchhöhle, werden von dem zum Eileiter ausgebildeten MÜLLERschen Gang aufgenommen und in die Kloake entleert. Das Herz besteht aus zwei Vorkammern und einer Kammer. In die rechte Vorkammer mündet der das gesamte Venenblut aufnehmende Sinus venosus, in die linke Vorkammer ergießen sich die Lungenvenen. Beide Vorkammern werfen ihr Blut in die Kammer, von wo es durch den aus dem Bulbus cordis entspringenden Truncus arteriosus zum Teil dem Körperkreislauf, zum Teil den Lungen zugeführt wird.

Rana esculenta.

Als Vertreter der Anuren wählen wir den ja überall leicht erhältlichen, zum wissenschaftlichen Haustier gewordenen grünen Wasserfrosch, Rana esculenta. Von der fast immer kleineren Rana fusca unterscheidet er sich durch die mehr grüne Färbung, die tiefe rinnenartige Furche zwischen den Augen, die spitze Schnauze, die einheitliche Daumenschwiele des männlichen Tieres und die längeren Schwimmhäute. Die Tiere sind vom Frühjahr bis Spätherbst erhältlich und lassen sich auch in geeigneten Behältern leicht überwintern. Die Laichzeit fällt in die zweite Hälfte des Mai, die Metamorphose findet im Spätherbst oder im nächstfolgenden Frühjahr statt.

Für die allgemeinen technischen Manipulationen mögen folgende Anhaltspunkte dienen. Da, wo es nicht auf die Erhaltung der nervösen Zentralorgane ankommt, tötet man den Frosch mittels Durchschneidung der Wirbelsäule. Man faßt zu diesem Zweck das Tier mit der linken Hand um Hinterbeine und Becken und führt das spitze Blatt einer kräftigen Schere dicht hinter dem Kopf durch die Haut und unter der Wirbelsäule hindurch. Nach der Durchschneidung wird eine stumpfe Sonde in die Schädelhöhle und den Wirbelkanal eingeführt und dadurch Gehirn und Rückenmark zerstört. Sollen diese Teile erhalten werden, so tötet man das Tier dadurch, daß man es unter eine Glasglocke setzt und einen mit Chloroform getränkten Wattebausch hinzugibt. Kommt es darauf an, das Tier unter Erhaltung der Blutzirkulation zu betäuben und zu immobilisieren, so injiziert man ihm ungefähr 0,5 ccm einer 10%igen Urethanlösung mittels einer Pravazspritze in den Rückenlymphsack. Nach einer Viertelstunde ist es dann bewegungslos.

Injektionen, physiologische und künstliche führt man entweder von der V. abdominalis oder vom Bulbus cordis aus. Die Freilegung der ersteren gestaltet sich folgendermaßen. Dem wie vorher narkotisierten Tiere wird in Rückenlage die Bauchhaut von der Symphyse bis zum Kieferwinkel gespalten. Durch die in der Mittellinie des Bauches verlaufende Linea alba schimmert dann das gesuchte Gefäß durch. Ungefähr 1 cm rechts von dieser Linie durchtrennt ein Längsschnitt den geraden Bauchmuskel, und mittels zweier eingeführten Seidenfäden wird der entstandene Lappen nach links umgeklappt. Es liegt dann das starke, aber sehr dünnwandige Gefäß frei zutage und kann mit einer krummen Nadel umstochen werden. Man schneidet das Gefäß quer an und schlitzt es von der entstandenen Öffnung aus eine kurze Strecke weit. Die einzuführende Kanüle kann ziemlich dick sein.

Zur Freilegung des Bulbus cordis dient der gleiche Hautschnitt. Man faßt mit einer Hakenpinzette den durch die Bauchdecke durchschimmernden kaudalen knorpligen Teil des Sternums, zieht ihn kräftig an und legt ihn durch einen Scherenschlag frei. Ein zweiter querer Schnitt durchtrennt die Pars ossea des Sternums. In dem so entstandenen Fenster der Brustwand erscheint dann das Herz, umschlossen von seinem Herzbeutel. Nach Spaltung des letzteren erblickt man auf der rechten Herzseite zwischen Kammer und rechter Vorkammer den schräg ansteigenden Bulbus cordis mit dem von ihm ausgehenden Truncus arteriosus impar. Um die Spaltungsstelle des letzteren in die

Trunci arteriosi dexter und sinister herum wird mit einer kleinen stumpfen Umstechungsnadel ein Faden um den Trunkus gelegt und zur lockeren Schlinge geschürzt. Dann wird der Bulbus am rechten Ende angeschnitten, das entweichende Blut sorgfältig aufgetupft und die Kanüle durch den Bulbus bis in den Truncus impar eingeführt und eingebunden. Beide Operationen lassen sich bei einiger Übung leicht und ohne jede Assistenz ausführen.

Vom Bulbus cordis aus lassen sich auch Totalfixationen des ganzen Tieres vornehmen, die eine gleichmäßig gute Fixation aller Teile gewährleisten und sich besonders für Herstellung von Übersichtsschnitten empfehlen. Man injiziere zunächst einige Kubikzentimeter Kochsalzlösung, wobei das Herz wieder kräftig zu schlagen anfängt und dann erst die Fixationslösung. Als solche empfiehlt sich 10—20%iges Formalin und in ganz hervorragendem Maße die BOUINsche Flüssigkeit. In letzterer bleibt das Tier noch 24 Stunden liegen und wird dann ebenso lange in fließendem Wasser gewaschen und für mehrere Tage in 70- und 85%igen Alkohol übertragen. Setzt man dann dem letzteren 7,5% Salpetersäure zu, so erreicht man in 2—3 Tagen eine vollkommene Entkalkung des ganzen Tieres. Der Säureüberschuß muß durch öfteres Wechseln des 85%igen Alkohols nachträglich entfernt werden.

1. Die Haut.

Die besonders auf der Dorsalfläche außerordentlich dicke und derbe Haut des Frosches ist von den die Muskulatur bedeckenden Faszien fast überall durch weite Lymphräume, die Lymphsäcke, getrennt. Sie werden durch besondere, von der Haut zu den Faszien verlaufende Septen geschieden. Nur an der Schnauze und den Seitenflächen des Kopfes fehlen diese Lymphsäcke.

Wir wählen zur Untersuchung die Rückenhaut des Tieres, spannen sie mit Igelstacheln auf einer Wachsplatte auf und fixieren in BOUINscher oder ZENKERscher Flüssigkeit. Die dünnen Paraffinschnitte werden entweder mit Biondilösung oder mit Eisenhämatoxylin gefärbt oder mit Resorzinfuchsin vor und mit Pikrofuchsin nachgefärbt. Man versäume ferner nicht die Anfertigung von Rasiermesser- oder noch besser Gefrierschnitten durch die in Formalin fixierte Haut zwecks Untersuchung des ungefärbten Schnittes auf die Pigmentierung hin. Die nachträgliche Behandlung solcher Gefrierschnitte mit dünner Lösung von Osmiumsäure läßt die Nervenverteilung vorzüglich hervortreten.

Die Epidermis der Froschhaut (Fig. 215 *ep*) erreicht am Rücken eine durchschnittliche Dicke von 50 μ und besteht aus 5—6 Zellschichten. Die tiefste Schicht setzt sich aus kubischen bis zylindrischen Zellen zusammen, dann folgen 3—4 Schichten polyedrischer Zellen und schließlich wird die Epidermis nach außen durch eine einfache Schicht platter Zellen abgeschlossen. Bei Kresylviolettfärbung erscheint diese letztere Schicht rein hellblau, mit Eisenhämatoxylin wird sie tiefschwarz, mit Biondilösung leuchtend orange gefärbt. Ihre Zellen sind verhornt, deshalb bezeichnen wir sie als Hornschicht, Stratum corneum (*stracor*). Sie wird vom Frosch in bestimmten Intervallen abgestoßen (Häutung) und dann durch Umwandlung der Zellen der nächst tieferen Schicht wieder ersetzt. Auf der freien Fläche der Hornschicht verläuft noch ein ganz feiner, glänzender Saum, die Kutikula.

Die 4 oder 5 tieferen Schichten werden als Stratum germinativum, Keimschicht (*strage*) zusammengefaßt. Die Zellen lassen schmale Interzellulärspalten zwischen sich und enthalten Epithelfasern, welche die ganze Schicht, von Zelle zu Zelle durchlaufend, durchsetzen.

Sämtliche Zellen der Epidermis enthalten Pigment in ihrem Zelleib in Form feiner brauner Körnchen, und zwar in größerer oder geringerer Menge. Außerdem aber stoßen wir in der Epidermis noch auf besondere Pigmentzellen,

Chromatophoren oder Melanophoren (*mela*$_1$). Sie finden sich zumeist in den mittleren Schichten des Stratum germinativum, nie in der Hornschicht, haben einen kleinen Zellkörper mit deutlichem Kern und mehr oder weniger zahlreichen Ausläufern, die zwischen den benachbarten Epithelzellen vordringen.

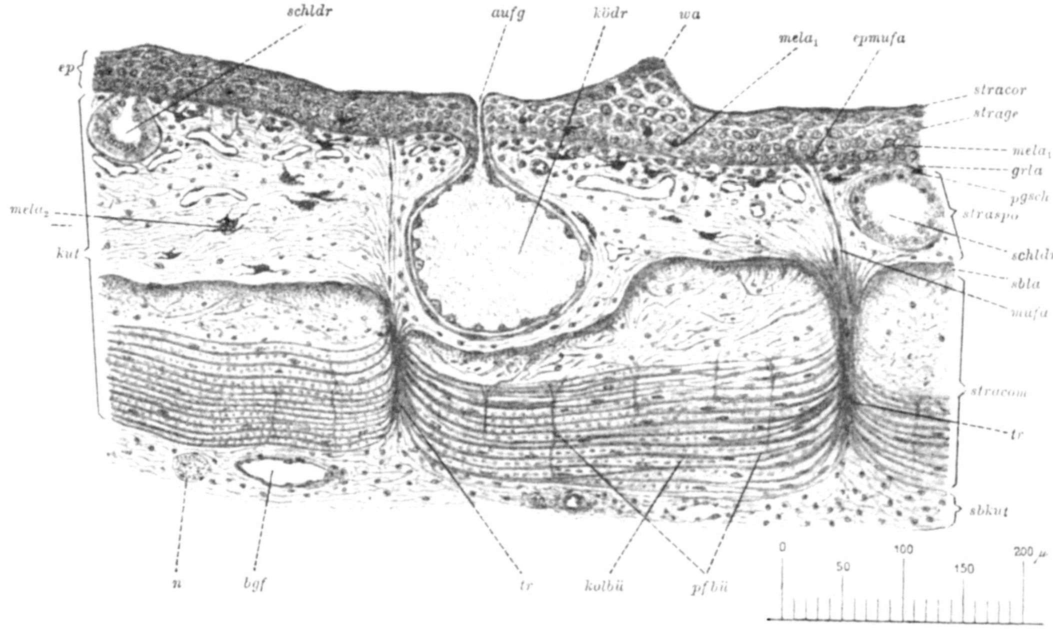

Fig. 215. Frosch. Rückenhaut.

schldr Schleimdrüse, *ködr* Körnerdrüse mit Ausführungsgang (*aufg*), *wa* Epidermiswarze, *mela*$_1$ Melanophoren der Epidermis, *epmufa* glatte Muskelfasern innerhalb der Epidermis, *stracor* Stratum corneum, *strage* Stratum germinativum, *grla* Grenzlamelle, *pgsch* Pigmentschicht, *straspo* Stratum spongiosum, *sbla* Sieblamelle, *mufa* glatte Muskelfasern aus den Trichtern in das Stratum spongiosum einstrahlend, *stracom* Stratum compactum, *tr* Trichter, *sbkut* subkutanes Gewebe, *pfbü* perforierende Bündel, *kolbü* kollagene Bündel des Stratum compactum, *bgf* Blutgefäß, *n* Nervenstämmchen, *kut* Kutis, *mela*$_2$ Melanophoren der letzteren, *ep* Epidermis.

Die freie Oberfläche der Epidermis ist am Rücken auf weite Strecken eben und glatt. An anderen Stellen bildet sie zahlreiche, bald flachere, bald spitzere, warzenartige Prominenzen, welche zum größten Teil aus Hornzellen bestehen (*wa*). Die proximale, an die Kutis grenzende Epidermisfläche ist dagegen auf der ganzen Körperoberfläche, wenige Ausnahmen abgerechnet, stets eben.

Die Kutis (*kut*) erreicht in der Rückenhaut eine durchschnittliche Dicke von 200—300 μ und läßt eine distale lockere und eine proximale straffe Lage erkennen, deren gegenseitiges Dickenverhältnis ein sehr wechselndes ist.

Die lockere Kutis, Stratum spongiosum (*straspo*) grenzt sich gegen die Epidermis durch einen schmalen, dunklen Saum verdichteten, zellfreien Bindegewebes ab, die Grenzlamelle (*grla*), dann folgt die Pigmentschicht (*pgsch*) mit zwei Arten von Zellen, den Xantholeukophoren und den Melanophoren. Um diese beiden Zellarten gut zur Anschauung zu bringen, färben wir einen Gefrierschnitt durch die in Formalin fixierte Haut zunächst ganz schwach in Hämalaun, dann in Sudan. Es zieht sich dann unter der Grenzlamelle ein fast ununterbrochener orangeroter Streifen hin, bestehend aus rundlichen oder mehr ovoiden Zellen mit zentral gelegenem Kern und vollgepfropft mit orangeroten Körnern. Das sind die Xantholeukophoren, deren Inhalt lipoide Körnchen ausmachen. Proximal von ihnen liegen die Melanophoren. Große Zellen mit zahlreichen Ausläufern und angefüllt mit braunem oder schwarzem Pigment. Der Zellkörper streckt seine Ausläufer gegen die Xantholeukophoren und umflicht sie mit ihnen korbartig. Zwischen den Pigmentzellen findet sich lockeres Bindegewebe und ein außerordentlich reich entwickeltes Blutkapillarnetz.

Die übrige Masse der Spongiosa besteht aus lockerem Bindegewebe, enthält zahlreiche Melanophoren (*mela*$_2$) und die für die Froschhaut so charakteristischen Hautdrüsen, von denen wir zwei Arten, die kleineren, oberflächlich gelegenen Schleimdrüsen und die größeren, tiefer gelegenen Körnerdrüsen unterscheiden müssen.

Die Schleimdrüsen (*schldr*) sind von sehr wechselnder Größe. Im allgemeinen überschreitet ihr Durchmesser selten 100 μ, doch finden sich an der Schnauze enorme, schon mit bloßem Auge sichtbare Schleimdrüsen mit einem größten Durchmesser von nahezu 1 mm (Fig. 238 *dr*). Der kuglige, dicht unter der Epidermis gelegene Drüsenkörper entwickelt einen kurzen, in senkrechtem oder schrägem Verlauf die Epidermis durchsetzenden und auf deren Oberfläche mit dreieckigem Lumen mündenden Ausführungsgang. Der Drüsenkörper ist umgeben von einer einfachen Schicht glatter Muskelfasern und einer bindegewebigen von elastischen Netzen und Melanophoren durchsetzten Hülle. Die letzteren bilden um die Drüsen herum vollständige Pigmentkörbe. Ausgekleidet ist der Drüsenkörper mit einer einfachen Schicht Epithelzellen von wechselnder Höhe. Zunächst sind die Zellen kubisch und gegen das Lumen scharf begrenzt. Dann werden sie höher und entwickeln in ihrem distalen Abschnitt basophile Körner. Schließlich wird die Zelle zylindrisch, erscheint vollkommen mit jenen Körnern erfüllt und stößt sie nun in das Drüsenlumen aus. Der enge Ausführungsgang ist ausgekleidet mit einer einfachen Schicht etwas modifizierter Epidermiszellen, die sich direkt in das Drüsenepithel fortsetzen. Auch das Stratum corneum stülpt sich noch ein kurzes Stück in den Ausführungsgang hinein.

Die Körnerdrüsen (*ködr*) zeigen im allgemeinen die gleichen Formverhältnisse, wie die Schleimdrüsen, sind aber durchschnittlich größer als jene. Sie erreichen gewöhnlich einen Durchmesser von 200—300 μ und drängen mit ihrem Grunde gegen die Kompakta vor, sie muldenförmig aushöhlend. Der Ausführungsgang (*aufg*) ist etwas länger als bei den Schleimdrüsen. Auch ihre Drüsenzellen lassen verschiedene Funktionszustände erkennen, deren Extreme unsere Figg. 215 u. 216 demonstrieren. In dem einen Fall schrumpfen sie zu einem niedrigen protoplasmatischen Wandbelag zusammen, der getrennte Zellen nicht mehr erkennen läßt, während das Drüsenlumen von einer feinkörnigen Sekretmasse erfüllt ist. Im anderen Falle sind die Zellen lang zylindrisch und deutlicher gegeneinander abgegrenzt. Der Kern liegt basal in einem dichten Protoplasma. Der ganze übrige Zelleib ist mit feinen Körnern erfüllt. Diese sind aber, und das ist der wichtigste Unterschied gegenüber den Schleimdrüsen, nicht basophil, sondern intensiv oxyphil; sie färben sich mit Biondilösung leuchtend orange. Wahrscheinlich handelt es sich dabei um ein spezifisches Drüsensekret mit toxischen Eigenschaften.

Die Kompakta, die straffe Kutis (Fig. 215 *stracom*) grenzt sich gegen die Spongiosa immer scharf ab. Die Grenze wird gebildet durch die Sieblamelle (*sbla*), eine 10—20 μ breite, eigenartige Schicht. Ihr Name rührt daher, daß sie, von der distalen Fläche aus gesehen, wie ein Sieb aussieht, denn sie wird von trichterartigen Kanälen, den Trichtern (*tr*) durchbrochen. Was zunächst ihre färberische Reaktion anbelangt, so besitzt sie schwach basophile Eigenschaften und färbt sich mit Biondilösung rotviolett, mit Hämalaun blau. Am schönsten präsentiert sie sich bei Kresylviolettfärbung von Gefrierschnitten, und zwar als tief dunkelrote, aus allerfeinsten, dicht gedrängten Körnchen bestehende Schicht. Gegen die Spongiosa wird sie abgeschlossen durch einen dunklen, scharfen Saum, in dem in weiten Abständen platt scheibenförmige Kerne liegen. Nach der Kompakta zu läuft sie, ähnlich wie das Pigmentepithel der Netzhaut, in fransenartige Fortsätze aus. In die Trichter senkt sich die Sieblamelle tief hinein und läßt am Grunde eines jeden derselben eine runde Öffnung frei.

Die Kompakta besteht in der Hauptsache aus kollagenen Faserbündeln, die zunächst unter der Sieblamelle locker und ohne feste Anordnung verlaufen. In den tieferen Schichten ordnen sich jedoch die Bündel zu parallel der Hautoberfläche verlaufenden Platten, und zwar so, daß die Verlaufsrichtung der Bündel in zwei benachbarten Platten senkrecht aufeinander steht. Jede Platte zieht kontinuierlich durch die Haut. An jedem Trichter ist sie von einer rundlichen Öffnung durchsetzt und distalwärts eingestülpt. Es wird so die Trichterwand proximalwärts von den eingestülpten Platten, distalwärts von der in umgekehrter Richtung eingestülpten Sieblamelle gebildet. Zwischen den Platten liegen zahlreiche sternförmige Bindegewebszellen.

Die Platten der Kompakta werden zwischen den Trichtern senkrecht zur Hautoberfläche von zahlreichen feineren und gröberen kollagenen Bündelchen durchsetzt (*pfbü*). Diese perforierenden Bündel kommen aus dem subkutanen Gewebe, zerfallen nach Durchsetzung der Platten in ihre Fasern, die dann den Hauptanteil der lockeren, distalen Kompaktalage bilden.

Was nun den Inhalt der Trichter anlangt, so setzt er sich aus den verschiedenartigsten Komponenten zusammen, die aber samt und sonders dem subkutanen Gewebe entstammen. Den interessantesten Teil des Inhalts bilden glatte Muskelfasern (*mufa*), innerhalb des Trichters zu einem kompakten Bündel vereinigt. Proximalwärts lassen sie sich bis in die Subkutis verfolgen, wo sie, auseinanderfahrend, sich bald verlieren. Distalwärts löst sich in der Spongiosa das Bündel in seine Fasern auf, die nun zur Epidermis ziehen und in diese selbst eindringen. Man sieht an solchen Stellen die spindeligen Muskelzellen ganz deutlich bis in die mittleren Schichten des Stratum germinativum vordringen (*epmufa*). Die glatten Muskelfasern der Trichter sind umflochten von ebenfalls aus der Subkutis aufsteigenden elastischen Fasern. Auch sie fahren in der Spongiosa auseinander und verschwinden, immer feiner werdend, erst dicht unter der Epidermis. Mit den Muskelbündeln treten schließlich Blutgefäße und Nerven durch die Trichter, doch durchsetzen sie nicht selten auch die Platten der Kompakta selbst, die im übrigen keine eigenen Blutgefäße besitzt.

Das subkutane Gewebe (*sbkut*) ist an der Rückenhaut nur sehr dünn, es begrenzt proximalwärts den großen dorsalen Lymphsack und setzt sich in die ihn abgrenzenden Septen fort. Gegenüber der Kutis ist es ausgezeichnet durch seinen Reichtum an elastischen Fasern. Dieselben durchsetzen einmal die gesamte Subkutis und bilden außerdem zwei elastische Grenzlamellen. Beide stellen flächenhaft entwickelte Fasernetze dar. Das distale, schwächere grenzt die Subkutis gegen die Kompakta ab und entsendet die in die Trichter eintretenden Fasern. Das proximale, stärkere bildet die Grenze gegen den Lymphsack und wird gegen diesen von einer einfachen Lage platter Zellen abgeschlossen. In der Subkutis liegen ausgedehnte Netze von Blutgefäßen und markhaltigen Nerven. Während die Kompakta ganz pigmentfrei ist, treten in der Subkutis zerstreute Melanophoren auf.

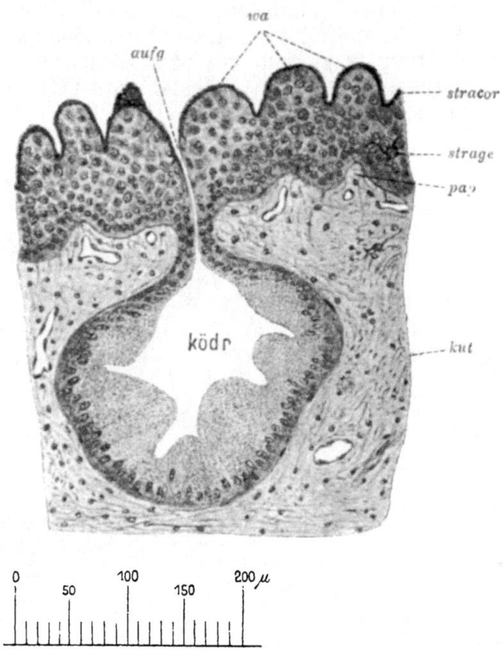

Fig. 216. Frosch
Daumenschwiele des brünstigen Männchens.
wa Epidermiswarzen, *stracor* Hornschicht, *strage* Keimschicht, *pap* Kutispapillen, *kut* Kutis, *ködr* Körnerdrüse, *aufg* deren Ausführungsgang.

Von den zahlreichen Modifikationen, welche die Froschhaut an den verschiedenen Körperstellen und in verschiedenen Lebensphasen zeigt, wollen wir nur noch kurz auf die Daumenschwiele des Männchens eingehen. Sie erreicht ihre charakteristische Form zur Laichzeit und bildet sich im Laufe des Sommers mehr und mehr zurück. Die Daumenschwiele des brünstigen Männchens (Fig. 216) ist dadurch ausgezeichnet, daß sich die Epidermis in Form zahlreicher, dicht nebeneinander stehender Warzen erhebt (*wa*), überzogen von einer verdickten, stark pigmentierten Hornschicht (*stracor*). Die Pigmentschicht fehlt ganz und die Kutis (*kut*) läßt die Gliederung in Spongiosa und Kompakta nicht mehr erkennen, sondern stellt durchweg ein lockeres, gefäßreiches Bindegewebe mit vereinzelten Melanophoren dar. In sie eingelagert sind zahlreiche große Körnerdrüsen (*ködr*), deren Ausführungsgänge zwischen den Epidermiswarzen münden. Die Grenzfläche der Kutis gegen die Epidermis ist nicht mehr eben, sondern die erstere springt in letztere in Form von niedrigen Papillen (*pap*) vor, von denen jede einer Epidermiswarze entspricht.

2. Das Auge.

Das Auge des Frosches zeigt eine unverkennbare Anpassung an das Landleben, vor allem in der stark gekrümmten Hornhaut und der bikonvexen Linse. Dazu kommen dann noch Hilfseinrichtungen, welche die erstere während des Verweilens in der Luft vor Eintrocknung schützen, ein oberes unbewegliches und ein unteres bewegliches Lid, eine die befeuchtende Flüsssigkeit liefernde Drüse, die HARDERsche Drüse und der Tränennasenkanal als Abfuhrweg für die überschüssige Flüssigkeit. Wenn wir von diesen Neuerwerbungen absehen, so ergeben sich nur geringe prinzipielle Unterschiede gegenüber dem später zu besprechenden Hechtauge.

Um gute Schnitte durch das Froschauge zu erhalten, empfiehlt es sich stets, das Organ in situ zu fixieren, da am enukleierten Auge unsere technischen Manipulationen nur allzu leicht Schrumpfungen und Zerrungen veranlassen. Man fixiert entweder das ganze Tier durch Injektion vom Bulbus cordis aus oder den abgetrennten Kopf nach Entfernung des Unterkiefers entweder in einer Mischung von 7,5 Teilen Salpetersäure (1,40), 12,5 Teilen Formalin und 80 Teilen Wasser oder in Formalin-Bichromatmischung. In beiden Fällen wird nach 24 Stunden in $3^0/_0$iges Bichromat übertragen und eventuell noch entkalkt. Man kann dann, und das ist am vorteilhaftesten, entweder den ganzen Kopf einbetten oder im Alkohol den Bulbus aus seiner Umgebung herauslösen. Vor der Einbettung trägt man mit dem Rasiermesser eine vordere und hintere Kappe von der Bulbuswand ab. Am schönsten sind vertikale Meridionalschnitte, welche die Eintrittsstelle des Sehnerven treffen (Fig. 217).

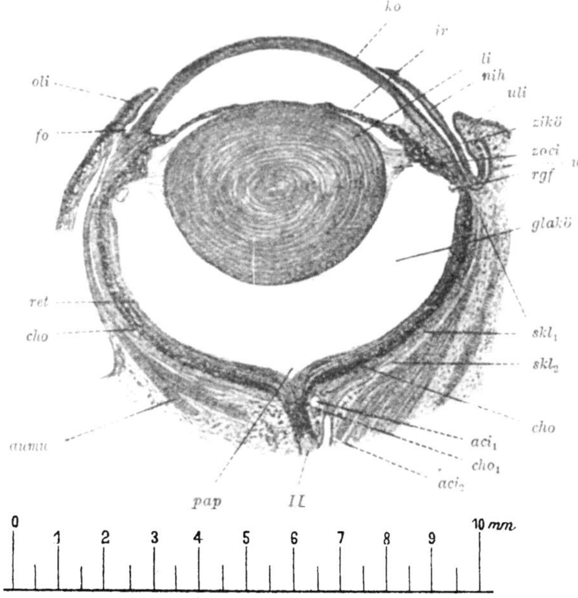

Fig. 217. Frosch- Auge im vertikalen Meridionalschnitt.

ko Hornhaut, *ir* Iris, *li* Linse, *nih* Nickhaut, *uli* unteres Lid, *zikö* Ziliarkörper, *zoci* Zonula ciliaris, uli_1 eingestülpter Teil des unteren Lids, *rgf* Ringgefäß, *glakö* Glaskörper, skl_1 knorplige, skl_2 bindegewebige Sklera, *cho* Chorioidea, cho_1 verdickter Anfangsteil der letzteren, aci_1 und aci_2 Aa. ciliares, *II* N. opticus, *pap* Papilla n. optici, *aumu* Augenmuskeln, *ret* Netzhaut, *fo* Fornix conjunctivae, *oli* oberes Lid.

Die äußere Augenhaut, die Sklera, bildet in ihrer Hauptmasse eine halbkuglige Schale hyalinen Knorpels (skl_1). Sie reicht distalwärts bis ungefähr in die Höhe des Äquators und endet hier mit scharf zugespitztem Rand, proximalwärts wird sie von einem runden Loch, dem Foramen opticum sclerae, für den Durchtritt des Sehnerven durchbohrt. Im Umkreis des letzteren erreicht sie mit 150 μ ihre größte Dicke, distalwärts verdünnt sie sich stetig. Außen liegt dieser knorpligen Sklera ein 30—40 μ dickes Perichondrium, die bindegewebige Sklera (skl_2) auf. In der Höhe des Äquators verdickt sie sich auf das Doppelte durch Einstrahlung der Sehnen der geraden Augenmuskeln, umzieht äußerlich den Ziliarkörper und geht kontinuierlich in die Grundsubstanz der Hornhaut über. Dieser distale, verdickte Abschnitt der bindegewebigen Sklera enthält immer Melanophoren, die besonders dicht an der Hornhautgrenze stehen. Am Foramen opticum geht die bindegewebige Sklera in die äußere Sehnervenscheide über. Auf ihrer Innenfläche wird die knorplige Sklera von einer äußerst dünnen Bindegewebsschicht mit epithelartig nebeneinander liegenden Bindegewebszellen überzogen.

Die Hornhaut des Froschauges (*ko*) ist stark gewölbt, hat in ihrer Mitte, dem Hornhautscheitel, eine Dicke von 50 μ und verdickt sich nach der Peripherie zu etwas. Das vordere Epithel (Fig. 221 *voep*) ist als Fortsetzung des Konjunktivalepithels geschichtet und besteht aus einer tiefsten kubischen Schicht, ein oder zwei Schichten flacherer Zellen und einer Schicht platter Deckzellen. Die Grundsubstanz (Fig. 221 *grsu*) übertrifft das Epithel nur wenig an Dicke. Eine BOWMANsche Membran ist nur selten erkennbar. Die Grundsubstanz besteht aus ungefähr 20 parallel zur Hornhautoberfläche verlaufenden, durch eine Kittsubstanz verbundenen Lamellen, deren jede sich aus miteinander verkitteten Bindegewebsbündeln zusammensetzt. Die Bündel verlaufen natürlich ebenfalls parallel der Hornhautoberfläche, sind aber so angeordnet, daß sie sich in zwei benachbarten Lamellen unter rechtem Winkel kreuzen. Zwischen den Lamellen liegen die Hornhautkörperchen.

Die klassische Methode zu ihrer Demonstration ist die RANVIERsche Zitronensaftgoldmethode. Wir wollen uns einfach der Eisenhämatoxylinfärbung in folgender Weise bedienen. Von dem in toto in BOUINscher Flüssigkeit fixierten Froschkopf wird die Hornhaut mit dem Rasiermesser abgeschnitten, eine Stunde gewässert und dann ganz wie ein Schnitt gebeizt und gefärbt. Am nächsten Tag wird differenziert, bis das Präparat durchsichtig zu werden beginnt, ausgewaschen, entwässert und in Xylol übertragen. Man kratzt dann in einer flachen Schale mit Xylol zunächst das vordere Epithel weg und kann dann leicht die Grundsubstanz in ihre Lamellen zerlegen.

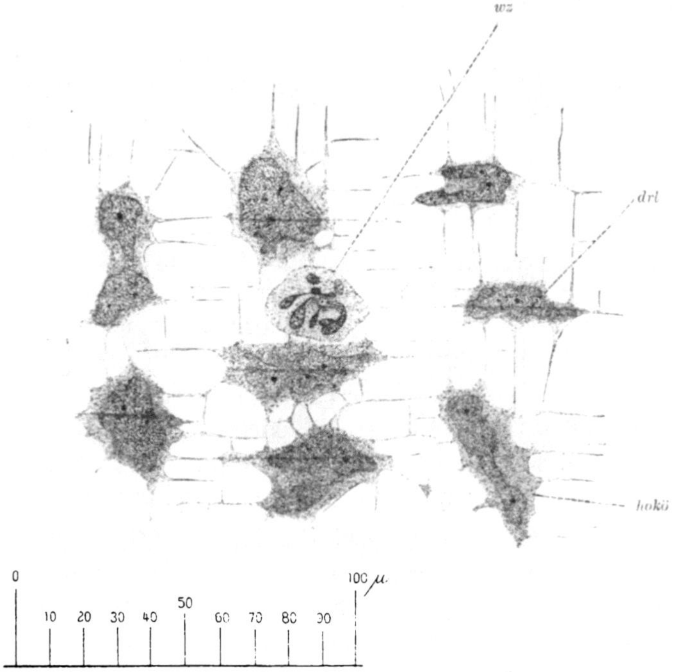

Fig. 218. Frosch. Hornhaut im Flächenpräparat.
hokö Hornhautkörperchen, *drl* Druckleisten, *wz* Wanderzelle.

In einem solchen, in Balsam eingeschlossenen Präparat (Fig. 218) präsentieren sich die Hornhautkörperchen (*hokö*) als große verästelte Zellen mit langen, feinen, anastomosierenden Ausläufern. Die großen Kerne passen sich der Zellform möglichst an und zeigen oft ganz bizarre Gestalt. Über den Zellkörper verlaufen dunkle Linien (*drl*), Druckleisten, hervorgerufen durch den Druck der Grundsubstanzbündel auf den Zellkörper. Stets findet man zwischen den Hornhautkörperchen Wanderzellen (*wz*), mit ihrem vielgestaltigen Kern und deutlichen Zentralkörperchen.

Die Zellen und ihre Ausläufer liegen in entsprechenden Hohlräumen der Grundsubstanz von Kittsubstanz umgeben. Es entsteht so in der Grundsubstanz ein als Saftkanalsystem bezeichnetes Hohlraumsystem, das auf folgende Art leicht zur Anschauung gebracht werden kann. Den eben abgeschnittenen Froschkopf legen wir nach Entfernung der Lider für 15 Minuten in 1%ige Lösung von Ferrosulfat. Nach kurzem Abspülen wird das vordere Epithel abgeschabt und das Präparat in eine 1%ige Lösung von Ferrizyankalium übertragen. Die nun stark gebläute Hornhaut wird, in mehrere Sektoren zerlegt, in Glyzeringelatine unter das Deckglas gebracht. Durch diese Behandlung haben wir auf der Grund- und Kittsubstanz einen gleichmäßigen Niederschlag von Turnbullsblau erzeugt und die Saftlücken heben sich nun sehr schön ungefärbt von dem blauen Grunde ab.

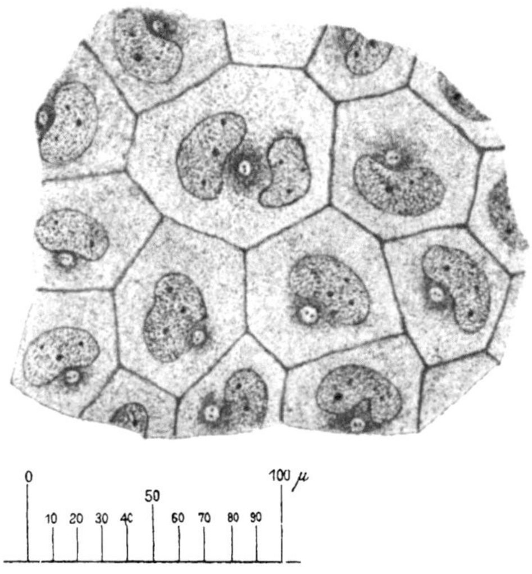

Fig. 219. Frosch.
Hinteres Hornhautepithel. Flächenpräparat.

Auf die Grundsubstanz folgt nach hinten die ungefähr 2 μ dicke Descemetsche Membran (Fig. 221 *desme*). Ihre homogene, immer stark gefärbte Substanz enthält niemals zellige Einschlüsse und läßt nur ganz undeutlich eine feine Fibrillierung erkennen.

Schließlich wird die Hornhaut gegen die vordere Kammer durch das hintere Epithel abgeschlossen (Fig. 221 *hiep*). Es ist eine einfache Lage ganz platter Zellen, deren Dicke nur Bruchteile eines Mikromillimeters erreicht. Auch diese interessanten Zellen zeigt unser Eisenhämatoxylinpräparat sehr schön in Flächenansicht. Es sind unregelmäßige fünf- oder sechseckige Platten mit ein oder zwei großen nierenförmigen Kernen (Fig. 219). Innerhalb der Kernbucht findet sich stets ein doppeltes Zentralkörperchen in einem kleinen hellen, von einer Zone verdichteten Zellprotoplasmas umgebenen Hof. Verbunden sind die Zellen durch stark geschwärzte Kittstreifen, in denen nicht selten Vakuolen auftreten.

Die Chorioidea (Fig. 217 *cho*) liegt der Sklera nach innen glatt an und läßt sich leicht von ihr lösen. Sie beginnt am Sehnerveneintritt mit einer kolbigen Verdickung (*cho*$_1$) und läuft dann zwischen Sklera und Netzhaut distalwärts, um an der Ora serrata in den Ziliarkörper (*zikö*) überzugehen. Die proximale kolbige Verdickung besteht aus einem Netzwerk stark verzweigter Bindegewebszellen mit eingestreuten Melanophoren und ist überzogen von einer kontinuierlichen Schicht der letzteren. Proximalwärts geht sie in die innere Sehnervenscheide über, distalwärts nähern sich die beiden Melanophorenschichten unter Schwund der Bindegewebszellen einander, spalten sich und verbinden sich miteinander und bilden die Hauptmasse der Chorioidea, die Tunica vasculosa (Fig. 220 *tuva*). Sie umschließt große, mit Epithel ausgekleidete Bluträume. Gegen die Sklera wird die Chorioidea durch die bindegewebige, mit Melanophoren durchsetzte Suprachorioidea (Fig. 220 *sucho*) abgeschlossen. Zwischen ihr und dem früher erwähnten epithelartigen Überzug der inneren Skleralfläche (Fig. 220

epskl) klafft ein enger Spaltraum, der Perichorioidealraum. Nach innen folgt auf die Vaskulosa die Choriokapillaris (Fig. 220 *choka*). Ihre stets von Epithel ausgekleideten Kapillaren liegen meist in einfacher Schicht nebeneinander, eingebettet in eine homogene Grundsubstanz. Den Abschluß gegen die Netzhaut bildet die äußerst dünne, homogene Glashaut (Fig. 220 *glh*).

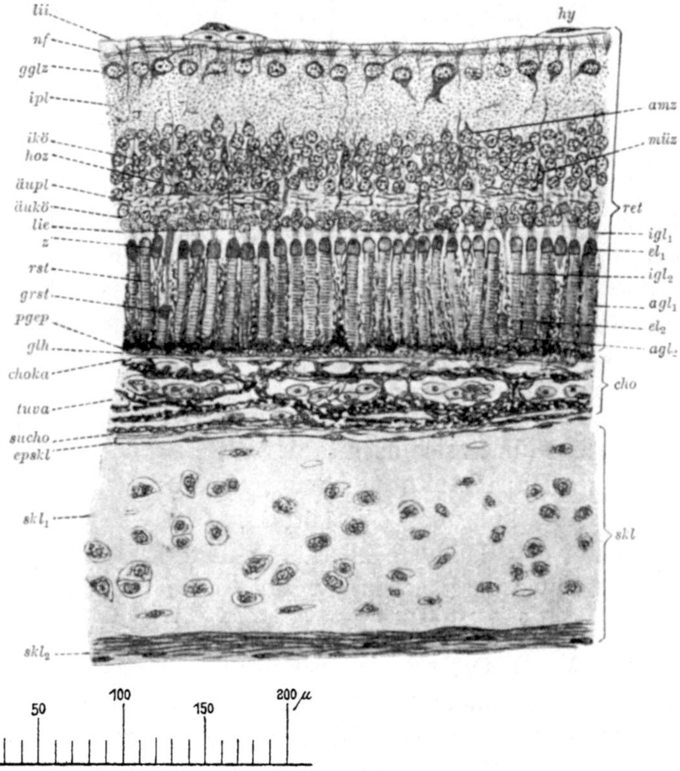

Fig. 220. Frosch. Augenhäute.

ret Netzhaut, *cho* Chorioidea, *skl* Sklera, *lii* Limitans interna, *nf* Nervenfaserschicht, *gglz* Ganglienzellenschicht, *ipl* innere plexiforme Schicht, *ikö* innere Körnerschicht, *lie* Limitans externa, *hoz* Horizontalzellen, *äupl* äußere plexiforme Schicht, *äukö* äußere Körnerschicht, *z* Zapfen, *rst* rote Stäbchen, *grst* grüne Stäbchen, *pgep* Pigmentepithel, *glh* Glashaut, *choka* Choriokapillaris, *tuva* Vaskulosa, *sucho* Suprachorioidea, *epskl* Skleralepithel, skl_1 knorplige, skl_2 bindegewebige Sklera, agl_2 Außenglied des grünen Stäbchens, el_2 Ellipsoid desselben, agl_1 Außenglied des roten Stäbchens, igl_2 Innenglied des grünen Stäbchens, el_1 Ellipsoid des roten Stäbchens, igl_1 Innenglied des letzteren, *müz* Müllersche Zelle, *amz* amakrine Zelle, *hy* Hyaloidea.

Die Chorioidea erreicht, abgesehen von der ringförmigen Verdickung am Sehnerveneintritt, höchstens eine Dicke von 50 μ. Distalwärts erfolgt die Verdünnung zunächst nur auf Kosten der Vaskulosa. Dann verdünnt sich auch die Choriokapillaris, indem ihre Kapillaren weiter auseinanderrücken.

Das arterielle Blut wird der Chorioidea durch die beiden Aa. ciliares zugeführt, von denen die eine mit dem Optikus durch das Foramen opticum sclerae hindurchtritt (Fig. 217 aci_1), die andere die knorplige Sklera durchbohrt (aci_2). Das venöse Blut sammelt sich in der dorsalen Bulbushälfte in der V. bulbi superior, in der ventralen Bulbushälfte fließen die Venen sternförmig zur V. hyaloidea zusammen.

Bevor wir uns zur Untersuchung des feineren Baues von Ziliarkörper und Iris wenden, sei ihr makroskopisches Verhalten kurz besprochen. Man fixiert am besten den abgeschnittenen Froschkopf in toto 24 Stunden in BOUINscher Flüssigkeit und zerlegt den Bulbus durch einen parallel zum Äquator verlaufenden Rasiermesserschnitt in eine vordere und hintere Hälfte. Entfernt man aus der ersteren mittels einer Hakenpinzette vorsichtig die Linse, so hat man die längsovale Pupille vor sich, die in der Mitte ihrer ventralen Zirkumferenz immer eine leichte Einziehung erkennen läßt. Die Grenze zwischen Pars optica und Pars ciliaris der Netzhaut, die Ora serrata, markiert sich sehr deutlich als eine unregelmäßig kreisförmige Linie. Sie wird distalwärts umzogen von dem ganz schmalen, glattwandigen, rinnenförmigen Orbiculus ciliaris. Dann folgt die stark vorspringende Corona ciliaris mit ungefähr 70 Ziliarfortsätzen. Die letzteren erheben sich ziemlich steil aus dem Orbikulus und fallen ganz allmählich gegen die Irishinterfläche ab. Sie gehen hier in die Irisfalten über, die sich bis über die Mitte der Irishinterfläche erstrecken. Die Pupillarzone der letzteren ist glatt und faltenfrei. Die Corona ciliaris erscheint am breitesten ventral und dorsal, kaudal und mehr noch rostral ist sie stark verschmälert. In der Mitte des ventralen Teiles findet sich immer eine deutliche Verdickung und ihr gegenüber am ventralen Pupillarrand ein kleiner Knoten, der ventrale Pupillarknoten. Zwischen beiden verläuft die beim erwachsenen Tier kaum mehr erkennbare ventrale Augenspalte. Entsprechende Verhältnisse finden sich auch in der Mitte des dorsalen Pupillarrandes, doch ist der dorsale Pupillarknoten immer schwächer als der ventrale und ebenso die dorsale Verdickung des Ziliarkörpers.

Wir wollen nun den Bau von Ziliarkörper und Iris an einem Meridionalschnitt durch den Bulbus untersuchen, der durch den ventralen Pupillarknoten fällt (Fig. 221) und dabei gleichzeitig das Verhalten der Pars ciliaris und iridica retinae abhandeln. An der Ora serrata verdünnt sich die Netzhaut (*ret*) plötzlich sehr stark und geht in die zweischichtige Pars ciliaris retinae (*paciret*) über. Die beiden Schichten werden gebildet außen von den kubischen, ihrer Fortsätze beraubten Zellen des Pigmentepithels (*pgep*) und innen von einer Schicht Zylinderzellen als Fortsetzung des gesamten Innenblattes der Netzhaut. Dieses zweischichtige Epithel überzieht den Ziliarkörper (*zikö*) und die ihm aufsitzenden Ziliarfalten und geht an der Iriswurzel in die Pars iridica retinae (*pairet*) über. Unser Schnitt ist in ein Ziliartal gefallen, läßt also von den Ziliarfalten nichts erkennen.

In den Ziliarkörper strahlt in ventrodorsalem Verlauf eine breite Masse glatter Muskelfasern ein (*velimu*). Ihr Ursprung liegt an der Sklera (*skl_2*), welche etwas weiter distalwärts kontinuierlich in die Grundsubstanz der Hornhaut (*grsu*) übergeht. Die ventralwärts sich fächerförmig verbreiternde Muskelmasse inseriert an der die Oberfläche des Ziliarkörpers unterhalb des Epithels überziehenden, bindegewebigen Basalplatte (*bapl*). An der Ursprungstelle des Muskels erscheint ein kleiner, an anderen Stellen wesentlich weiterer, mit Epithel ausgekleideter Hohlraum, der SCHLEMMsche Kanal (*schlka*). In der dorsalen Partie des Ziliarkörpers findet sich ein ganz ähnlicher Muskel. Die Kontraktion beider Muskeln muß eine Annäherung der Linse an die Hornhaut bewirken, sie werden deshalb als dorsaler bzw. ventraler Linsenmuskel oder Mm. protractores lentis dorsalis bzw. ventralis bezeichnet.

Die übrige Masse des Ziliarkörpers besteht als Fortsetzung der Vaskulosa der Chorioidea zum größten Teil aus pigmentierten Bindegewebszellen und zahlreichen Blutgefäßen und Nerven. An der äußeren Peripherie lassen sich außerdem noch spärliche glatte Muskelfasern (*techo*) erkennen. Sie kommen in geschlossenem Zug aus der Gegend des SCHLEMMschen Kanals her und ziehen in meridionalem

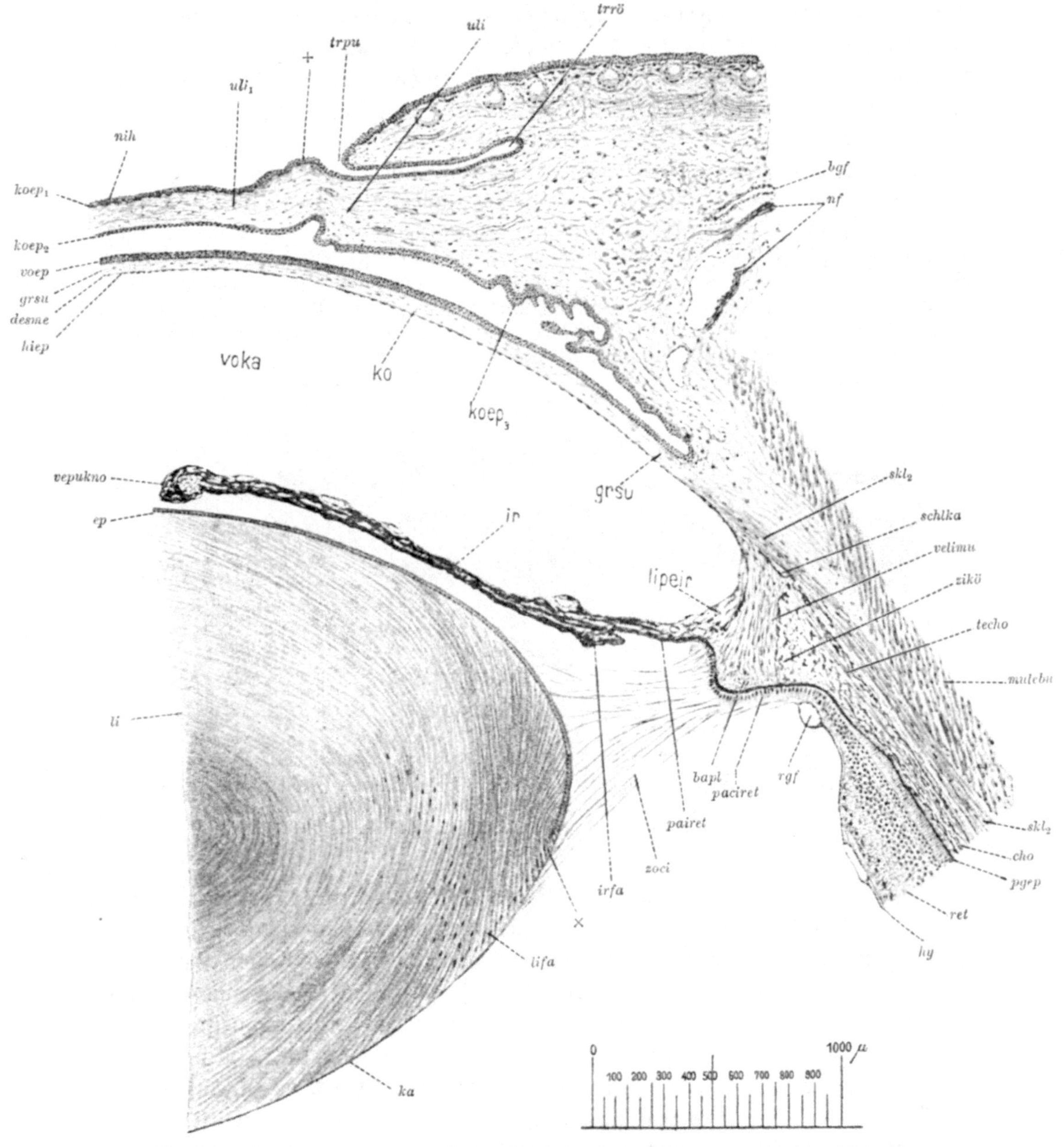

Fig. 221. Frosch. Auge im vertikalen Meridionalschnitt bei ausgestülpter Nickhaut. *koep₁* äußeres Epithel der Nickhaut (*nih*), *koep₂* inneres Epithel der Nickhaut, *uli₁* einstülpbarer Teil des Unterlids, + freie Lidkante, *trpu* Mündung des einen Tränenröhrchens (*trrö*), *uli* fester Teil des Unterlids, *bgf* Blutgefäß, *nf* Nervenstämmchen der Konjunktiva, *skl₂* bindegewebige Sklera, *schlka* Schlemmscher Kanal, *velimu* ventraler Linsenmuskel, *zikö* Ziliarkörper, *techo* M. tensor chorioideae, *mulebu* M. levator bulbi, *cho* Chorioidea, *pgep* Pigmentepithel, *ret* Netzhaut, *hy* Hyaloidea, *rgf* Ringgefäß, *bapl* Basalplatte, *paciret* Pars ciliaris retinae, *pairet* Pars iridica retinae, *zoci* Zonula ciliaris, × Übergang des Linsenepithels (*ep*) in die Linsenfasern (*lifa*), *ka* Linsenkapsel, *li* Linse, *vepukno* ventraler Pupillarknoten, *ir* Iris, *lipeir* Lig. pectinatum iridis, *koep₃* Konjunktivalepithel, *ko* Hornhaut, *voka* vordere Kammer, *hiep* hinteres Hornhautepithel, *desme* Descemetsche Membran, *grsu* Grundsubstanz, *voep* vorderes Hornhautepithel.

Verlauf zur Chorioidea, in deren Vaskulosa sie inserieren. Seiner Wirkung nach ist der Muskel als Tensor chorioideae zu bezeichnen.

An dem Pupillarrand der außerordentlich dünnen Iris (*ir*) erscheint als starke Verdickung der ventrale Pupillarknoten (*vepukno*). Wie uns die makroskopische Besichtigung lehrte, setzen sich die Ziliarfalten auch noch auf die hintere Irisfläche fort und ein Stück einer solchen Irisfalte (*irfa*) ist auch in unserem Schnitt getroffen. Die Iriswurzel entwickelt sich aus dem Ziliarkörper und zieht sich in Form eines als Lig. pectinatum iridis (*lipeir*) bezeichneten lockeren Maschenwerkes zur Korneoskleralgrenze. Nähere Untersuchung ergibt, daß hier die DESCEMETsche Membran der Hornhaut aufsplittert und in das Maschenwerk übergeht.

Von dem feineren Bau der Iris enthüllt unser Präparat kaum irgendwelche Details, da das massenhaft vorhandene Pigment alles verdeckt. Es empfiehlt sich deshalb, einen Schnitt durch sukzessive Behandlung mit Kaliumpermanganat und schwefliger Säure zu depigmentieren. Man muß dabei den aufgeklebten Paraffinschnitt durch einen dünnen Zelloidinüberzug schützen, da er sich sonst vom Objektträger löst. Nach der Entfernung des Pigmentes wird mit Eisenhämatoxylin gefärbt.

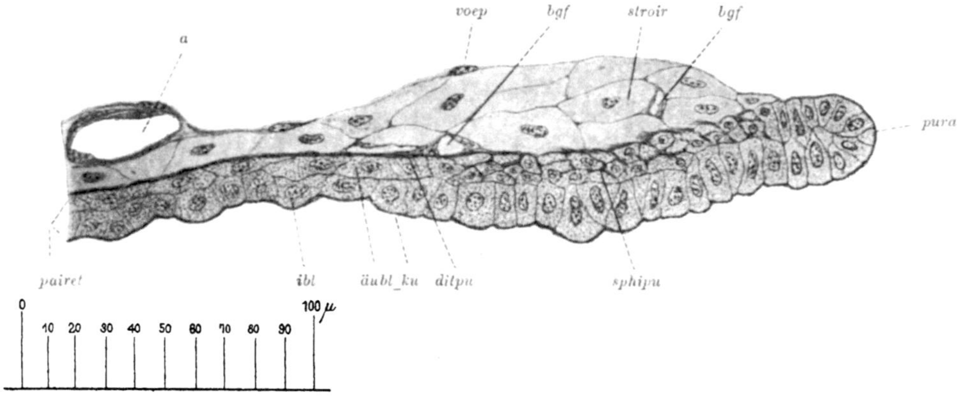

Fig. 222. Frosch. Iris. Entpigmentierter Meridionalschnitt.
a Arterie, *voep* vorderes Irisepithel, *bgf* Blutgefäße des Stroma iridis (*stroir*), *pura* Pupillarrand, *sphipu* M. sphincter pupillae, *dilpu* M. dilatator pupillae, *ku* Kutikula, *äubl* äußeres, *ibl* inneres Blatt der Pars iridica retinae (*pairet*).

Die Iris wird auf ihrer proximalen Hinterfläche von der Pars iridica retinae (Fig. 222 *pairet*) bekleidet, der direkten Fortsetzung der Pars ciliaris retinae, von der sie sich aber dadurch unterscheidet, daß die Zellen ihrer beiden Blätter mit Pigment gefüllt sind. Das Innenblatt (*ibl*) besteht in der Ziliarzone aus einer einfachen Schicht kubischer Zellen, deren Körper nach der Depigmentierung ein äußerst feines und zierliches Protoplasmanetzwerk erkennen läßt. Auf ihrer freien Fläche tragen die Zellen einen durch Eisenhämatoxylin stark geschwärzten Kutikularsaum (*ku*). In der Pupillarzone werden die Zellen beträchtlich höher und gehen am Pupillarrand (*pura*) in die Zellen des Außenblattes über. Die letzteren sind in der Ziliarzone (*äubl*) langgestreckt und liegen hier ebenfalls in einfacher Schicht. Auch sie zeigen ein feines Protoplasmaretikulum, in dessen Maschen die Pigmentkörnchen liegen. In den distalsten Schichten des Zellkörpers entwickelt jede Zelle in Eisenhämatoxylin stark färbbare, glatte Myofibrillen mit radiärer Verlaufsrichtung. Durch Aneinanderlagerung aller Myofibrillen kommt so eine die Pars iridica retinae gegen das Irisstroma abgrenzende muskuläre Membran zustande, welche als BRUCHsche Membran oder M. dilatator pupillae (*dilpu*) bezeichnet wird, sich durch die ganze Ziliarzone erstreckt und an der Grenze gegen die Pupillarzone endet. Hier ordnen sich nämlich die Zellen des Außenblattes zu mehreren Schichten an und stellen sich gleichzeitig mit ihrer Längsachse zirkulär, so daß wir sie jetzt im Querschnitt vor uns haben. Auch diese Zellen sind pigmentiert und auch sie entwickeln in der Außenschicht ihres Zellkörpers, aber an der gesamten Peripherie, glatte Myofibrillen, die nun natürlich auch im Quer- oder Schrägschnitt erscheinen. Es kommt so in der Pupillarzone der Iris ein ringförmig die Pupille umkreisender Muskel zustande, der M. sphincter pupillae (*sphipu*), als Antagonist des M. dilatator pupillae. Der eine verengt, der andere erweitert die Pupille.

Distalwärts folgt auf die Muskulatur das Stroma iridis (*stroir*), dessen Dicke in der Ziliarzone kaum die der Pars iridica retinae erreicht, das sich aber in der Pupillarzone erheblich verdickt und seine größte Ausbildung in den Pupillarknoten erreicht. In der Nähe des Pupillarrandes verdünnt sich das Stroma wieder und der freie Rand wird ausschließlich aus der Pars iridica retinae gebildet. Das Stroma besteht im wesentlichen aus großen, nach der Depigmentierung homogen ererscheinenden Zellen mit relativ kleinem Kern. Sie enthalten intra vitam zum Teil schwarzes Pigment, zum Teil Guanin und ein gelbes Lipochrom, dem die Froschiris ihren Goldglanz verdankt. Zwischen den Zellen verlaufen außerordentlich spärliche Bindegewebsfäserchen, am reichlichsten in der Umgebung der Blutgefäße. Von den letzteren liegen die feinen Zweige (*bgf*) innerhalb des Stromas, während die gröberen (*a*) stark in die vordere Kammer vorspringen. Schließlich wird die vordere Irisfläche noch von einer einfachen Schicht großer platter Zellen, dem vorderen Irisepithel (*voep*) bedeckt, das aber anscheinend recht unvollständig ist.

Die Netzhaut zeigt am aufgeschnittenen Bulbus kaudal von hinteren Augenpol die Sehnervenpapille, ein ganz schmales, etwa biskuitförmiges Oval mit senkrecht stehender Längsachse. Dorsal von ihr verläuft durch die Netzhaut von vorn nach hinten als bogenförmige Verdickung die Area centralis.

Zur Untersuchung des Netzhautbaues wählen wir eine Stelle aus der Umgebung der Sehnervenpapille (Fig. 220). Wir betten zu diesem Zweck die hintere Hälfte des in toto in Bouinscher Flüssigkeit fixierten Bulbus in Paraffin ein und färben die dünnen Schnitte mit Eisenhämatoxylin.

Das Pigmentepithel (*pgep*) liegt direkt der Glashaut der Chorioidea (*glh*) auf. Seine Zellen sind kubisch und zeigen von der Fläche gesehen eine regelmäßige, sechseckige Form. Der proximale, den Kern enthaltende Teil des Zellkörpers ist pigmentfrei. In seinem Protoplasma finden sich gelbe, kuglige Fetttropfen und wurstförmige myeloide Körper. Der distale Abschnitt enthält die feinen nadelförmigen Pigmentkörnchen und entsendet zwischen die Stäbchen und Zapfen fädige Fortsätze, die ebenfalls mit Pigment erfüllt sind. Die Pigmentkörnchen wandern in diesen Fortsätzen. Im Dunkelauge ziehen sie sich fast ganz auf den Zellkörper zurück, im besonnten Auge reichen sie fast bis an die Limitans externa heran. Der Frosch bietet gerade für diese interessante Pigmentwanderung ein sehr günstiges Objekt. Wir setzen einen Frosch für 48 Stunden in die Dunkelkammer, dekapitieren ihn und legen den Kopf in die bereitstehende Schale mit Bouinscher Flüssigkeit, alles im Dunkeln. Ein zweites Tier wird direktem Sonnenlicht ausgesetzt und entsprechend behandelt.

Auf das Pigmentepithel folgt die Stäbchen- und Zapfenschicht. Von den Stäbchen, müssen wir zwei Arten unterscheiden rote (*rst*) und grüne (*grst*).

Beide sind von gleicher Länge und bestehen aus Außenglied, Ellipsoid und Innenglied. Das Außenglied der roten Stäbchen (agl_1) nimmt mindestens drei Viertel der Gesamtlänge ein, ist von zylindrischer Form und besitzt eine keratoide Hülle und einen Inhalt, der immer sehr deutlich den Zerfall in quere Scheiben zeigt. Intra vitam erscheint es rot, es enthält den Sehpurpur. Von dieser fundamentalen Tatsache können wir uns sehr leicht überzeugen, wenn wir einem über Nacht im Dunkeln gehaltenen Frosch in der Dunkelkammer beim Schein der roten Laterne den Bulbus enukleieren und die Retina nach Abschneiden des Sehnerven durch kräftiges Schütteln des hinteren Bulbussegmentes in Kochsalzlösung isolieren. Am Tageslicht erscheint sie dann blaßrot und wird um so blasser, je länger das Präparat dem Licht ausgesetzt wird. Der Sehpurpur bleicht am Licht und regeneriert sich im Dunkeln, sofern noch das Pigmentepithel der Netzhaut anhaftet. Das Außenglied der grünen Stäbchen ist viel kürzer (agl_2), hat aber sonst die gleiche Form. Es enthält einen dem Sehpurpur analogen grünen Farbstoff.

Das Stäbchenellipsoid (el_1 und el_2) ist bei beiden Stäbchenarten von gleicher Form und Größe. Es setzt sich mit scharfem Kontur gegen das Außenglied ab und färbt sich wesentlich stärker als jenes.

Das Innenglied des roten Stäbchens (igl_1) ist nur sehr kurz und etwas schmäler als das Ellipsoid. Das Innenglied des grünen Stäbchens (igl_2) ist dagegen sehr lang und wenigstens in der Mitte seines Verlaufs außerordentlich dünn.

Die Zapfen der Froschretina (*Z*) sind wesentlich unansehnlicher als die Stäbchen. Das Außenglied ist ein kurzer Konus von denselben strukturellen Eigenschaften, wie das Stäbchenaußenglied. Das Ellipsoid ist mehr elliptisch und enthält häufig eine dicht unter dem Außenglied gelegene Ölkugel (Kugelzapfen). Das Innenglied ist bei Lichtfröschen noch etwas kürzer als das der roten Stäbchen. Bei Dunkelfröschen zieht es sich stark in die Länge, so daß der ganze Zapfen bis zu drei Viertel der Stäbchenlänge erreicht. Die Zapfen des Frosches sind also kontraktile Gebilde und diese Kontraktilität ist an das Innenglied gebunden (Zapfenmyoid).

Die Limitans externa (*lie*) ist immer als scharfe Linie deutlich sichtbar. Auf sie folgt die äußere Körnerschicht (*äukö*), ihre Kerne liegen gewöhnlich nur in zwei Reihen und gehören den Stäbchen- und Zapfensehzellen an, denn auch hier ist jedes Stäbchen und jeder Zapfen nur der distale, perzeptorische Teil einer solchen Zelle, ihr proximaler Teil stellt die Stäbchen- und Zapfenfaser dar. Die erstere ist verhältnismäßig lang und dünn, die letztere kurz und dick. Beide enden mit fußartiger Verbreiterung in der äußeren plexiformen Schicht (*äupl*).

Die breite innere Körnerschicht (*ikö*) enthält vier verschiedene Zellarten. Am meisten distal, an der Grenze gegen die äußere plexiforme Schicht, liegen die Horizontalzellen (*hoz*) und breiten sich in jener mit ihren langen, parallel zur Netzhautoberfläche verlaufenden Ausläufern aus. Das zweite Element bilden die Stäbchen- und Zapfenbipolaren. Ihr distaler Fortsatz breitet sich unter den Füßen der Stäbchen- und Zapfensehzellen in der äußeren plexiformen Schicht aus, der proximale Ausläufer dringt in die innere plexiforme Schicht (*ipl*) ein und endet mit einem Endbüschel in verschiedenen Höhen derselben. Die MÜLLERsche Faser, das dritte Element der inneren Körnerschicht ist uns von früher her vertraut (*müz*). Ihre proximalen, die Limitans interna (*lii*) konstituierenden

Endkegel treten immer sehr scharf hervor, weniger gut ist der distale Fortsatz zu erkennen, der zur Limitans externa tritt. Die amakrinen Zellen endlich (*amz*) liegen am nächsten der inneren plexiformen Schicht, in der ihr einfacher Fortsatz sich in verschiedenen Höhen verzweigt.

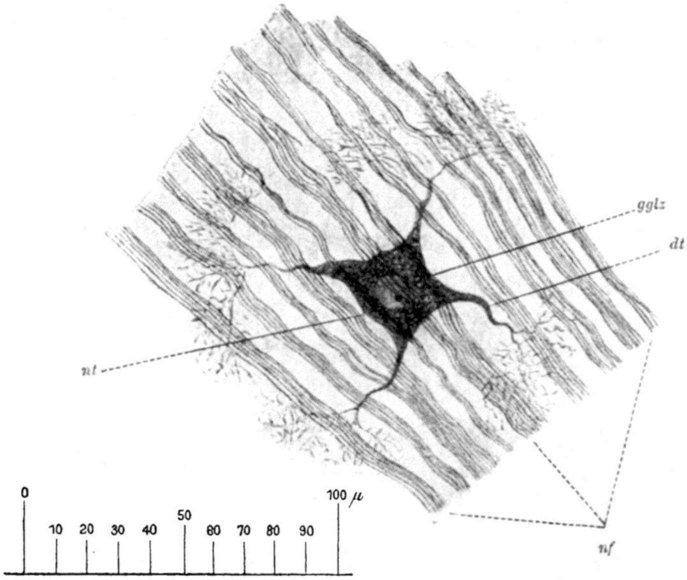

Fig. 223. Frosch. Ganglienzelle der Netzhaut.
gglz Ganglienzelle, *dt* Dendriten, *nt* Neurit, *nf* Faserbündel der Nervenfaserschicht.

Die Ganglienzellen (*gglz*) finden sich stets in einfacher Schicht, ihre Dendriten sind meist nur sehr unvollkommen gefärbt.

Den vollkommensten Überblick über den Netzhautbau liefert uns auch beim Frosch die vitale Methylenblaufärbung. Man injiziere dem Tier vom Bulbus cordis aus (näheres siehe S. 456) mindestens 50 ccm einer $2^0/_0$igen Lösung des Farbstoffes, so daß das ganze Tier tiefblau erscheint. Nach einer halben Stunde wird der Bulbus enukleiert, mit der Schere äquatorial halbiert und in Kochsalzlösung die Netzhaut entfernt. Wir breiten sie auf dem Objektträger, Glaskörperseite, nach oben aus. Unter dem Mikroskop erscheinen dann die prall mit Farbstoff gefüllten Hyaloidealgefäße auf ganz ungefärbtem Grund. In der feuchten Kammer beginnt nun bald die Diffusion des Farbstoffes und gleichzeitig die Färbung der Netzhautelemente, die nach 1—2 Stunden ihren Höhepunkt erreicht. Dann wird in bekannter Weise fixiert, ausgewaschen und entwässert und entweder ein Flächenpräparat hergestellt oder in Paraffin eingebettet und geschnitten.

Im ersteren Falle (Fig. 223) erscheinen dann bei hoher Einstellung zunächst die zu Bündeln vereinigten Sehnervenfasern, die um so dichter liegen, je mehr wir uns der Sehnervenpapille nähern (*nf*). Unter ihnen lagern die Ganglienzellen (*gglz*). Jede besitzt drei oder vier Dendriten (*dt*), die sich teilen und, immer tiefer vordringend, sich in ein Gewirr feinster, variköser Fäserchen auflösen. Vom Zellkörper läuft ferner der dünne Neurit aus (*nt*) und begibt sich in ein Nervenfaserbündel.

Die beschriebene Struktur der Netzhaut erleidet in der Area centralis nur insofern eine Änderung, als die Ganglienzellen enger aneinanderrücken und die distalen Netzhautschichten an Dicke beträchtlich zunehmen. Die Netzhaut des Frosches ist, wie unsere Schnitte zeigen, völlig gefäßlos, die distalen Schichten werden von der Choriokapillaris, die proximalen von den Hyaloidealgefäßen aus ernährt.

Die Linse des Froschauges (Figg. 217 u. 221 *li*) ist ein bikonvexer Körper, dessen äquatorialer Durchmesser 4—5 mm, dessen Dicke 3—4 mm beträgt. Die vordere Linsenfläche ist beträchtlich schwächer gekrümmt als die hintere. Der hintere Linsenpol ist von der Sehnervenpapille im fixierten Auge nur 1,5—2 mm weit entfernt. Die glashelle, die ganze Linse umhüllende Linsenkapsel (Figg. 221 u. 224 *ka*) hat vorn einen Durchmesser von 6—8 μ und nimmt über den Äquator hinaus fortwährend ab. Das Linsenepithel (Figg. 221 u. 224 *ep*) überzieht als einschichtige Zellage die proximale Fläche der Linsenkapsel auf der vorderen Linsenhälfte. Die kubischen Zellen sind, von der Fläche gesehen, polygonal. Am Äquator werden sie schmäler und höher, der vorher platte Kern wird zunächst rundlich, dann länglich, und die Linsenepithelzelle geht in die Linsenfaser über (Fig. 221 +). Die Linsenfasern sind auf dem Querschnitt platt sechseckig (Fig. 224 *lifa*), ihre Länge nimmt natürlich von der Peripherie zum Linsenkern stetig ab. Während die Randfasern einen Kern enthalten, fehlt derselbe den Zentralfasern. Wie Äquatorialschnitte zeigen, sind die Linsenfasern zu radiären Blättern angeordnet (Fig. 224 *bl*), zwischen denen sich eine in Eisenhämatoxylin sich tief schwärzende Kittsubstanz findet (Fig. 224 *kisu*).

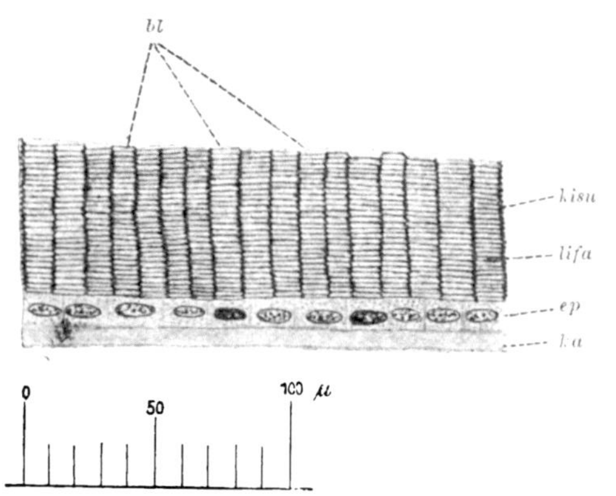

Fig. 224. Frosch. Linse.
Randpartie eines Äquatorialschnittes.
ka Linsenkapsel, *ep* Linsenepithel, *lifa* Linsenfasern im Querschnitt, *bl* Linsenfaserblätter, *kisu* Kittsubstanz zwischen den letzteren.

Der Glaskörper (Fig. 217 *glakö*) füllt den Raum zwischen der proximalen Linsenfläche und der Retina aus. Er ist in unseren Präparaten meist so stark geschrumpft, daß von seiner Struktur nicht mehr viel zu erkennen ist. Gegen die Netzhaut wird er abgegrenzt durch die Membrana hyaloidea (Fig. 220 *hy*). In sie eingeschlossen ist ein reiches, aus Arterien, Venen und Kapillaren bestehendes Blutgefäßnetz, das wir in unserem Methylenblaupräparat schön beobachten konnten. Zwischen den Gefäßen finden sich auch spärliche Zellen, die aber samt und sonders den Eindruck von Wanderzellen machen.

Die Zonula ciliaris (Fig. 217 u. 221 *Zoci*) spannt sich vom Ziliarkörper zum Linsenäquator herüber als ringförmiges Band. Ihre Fasern lassen sich leicht bis zwischen die Zellen der Pars ciliaris retinae verfolgen.

Das obere Lid (Fig. 217 *oli*), eine einfache Fortsetzung der Haut, wird auf seiner Innenfläche von dem unpigmentierten geschichteten Epithel der Konjunktiva bekleidet. Das letztere schlägt sich im Fornix (*fo*) zunächst auf die Coniunctiva bulbi über und wird dann zum vorderen Hornhautepithel.

Das untere Lid (Fig. 217 *uli*) ist eine Hautfalte, die sich bei geöffneter Lidspalte ventralwärts umschlägt, sich dabei stark verdünnt (uli_1) und in die Nickhaut (*nih*) übergeht. Die letztere ist seitlich am Periorbitalring durch die Nickhautsehne befestigt, so daß sie sich beim Senken des Bulbus über die Hornhaut herüberschiebt, wobei sich der Winkel zwischen verdünntem Teil des Unterlids und Nickhaut ausgleicht (Fig. 221). Die Grundlage der Nickhaut bildet ein dünnes Bindegewebe, das sich am freien Rande etwas verdickt und hier Melanophoren und Xantholeukophoren enthält. Auf beiden Seiten ist das Bindegewebe von dem geschichteten Epithel der Konjunktiva überzogen (Fig. 221 *koep*). Die Nickhaut enthält nur im freien Rand kuglige Schleimdrüsen. Das Konjunktivalepithel setzt sich auf der Außenfläche der Nickhaut aus drei, auf der Innenfläche nur aus zwei Lagen kubischer Zellen zusammen (Fig. 221 $koep_1$ u. $_2$). Auf der Innenfläche des unteren Lids geht das kubische Epithel in geschichtetes Zylinderepithel über ($koep_3$).

Die HARDERsche Drüse, die Tränendrüse des Frosches, liegt im vorderen Augenwinkel. Es ist eine zusammengesetzte, verzweigt tubulöse Drüse, deren Schläuche in einen gemeinsamen Sammelraum münden. Von dem letzteren zieht der Ausführungsgang im unteren Lid kaudalwärts und mündet in den Konjunktivalraum. Die von einer strukturlosen Membrana propria umgebenen Drüsenschläuche sind ausgekleidet von hohen, schmalen Zylinderzellen. Der kugelige Kern liegt basal in einer Zone verdichteten Protoplasmas, der übrige Zellkörper enthält ein sehr zartes Protoplasmanetzwerk mit feinsten azidophilen Körnchen in den Maschen. Im Sammelraum und im Ausführungsgang werden die Zellen niedriger und wechseln mit Becherzellen ab.

Der Tränennasengang, der die Tränenflüssigkeit zur Nasenhöhle abführt, läuft vom Cavum medium der letztern, ventral von der äußeren Nasendrüse kaudalwärts (Fig. 231 *dunala*) und spaltet sich im unteren Lid in die beiden Tränenröhrchen (Fig. 221 *trrö*). Sie münden dicht nebeneinander am freien Lidrand (Fig. 221 *trpu*) in den Tränenpunkten. Der Gang ist ausgekleidet von einem geschichteten Zylinderepithel, das in den Tränenröhrchen einem zweischichtigen kubischen Epithel Platz macht.

3. Das Gehörorgan.

Das Gehörorgan des Frosches zeigt gegenüber dem der Eidechse wesentliche Unterschiede, die sich aber vor allem auf das häutige Labyrinth beziehen und hier wieder vorwiegend die Pars ventralis betreffen. Die Reduktion, welche die Kochlea der Eidechse, verglichen mit der der Taube, erfahren hat, macht beim Frosch noch weitere Fortschritte. Sie wird hier als Pars basilaris bezeichnet und findet sich zusammen mit der Lagena als kleine, dem Sakkulus kaudal anlagernde Ausstülpung. Ein weiteres Charakteristikum des Froschlabyrinths bildet die Zweiteilung des Sakkulus.

Die Freilegung des häutigen Labyrinthes ist beim erwachsenen Frosch nicht allzu schwierig, erfordert aber immerhin einige technische Geschicklichkeit. Man nimmt sie am besten am abgetrennten Kopfe vor, der einige Tage in 20%igem Formalin gelegen hat. Die Präparation erfolgt unter Wasser mit Hilfe einer binokularen Lupe. Neben feinen Scheren und Skalpellen (Augenmesser) leistet vorzügliche Dienste eine kräftige anatomische Pinzette, deren nach vorn sich stark verschmälernde Branschen in je einen kleinen scharfen Löffel auslaufen. Nach Ablösung der Haut und der Rückenfaszie kommt medial und etwas kaudal vom Trommelfell die knorplige Prominentia semicircularis posterior zum Vorschein. Die von ihr entspringenden und sie umgebenden Muskeln (Temporalis, Depressor mandibulae, Rhomboideus anterior) werden entfernt, womit die schräge Lateralfläche des knöchernen Prootikums freiliegt. Nun trägt man vorsichtig den Knorpel jener Prominenz ab, bis der Bogengang zum Vorschein kommt und geht von hier aus rostral und kaudal weiter, immer Stückchen für Stückchen der Kapsel mit der Löffelpinzette abtragend. Hat man das Labyrinth freigelegt, so muß noch das es umhüllende perilymphatische Gewebe entfernt werden, eine äußerst subtile Operation, die mit zwei möglichst feinen Pinzetten ausgeführt wird. Ein derartiges Präparat, bei dem auch das ganze Gehirn freigelegt ist, zeigt unsere Fig. 225.

Für die Untersuchung im Schnitt fixiert man das Tier entweder durch Injektion vom Bulbus cordis oder man legt den ganzen abgeschnittenen Kopf in Formalinbichromat oder BOUINsche Flüssigkeit. Entkalkung in Salpetersäure. Vor der Einbettung in Zelloidin

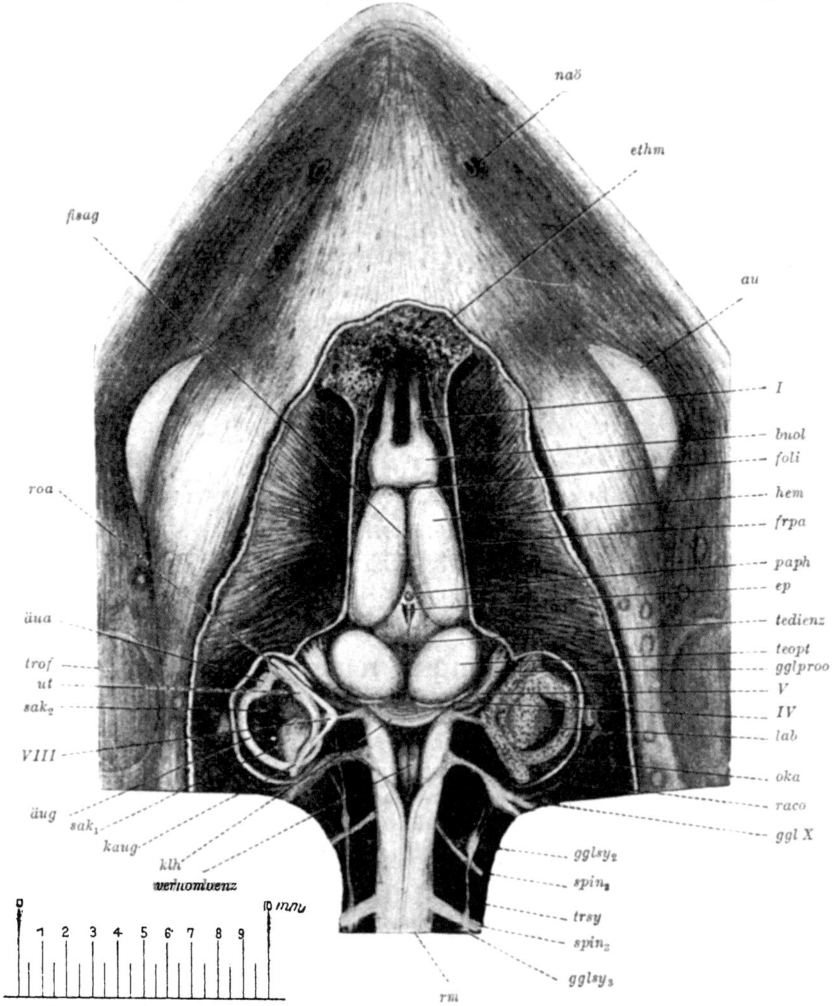

Fig. 225. Frosch. Gehirn und Gehörorgan nach Wegnahme der Schädeldecke. Links ist das häutige Labyrinth freigelegt, rechts ist es noch vom perilymphatischen Gewebe umhüllt. *naö* äußere Nasenöffnung, *ethm* Ethmoid, *au* Auge, *I* N. olfactorius, *buol* Bulbus olfactorius, *foli* Fovea limbica, *hem* Hemisphären des Vorderhirns, *frpa* Frontoparietale, *paph* Paraphyse, *ep* Epiphyse, *tedienz* Dach des Zwischenhirns, *teopt* Tectum opticum, *gglproo* Ganglion prooticum, *V* N. trigeminus, *IV* N. trochlearis, *lab* häutiges Labyrinth, *oka* Ohrkapsel, *raco* Ramus communicans n. glossopharyngei, *ggl X* Ganglion jugulare, $gglsy_2$ zweites sympathisches Ganglion, $spin_2$ zweiter Spinalnerv, *trsy* Ramus intergangliaris, $spin_3$ dritter Spinalnerv, $gglsy_3$ drittes sympathisches Ganglion, *rm* Rückenmark, *verhombenz* Ventrikel des Rhombenzephalons, *klh* Kleinhirn, *kaug* kaudaler Bogengang, sak_1 dorsale, sak_2 ventrale Abteilung des Sakkulus, *äug* äußerer Bogengang, *VIII* N. acusticus, *ut* Utrikulus, *trof* Trommelfell, *äua* äußere, *roa* rostrale Ampulle, *fisag* Fissura sagittalis.

eröffnet man das Gehörorgan durch einen durch die Mitte beider Trommelfelle geführten Querschnitt. Schneidet man die beiden Blöcke in lückenloser Serie, so läßt sich mittels der Wachsplattenmethode das Labyrinth rekonstruieren. Man erhält so Modelle, welche die komplizierten Formdetails aufs beste veranschaulichen.

Wenn nun solche Zelloidinschnitte auch für die Erkennung feinerer histologischer Details schon recht geeignet sind, so leiden sie doch an einem recht unangenehmen Mangel.

Durch die Entkalkung ist nämlich ein wichtiger Bestandteil des Gehörorgans fast restlos entfernt, der gerade im Froschlabyrinth einen weiten Raum einnimmt, die Otolithenmasse. Will man sie erhalten, so muß das Labyrinth an dem abgeschnittenen Kopf des Tieres frisch unter Kochsalzlösung freigelegt werden. Man entfernt es, fixiert es 10—15 Minuten lang in CARNOYscher Flüssigkeit und bettet später unter sorgfältiger Orientierung in Paraffin ein. Die Otolithenmasse ist dann völlig erhalten und läßt sich auch recht gut schneiden. Die Schnitte färbt man mit Biondilösung oder Eisenhämatoxylin.

Das häutige Labyrinth des Frosches läßt eine Pars dorsalis und eine Pars ventralis erkennen, von denen die erstere aus dem Utrikulus und den drei halbzirkelförmigen Kanälen besteht. Der Utrikulus stellt ein röhrenförmiges Gebilde mit doppelter winkliger Abknickung dar. Die beiden Winkel sind lateral

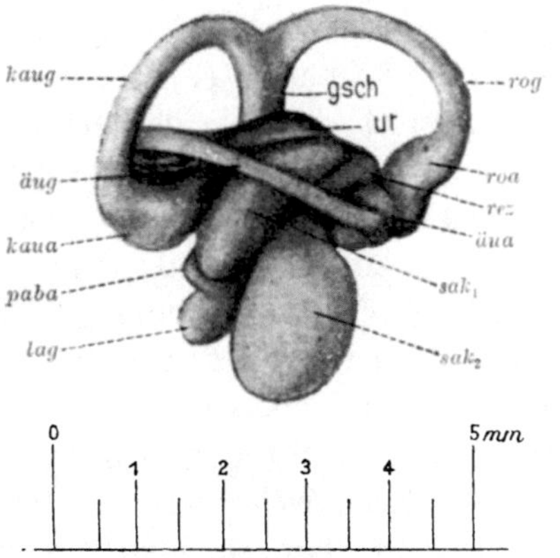

Fig. 226. Frosch.
Rechtes Labyrinth von lateral.
kaug kaudaler Bogengang, *gsch* gemeinsamer Schenkel der vertikalen Bogengänge, *ut* Utriculus proprius, *rez* Recessus utriculi, *rog* rostraler Bogengang, *roa* rostrale, *äua* äußere Ampulle, sak_1 dorsale, sak_2 ventrale Abteilung des Sakkulus, *lag* Lagena, *paba* Pars basilaris, *kaua* kaudale Ampulle, *äug* äußerer Bogengang.

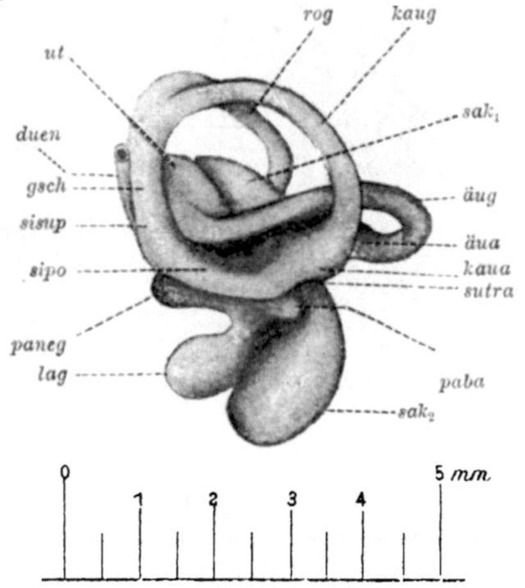

Fig. 227. Frosch.
Rechtes Labyrinth von kaudal her.
rog rostraler, *kaug* kaudaler Bogengang, sak_1 dorsale, sak_2 ventrale Abteilung des Sakkulus, *äug* äußerer Bogengang, *äua* äußere, *kaua* kaudale Ampulle, *sutra* deren Sulcus transversus, *paba* Pars basilaris, *lag* Lagena, *paneg* Pars neglecta, *sipo* Sinus posterior, *sisup* Sinus superior, *gsch* gemeinsamer Schenkel der vertikalen Bogengänge, *duen* Ductus endolymphaticus, *ut* Utriculus proprius.

und ventral offen. Er beginnt rostralwärts mit dem blasenförmigen Recessus utriculi (Fig. 226 *rez*), steigt dann auf zum Utriculus proprius (Fig. 226 *ut*), um kaudalwärts sich zum Sinus posterior (Fig. 227 *sipo*) zu verengern. In das rostrale Ende des Rezessus münden die äußere Ampulle und die rostrale Ampulle (Fig. 226 *äua* u. *roa*) mit einer gemeinsamen querovalen Öffnung. Aus der medialen Wand des Utriculus proprius erhebt sich der kurze, dicke Sinus superior (Fig. 227 *sisup*) und geht ohne jede Grenze in den gemeinsamen Schenkel der vertikalen Bogengänge über (Fig. 227 *gsch*). In den Sinus posterior schließlich mündet die kaudale Ampulle (Fig. 227 *kaua*). Die beiden vertikalen Bogengänge (Fig. 226 *rog* und *kaug*) bilden einen Winkel von nicht ganz 90° miteinander. Die Ebene des äußeren Ganges (Fig. 226 *äug*) steigt etwas schräg von rostral und ventral nach kaudal und dorsal an. Sein einfacher Schenkel biegt sich durch die Öffnung des kaudalen Ganges hindurch, so daß die kaudale Ampulle ventral von ihm zu liegen kommt und mündet in den Utriculus proprius ein (Fig. 227). Die drei Ampullen sind ungefähr gleich groß, der Boden einer jeden wird durch einen quer zur Längsachse verlaufenden Sulcus transversus (Fig. 227 *sutra*) eingebuchtet.

Die Hauptmasse der Pars ventralis macht der Sakkulus aus, eine geräumige längliche Blase. Auf seiner lateralen Wand verläuft schräg von dorsal und rostral nach ventral und kaudal eine tief einschneidende Furche und teilt ihn in eine kleinere dorsale (sak_1) und eine größere ventrale Abteilung (sak_2). Während die letztere allseitig frei liegt, legt sich die erstere mit ihrer medialen Wand vor den Utriculus proprius und den Recessus utriculi und verschmilzt mit deren lateraler Wand. In der medialen und kaudalen Wand der dorsalen Abteilung des Sakkulus finden sich dicht nebeneinander fünf Öffnungen (Fig. 228). Die dorsalste derselben (1) bildet einen schrägen Querschlitz und führt in den Utriculus proprius hinein (Foramen utriculosacculare). Dicht ventral und etwas kaudal von ihr folgt die zweite (2) etwa nierenförmige Öffnung. Durch sie gelangt man in eine unter dem Boden des Utriculus proprius gelegene, längliche Ausstülpung der Sakkuluswand, die Pars neglecta (Fig. 226 *paneg*). Noch weiter ventral stoßen wir auf eine dritte(3), längsovale Öffnung, sie führt in die Lagena (Fig. 226 *lag*), eine eiförmige, der kaudalen Sakkuluswand angelagerte Blase. Von dieser Lagenaröffnung führt eine seichte Rinne der inneren kaudalen Sakkuluswand in eine dritte Ausstülpung, die Pars basilaris. Sie erscheint bei Betrachtung des Labyrinths von kaudal her (Fig. 226 *paba*) als kleines, unter dem Boden der kaudalen Ampulle gelegenes Bläschen, dorsal und lateral von der wesentlich größeren Lagena.

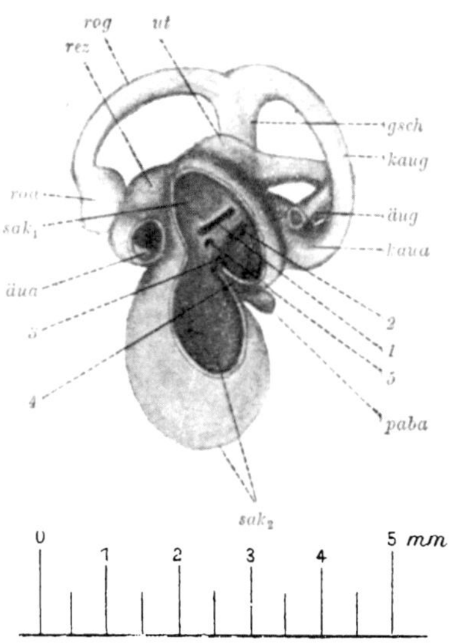

Fig. 228. Frosch. Linkes Labyrinth. Die laterale Wand des Sakkulus ist entfernt.

rez Recessus utriculi, *rog* rostraler Bogengang, *ut* Utriculus proprius, *gsch* gemeinsamer Schenkel der vertikalen Bogengänge, *kaug* kaudaler, *äug* äußerer Bogengang, *kaua* kaudale Ampulle, *2* Öffnung der Pars neglecta, *1* Foramen utriculosacculare, *5* Mündung des Ductus endolymphaticus, *paba* Pars basilaris, *4* deren Öffnung in den Sakkulus, sak_2 ventrale, sak_1 dorsale Abteilung des Sakkulus, *3* Öffnung der Lagena, *äua* äußere Ampulle mit Krista, *roa* rostrale Ampulle.

Von lateral her (Fig. 226) bekommt man nur Lagena und Pars basilaris zu Gesicht, während die Pars neglecta erst von kaudal oder medial her sichtbar wird (Fig. 227). Die fünfte und kleinste der Öffnungen (5) endlich findet sich in der medialen Sakkuluswand unter dem Foramen utriculosacculare und dicht rostral vom Eingang zur Pars neglecta. Es ist die Mündung des Ductus endolymphaticus (Fig. 227 *duen*). Dieser Gang verläuft an der medialen Fläche des gemeinsamen Schenkels der vertikalen Bogengänge, wendet sich dann ventralwärts um den Boden des Utriculus proprius herum, zwischen ihm und dem blinden Ende der Pars neglecta hindurch und senkt sich in die dorsale Abteilung des Sakkulus ein. Der bei der Präparation immer abreißende Gang tritt dorsalwärts durch das Foramen endolymphaticum der medialen Ohrkapselwand in die Schädelhöhle und geht hier in den ausgedehnten Saccus endolymphaticus über, der weite Teile des Gehirnes bedeckt und sich auch in den Rückenmarkskanal bis zum Anfang des Steißbeins erstreckt.

Von Nervenendstellen besitzt das Froschlabyrinth acht. Drei Cristae acusticae in den drei Ampullen, eine Macula acustica utriculi am Boden des Recessus utriculi, eine Macula acustica sacculi in der medialen Wand der ventralen Sakkulusabteilung, eine Papilla acustica lagenae in der Lagena, eine Macula neglecta in der Pars neglecta und schließlich die Papilla basilaris in der Pars basilaris.

Jede dieser Endstellen erhält einen Zweig des Hörnerven. Der N. acusticus verläßt das Gehirn mit einer dorsalen und einer ventralen Wurzel. Die letztere tritt durch das Foramen acusticum anterius in die Ohrkapsel ein, schwillt in jener Öffnung zu einem kleinen Ganglion an, aus dem der rostrale Akustikusast heraustritt und sich sofort in einen Zweig für die Macula sacculi, einen zweiten für die Macula utriculi und je einen für die Kristen der lateralen und rostralen Ampulle spaltet. Die dorsale Wurzel verläuft zum Foramen acusticum posterius und bildet hier ebenfalls ein Ganglion. Der aus letzterem hervorgehende kaudale Akustikusast versorgt zunächst die Papilla lagenae und die Macula neglecta und spaltet sich dann in je einen Ast für die Papilla basilaris und die Krista der kaudalen Ampulle.

Wir wollen nun ganz kurz die Bilder skizzieren, welche uns das Gehörorgan in einer Querschnittserie durch den Kopf des Tieres liefert und gleichzeitig dessen feineren Bau an Schnitten durch das in Carnoy fixierte Organ studieren. Wenn wir uns von kaudal her der Ohrgegend nähern, treffen wir zunächst auf die knorplige Prominentia semicircularis posterior der Ohrkapsel und nach ihrem Anschneiden auf die kaudale Wand der kaudalen Ampulle, mit dem von ihr ausgehenden kaudalen Bogengang. Schon nach wenigen Schnitten trennen sich beide und zwischen sie lagert sich die kaudale Zirkumferenz des äußeren Bogenganges. So erhalten wir das Bild der Fig. 234. Die kaudale Ampulle (*kaua*) ist ungefähr längsgetroffen und in ihr erscheint die quergeschnittene Krista (*kr*), die also in Form eines Türkensattels quer zur Längsachse der Ampulle steht. Quer über die Ampulle legt sich der äußere Bogengang (*äug*), der ja, wie unser Modell lehrte, durch die Öffnung des kaudalen Bogengangs hindurchzieht. Über ihm ist der schräg getroffene kaudale Bogengang sichtbar (*kaug*).

Die Wandung von Ampulle und Bogengang wird, wie überall im häutigen Labyrinth zunächst gebildet von der Membrana propria. Sie erreicht eine Dicke von ungefähr 30 μ, verdickt sich im Ampullenboden auf das Drei- bis Vierfache und zeigt hier eine seichte äußere Rinne, den Sulcus transversus (*sutra*), in dem der Nerv zur Krista hinzutritt. Die Membran erscheint ganz homogen und färbt sich in unseren Biondipräparaten intensiv blaugrün. In ihrer Substanz liegen schon bei gewöhnlicher Färbung sichtbare Zellen, die am klarsten hervortreten, wenn man das aus einem Formalinpräparat isolierte Labyrinth nachträglich mit dünner Osmiumsäure behandelt. Es sind weitverzweigte, anastomosierende Zellen, in besonderen Kanälchen der Grundsubstanz gelegen.

Innen sitzt der Membrana propria das Epithel auf, ein einfaches niedriges Plattenepithel, das im Ampullendach eine undeutliche Raphe (*ra*) kubischer Zellen bildet. Bezüglich des Baues der Krista ergeben sich keine wesentlichen Unterschiede gegenüber der Eidechse. Plana semilunata umgeben auch hier die beiden Enden der Krista.

Der Raum zwischen Bogengängen und Ampulle einerseits und Labyrinthkapsel andererseits ist ausgefüllt von dem perilymphatischen Gewebe, sternförmigen, anastomosierenden Zellen mit zahlreichen Pigmentzellen. Es wird durchzogen von den zum häutigen Labyrinth herantretenden Gefäßen und Nerven. An der Außenfläche der Membrana propria ordnen sich die Zellen zu einer zusammenhängenden, epithelartigen Schicht.

Ventral schließt sich an die Ohrkapsel ein im Querschnitt ovaler Hohlraum, der Saccus perilymphaticus (*sapely*), ventralwärts durch eine von der Ohrkapsel zum Occipitale laterale verlaufende dicke, bindegewebige Membran gegen die umgebende Muskulatur abgeschlossen (*metyse*), das Nebentrommelfell, Membrana tympani secundaria. Dorsomedial und auch etwas kaudal zieht an dem Sack der Vagoglossopharyngeus (*X*) aus dem Foramen jugulare (*foju*) kommend vorbei und tritt lateralwärts in das umfangreiche Ganglion jugulare (*ggl X*) ein. Dem Nervenstamm lagert sich der ebenfalls durch jenes Loch aus der Schädelhöhle hervortretende Sympathikus (*sy*) eng an.

Gehen wir nun in unserer Serie weiter rostral, so rückt zunächst (Fig. 235) der kaudale Bogengang weiter dorsal in die knorplige Ohrkapsel vor (*kaug*), ebenso der äußere Bogengang lateralwärts ($äug_1$). Im Binnenraum der Kapsel erscheint als Fortsetzung der kaudalen Ampulle der Sinus posterior (*sipo*) getroffen und über ihm der einfache Schenkel des äußeren Bogenganges ($äug_2$), der bald darauf in den Utriculus proprius mündet. Lateral und etwas ventral vom Sinus posterior ist die kleine Pars basilaris (paba) angeschnitten. Ihre Membrana propria ist dorsal, lateral und ventral außerordentlich dick, medial dagegen tritt an ihre Stelle eine ganz dünne bindegewebige Membran, welche den Binnenraum der Pars basilaris abgrenzt gegen einen vom Saccus perilymphaticus (*sapely*) heraufkommenden perilymphatischen Hohlraum, den Recessus partis basilaris (*reba*). Der vorher allseitig abgeschlossene Saccus perilymphaticus kommuniziert nun durch das Foramen jugulare hindurch mit einem in das Schädelinnere vorspringenden Perilymphraum, dem Spatium meningeale (*spame*). In das letztere ergießt sich von dorsal her ein dritter Perilymphraum, der Ductus perilymphaticus ($dupely_1$). Sein dorsolateraler Anfangsteil ($dupely_2$) liegt dorsal von der Pars basilaris. Nach einigen Schnitten vereinigen sich beide zu einem breiten, zwischen Sinus posterior, Pars basilaris und kaudaler Sakkuluswand herabsteigenden Gang. Wir gelangen also vom Spatium meningeale bzw. vom Foramen jugulare durch zwei Öffnungen, dorsal durch das Foramen perilymphaticum superius in den Ductus perilymphaticus, ventralwärts durch das Foramen perilymphaticum inferius in den Recessus partis basilaris und in den Saccus perilymphaticus. Beide Öffnungen liegen in der Tiefe des Foramen jugulare und werden getrennt durch eine schmale Knochenbrücke der medialen Ohrkapselwand.

In der lateralen Wand der Pars basilaris erscheint die Papilla basilaris. Sie zieht sich später auf die dorsale Wand herüber. In ihrem Bau gleicht sie ganz der später zu besprechenden Macula neglecta und ist wie diese von einer Membrana tectoria bedeckt.

Weiter rostralwärts kommen wir dann aus dem Bereich des Foramen jugulare heraus, die mediale Ohrkapselwand schließt sich, um sich aber schon sehr bald wieder zum Foramen acusticum posterius zu öffnen (Fig. 236). In diese Öffnung sehen wir vom Hinterhirn her die dorsale Akustikuswurzel (*VIII do*) eintreten und hier zum kaudalen Akustikusganglion (*VIII kauggl*) anschwellen. Der Binnenraum der Ohrkapsel erreicht in dieser Gegend seine größte Ausdehnung. Lateralwärts erscheint die Fenestra vestibuli, verschlossen durch das knorplige Operkulum (*op*). Die knorplige, den kaudalen Bogengang (*kaug*) von dem übrigen Labyrinth trennende Scheidewand ist verschwunden und die Membrana propria dieses Ganges hat sich bereits mit der des Sinus superior (*sisup*) vereinigt. Lateral von letzterem liegt der Utriculus proprius (*ut*) und ventral von ihm das blinde Ende der Pars neglecta (*paneg*). Die Pars basilaris hat sich in die dorsale Sakkulusabteilung (*dosa*) geöffnet, die weiterhin in die geräumige Lagena (*lage*) hineinführt. Wiederum lateral von ihr ist auch die ventrale Sakkulusabteilung (*vesa*) angeschnitten, umgeben von einem weiten perilymphatischen Raum, dem Spatium sacculare (*spasa*), der sich lateralwärts durch den Ductus fenestrae vestibuli (*dufeve*) bis zum Operkulum erstreckt. Dorsal von der dorsalen Sakkulusabteilung liegt noch der Ductus perilymphaticus (*dupely*), von dem Aussackungen gegen den kaudalen Bogengang hin vordringen.

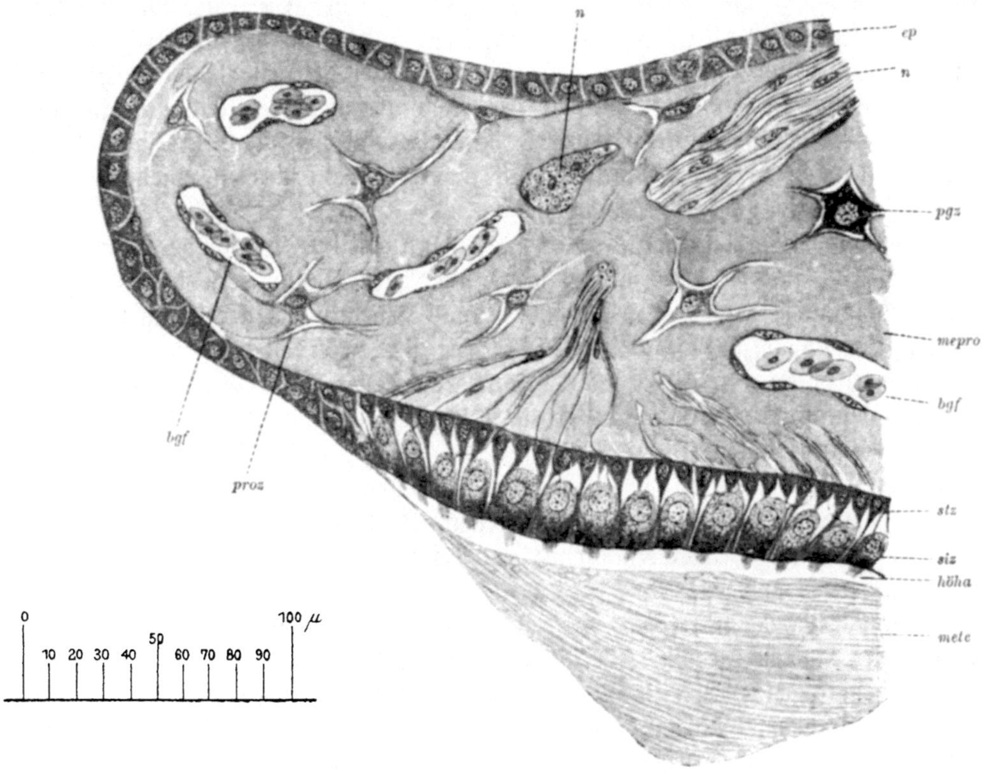

Fig. 229. Frosch. Macula neglecta.
mete Membrana tectoria, *höha* Hörhaare, *siz* Sinneszellen, *stz* Stützzellen, *bgf* Blutgefäß, *mepro* Membrana propria, *pgz* Pigmentzelle, *n* Nerven, *ep* Epithel des häutigen Labyrinthes, *proz* Zellen der Membrana propria.

Wir haben in unserem Schnitt zwei Nervenendstellen, von denen wir die eine bei starker Vergrößerung näher untersuchen wollen. Die Macula neglecta findet sich in der dorsalen Wand der Pars neglecta (*paneg*) und verhält sich zum Ductus perilymphaticus ganz ähnlich wie die Pars basilaris zum Recessus partis basilaris. Der Bau ihres Neuroepithels weicht in keiner Weise von dem uns bekannten Schema ab (Fig. 229). Das Epithel hat eine durchschnittliche Dicke von 30—40 μ und besteht aus Sinneszellen und Stützzellen. Die Sinneszellen (*siz*) sind höchstens 25 μ lang und bis zu 15 μ breit. Ihr abgerundetes proximales Ende erreicht also nie die Membrana propria. Der große, kuglige, helle Kern mit einem immer sehr deutlichen Kernkörperchen liegt im Grunde der Zelle. Das Protoplasma ist distalwärts außerordentlich dicht und läßt eine feine Längsfibrillierung erkennen. In der Kerngegend lichtet es sich auf und nimmt im Zellgrund deutlichen Netzbau an. Auf ihrer Oberfläche trägt jede Zelle einen kutikularisierten Deckel, aus dessen Mitte eine Anzahl relativ grober, ungleich langer Hörhaare (*höha*) hervorstehen. Die Stützzellen (*stz*) sitzen mit breiter Basis der Membrana propria auf; distalwärts verjüngt sich die Zelle zu einem schmalen, bis zur Epitheloberfläche aufsteigenden Fortsatz. Auch er trägt eine kutikularisierte Platte, welche sich zwischen die Deckel der Sinneszellen einfügt. Es werden also die einzelnen Sinneszellen überall durch die Fortsätze der Stützzellen getrennt. Die Kerne der letzteren liegen in einfacher Zeile im Grunde des Epithels, sie sind beträchtlich kleiner und färben sich viel dunkler, als die Kerne der Sinneszellen.

Auf der Makula liegt die sog. Membrana tectoria (*mete*), bestehend aus einer Grundsubstanz, in welcher dicht nebeneinander gelegene Kanäle verlaufen und der Membran ein längsstreifiges Aussehen verleihen. Die Grundsubstanz ist intensiv basophil. An der Grenze der Makula setzt sich die Tektoria noch ein Stück weit nach Art einer Kutikula auf die Oberfläche des einschichtigen, indifferenten Epithels fort.

In unserer Fig. 236 sehen wir vom kaudalen Akustikusganglion her, von einem kaudalen Akustikusast kann man kaum reden, den Ramulus neglectus bogenförmig zur Macula neglecta verlaufen, während ventralwärts der kurze Ramulus lagenaris zur Papilla lagenae zieht. Die Fasern dieser Nerven sind die markhaltig gewordenen, peripheren Ausläufer der bipolaren Zellen jenes Ganglions. Innerhalb der Membrana propria verlaufen sie in besonderen, mit platten Epithelzellen ausgekleideten Kanälen (Fig. 229 *n*) und verlieren beim Eintritt in das Sinnesepithel ihre Markscheide. Zwischen den Stützzellen sehen wir die nun nackten Achsenzylinder zu den Sinneszellen hinziehen. Dabei spalten sie sich mehrfach in Zweige, die mit kleinen Knöpfchen sich an den Grund oder die Seitenfläche der Sinneszellen anlegen.

Die Papilla lagenae (*palage*) gleicht in ihrem Bau ganz der später zu besprechenden Macula sacculi. Auf ihr ruht eine scheibenförmige Otolithenmasse.

In dem folgenden Schnitt (Fig. 237) hat sich das Foramen acusticum posterius wieder geschlossen. Medial von der Ohrkapsel erscheint noch die ventrale Akustikuswurzel (*VIII ve*) mit dem angelagerten N. facialis (*VII*). Ventrale (*vesa*) und dorsale Sakkulusabteilung (*dosa*) stehen nun in weit offener Kommunikation. In die erstere öffnet sich von ventral her die Lagena (*lage*) und von medial her die Pars neglecta und der Utriculus proprius (*ut*) mit dem Foramen utriculosacculare. Medianwärts geht der letztere in den Sinus superior bzw. in den gemeinsamen Schenkel der vertikalen Bogengänge (*gsch*) über.

Von den perilymphatischen Räumen umgibt das Spatium sacculare (*spasa*) die ventrale Sakkulusabteilung. Außerdem ist in der lateralen, vom Operkulum (*op*) und dem Plektrum (*ple*) abgeschlossenen Fenestra vestibuli der Saccus fenestrae vestibuli (*safeve*) als Fortsetzung des Ductus fenestrae vestibuli sichtbar. Der Ductus perilymphaticus (*dupely*), dorsal vom Utriculus proprius gelegen, hat sich stark verkleinert und schickt ventralwärts eine Pars communicans (*paco*) zur Verbindung mit dem Spatium sacculare.

Weiter rostralwärts tritt in gleicher Höhe wie das Foramen acusticum posterius das Foramen acusticum anterius auf (Fig. 240). In es hinein tritt die ventrale Akustikuswurzel (*VIII ve*) und schwillt zum rostralen Akustikusganglion an, aus dem der rostrale Akustikusast austritt. Dorsal vom Foramen acusticum anterius und von ihm durch eine Knorpelspange getrennt, stoßen wir auf eine weitere Öffnung in der medialen Ohrkapselwand, das Foramen endolymphaticum. In ihm liegt der längsgetroffene Ductus endolymphaticus (*duendly*), der sich aus dem Saccus endolymphaticus (*saendly*), innerhalb der Schädelhöhle entwickelt und der medialen Sakkuluswand zustrebt, in die er sich noch etwas weiter rostralwärts öffnet. Aus dem gemeinsamen Schenkel der vertikalen Bogengänge hat sich der rostrale Bogengang (*rog*) abgespalten. Mit der dorsalen Sakkulusabteilung (*dosa*) steht der Utriculus proprius (*ut*) immer noch durch das Foramen utriculosacculare in Verbindung. Dorsale und ventrale Sakkulusabteilung (*vesa*) kommunizieren weit miteinander; in der letzteren ist die große Otolithenscheibe des Sakkulus (*otsa*) sichtbar.

Der letzte der zu besprechenden Schnitte endlich (Fig. 241) zeigt noch das rostrale Ende des Foramen acusticum anterius mit dem rostralen Ganglion (*roggl*) und dem von ihm zur Macula sacculi (*masa*) ziehenden Ramulus sacculi (*rasa*). Die Otolithenscheibe (*otsa*) hat sich bedeutend vergrößert. Die dorsale Sakkulusabteilung ist verschwunden, und der Utriculus proprius in den Recessus utriculi (*reut*) übergegangen mit seiner bodenständigen Makula (*maut*), auf der ebenfalls eine Otolithenscheibe ruht. Das den äußeren Bogengang (*äug*) vom übrigen Labyrinth trennende Knorpelseptum ist verschwunden und an seiner Stelle die kaudale Wand der äußeren Ampulle (*äua*) angeschnitten.

Von den perilymphatischen Räumen umgibt das Spatium sacculare (*spasa*) wieder die ventrale Sakkulusabteilung. Dorsal vom Recessus utriculi liegt der weite Ductus perilymphaticus (*dupely*).

Macula utriculi und Macula sacculi gleichen sich in ihrem Bau völlig. Einen Schnitt durch die letztere zeigt unsere Fig. 230. Die Sinneszellen (*siz*) sind hier ebensolang, aber etwas schmäler als in der Macula neglecta. Die gesamte Epitheldicke steigt aber auf 50 μ an und es erreichen deshalb die Sinneszellen mit ihrer Basis kaum die Epithelmitte. Die aus dem Deckel hervorstehenden Hörhaare (*höha*) sind feiner als dort und legen sich immer zu einer langen Geißel zusammen. Die Otolithenscheibe (*otsa*) wird umschlossen von einer sackartigen Otolithenmembran (*otme*). Sie ist von zahlreichen Löchern durchsetzt, sonst homogen und intensiv basophil. Die Otolithen (*ot*), flache Kalkkristalle von länglich blattartiger Form liegen außerordentlich dicht und sind von wechselnder Größe Die größten erreichen einen Längsdurchmesser von 50 μ. Die Kerne der Stützzellen liegen in zwei Zeilen. Die Art der Nervenendigung ist die gleiche wie in der Macula neglecta.

Unser Schnitt (Fig. 241) hat nun gleichzeitig auch die sich lateralwärts an die Ohrkapsel anschließende Paukenhöhle (*caty*) getroffen. Sie wird lateral verschlossen durch das Trommelfell (*mety*) mit der Lamina propria als bindegewebigen Grundlage. Die letztere enthält in ihrer Peripherie auch glatte Muskelfasern und an der Insertionsstelle des Plektrums zahlreiche elastische Fasern. Die

Lamina propria ist an dem knorpligen Anulus tympanicus (*anty*) befestigt und wird außen von der äußeren Haut, innen von der Schleimhaut der Paukenhöhle überzogen. Die Schleimhaut der Rachenhöhle setzt (*schl*) sich durch die weite Tuba auditiva (*tuaud*) in die Paukenhöhle fort und ändert dabei zunächst kaum ihre Struktur. Ihre Grundlage bildet eine dicke, in der Tube etwas dünnere,

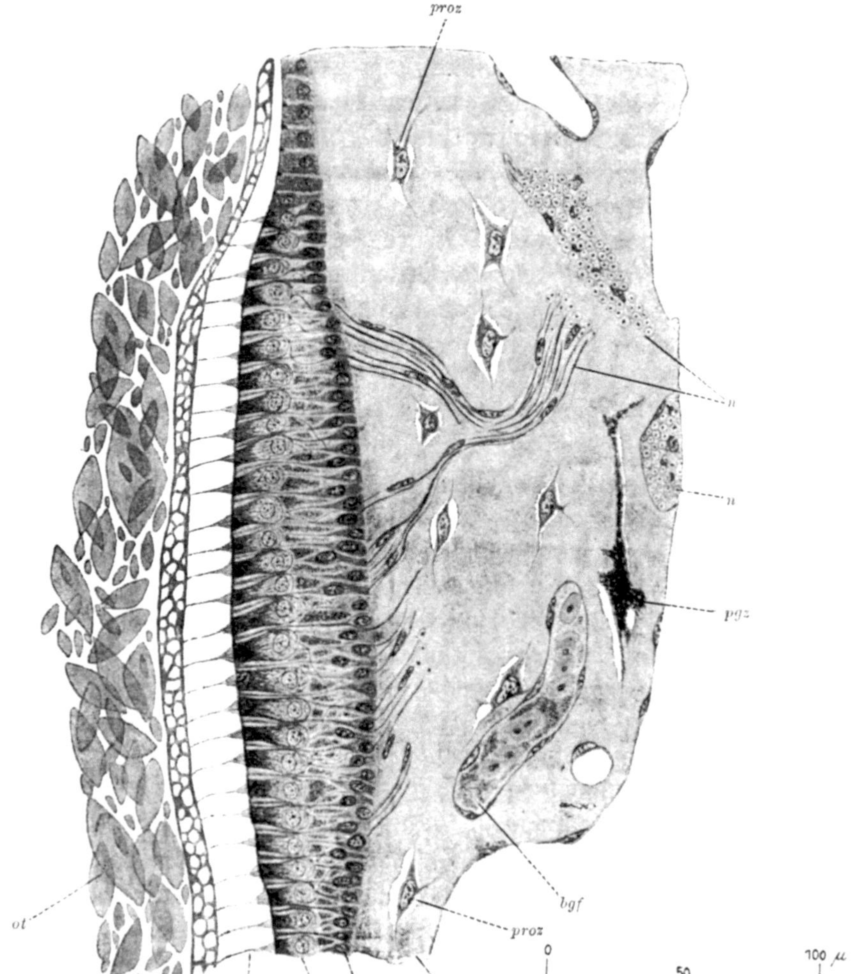

Fig. 230. Frosch. Macula sacculi.
ot Otolithen, *otsa* Otolithensack, *otme* Otolithenmembran, *höha* Hörhaare, *siz* Sinneszellen, *stz* Stützzellen, *mepro* Membrana propria, *proz* deren Zellen, *bgf* Blutgefäß, *pgz* Pigmentzelle, *n* Nervenstämmchen.

bindegewebige Propria, auf der ein mehrzeiliges, flimmerndes Zylinderepithel sitzt mit zahlreichen Becher- und Körnerzellen. An allen Stellen, wo Knorpel oder Knochen das Epithel stark in die Paukenhöhle vordrängen, verliert es seinen Flimmerbesatz und auch mehr oder weniger seine Becherzellen (×). Vom Anulus tympanicus aus setzt sich die Schleimhaut auch auf die proximale Fläche des Trommelfells fort, wobei sich sowohl Propria als Epithel stark verdünnen. Das letztere entbehrt im größten Teil des Trommelfells fast völlig der Becher- und

Flimmerzellen und besteht aus zwei Lagen niederer kubischer Zellen. Die Propria enthält besonders am Anulus tympanicus zahlreiche Melanophoren.

Die Verbindung zwischen Trommelfell und dem in der Fenestra vestibuli gelegenen Operkulum wird vermittelt durch das in seinem mittleren Teile knöcherne, sonst knorplige Plektrum. Sein kolbig verdicktes laterales Ende (Fig. 241 *ple*) legt sich der proximalen Trommelfellfläche an und ist mit ihr fest verbunden. Dann zieht es, von einer Schleimhautfalte, der Plica plectri (*plple*) umschlossen, zur kaudalen Paukenhöhlenwand und legt sich hier dem Knochen fest an. Es gelangt dann außerhalb der Paukenhöhle zur Fenestra vestibuli, in die es sich mit seinem plattenartig verbreiterten medialen Ende einzwängt (Fig. 237 *ple*).

4. Das Geruchsorgan.

Das Geruchsorgan wird beim Frosch dargestellt durch die Riechschleimhaut, die einen Teil der Schleimhautauskleidung der Nasenhöhle bildet. Die letztere dient aber nicht ausschließlich dem Geruch, sondern in noch höherem Grade der Atmung, wie wir das bei allen luftatmenden Wirbeltieren gesehen haben. Auf dem Wege zu den Lungen passiert der Luftstrom die Nasenhöhle und führt dabei gleichzeitig der Riechschleimhaut ihre Reize zu. Die Nasenhöhle ist paarig und liegt jederseits vom knorpligen Nasenseptum im rostralsten Teile des Kopfes, umschlossen von einer besonderen Knorpelkapsel. Nach außen öffnet sie sich durch das paarige, kurz hinter der Schnauzenspitze gelegene äußere Nasenloch, nach innen durch die ebenfalls paarige, im rostralsten Teile des Mundhöhlendaches gelegene Choane.

Das Hohlraumsystem der Nasenhöhle ist recht kompliziert. Es wird am besten an einer Querschnittserie durch den Kopf studiert und kann hier nur ganz kurz besprochen werden. Das äußere Nasenloch führt zunächst in einen kleinen Vorraum, das Vestibulum, dessen Boden eine horizontale Schleimhautfalte, die Plica obliqua bildet. Medial von ihr liegt der große Hauptraum der Nasenhöhle, das Cavum principale (Fig. 231 *capr*), das sich rostralwärts mit seinem blinden Anfangsteil bis über das äußere Nasenloch herüberschiebt, kaudalwärts sich in die Choane öffnet und über dieselbe hinaus noch einen kleinen blinden Endsack treibt. Ventral von der Plica obliqua gelangt man in das Infundibulum (*inf*), eine ventralwärts stark verengte Rinne, die mit dem Cavum principale in weit offener Verbindung steht und rostralwärts als Recessus alaris lateral von dem blinden Anfangsstück des Cavum principale ebenfalls blind endet. In das Infundibulum mündet zunächst das unter dem rostralen Abschnitt des Cavum principale gelegene Cavum medium, von jenem durch die knorplige Crista intermedia (*crime*) des Nasenskeletts getrennt. Etwas weiter kaudal mündet dann in das Infundibulum das Cavum inferius (*cai*). Es liegt ventral vom Cavum medium, dem knorpligen Solum nasi (*sona*) an, dehnt sich weit lateralwärts aus und erweitert sich hier zu dem in einer Aushöhlung des knöchernen Maxillare gelegenen Recessus lateralis. Medialwärts treibt es den an das knorplige Septum stoßenden Recessus medialis.

Dieses in seinen Details noch kompliziertere Höhlensystem ist umgeben von dem knorpligen Nasenskelett und grenzt zum Teil auch noch an die Deckknochen des Nasale, des Vomer und des Maxillare. Es wird ausgekleidet von einer aus Epithel und Propria bestehenden Schleimhaut und nimmt die Ausführungsgänge zweier größererr Drüsen, der lateralen (*lanadr*) und der medialen Nasendrüse (*menadr*) auf. Außerdem öffnet sich in die Nasenhöhle, wie wir früher erfahren haben, der Tränennasengang (*dunala*).

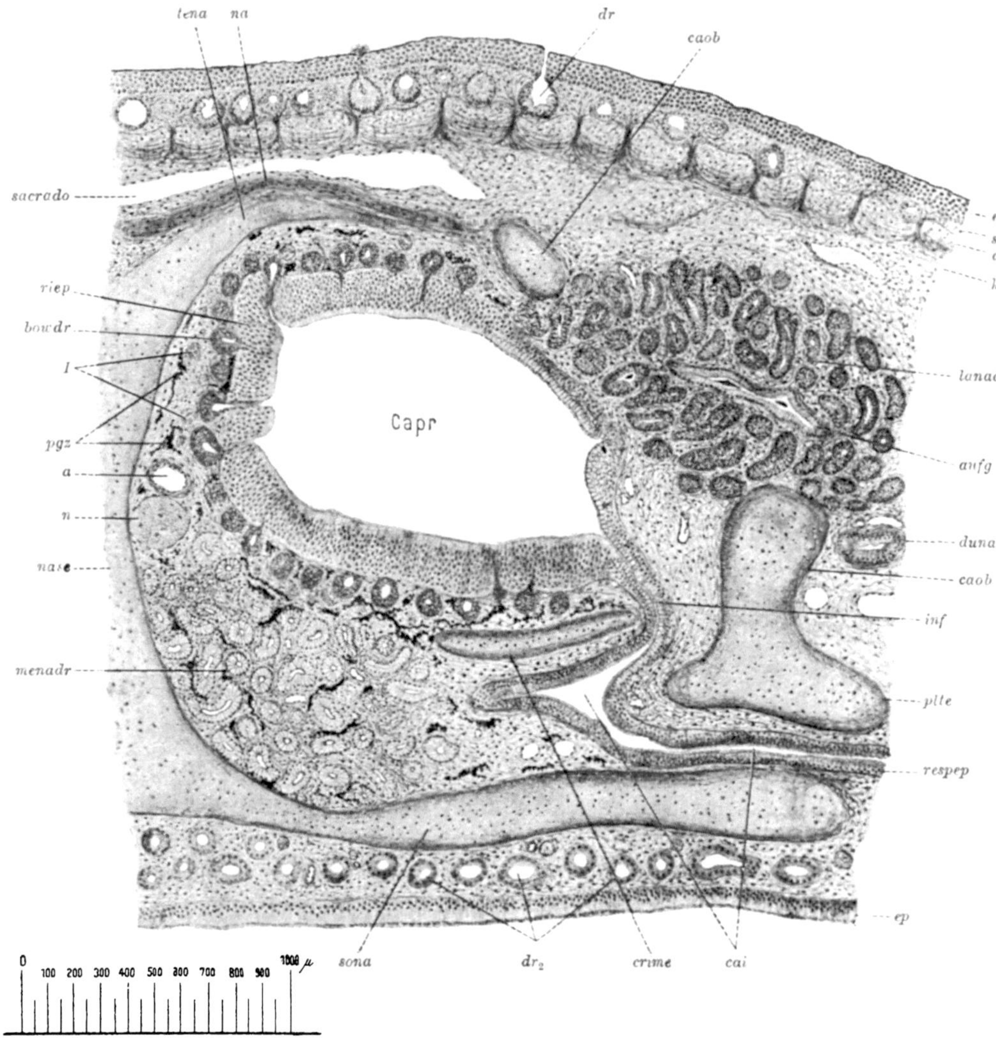

Fig. 231. Frosch. Nasenhöhle.

tena Tectum nasi, *na* Nasale, *dr* und dr_1 Drüsen der Kopfhaut, *caob* Cartilago obliqua, *epd* Epidermis der Kopfhaut, *sbla* Sieblamelle, *kut* Kutis, *lanadr* laterale Nasendrüse, *aufg* deren Ausführungsgang, *dunala* Ductus nasolacrimalis, *inf* Infundibulum nasi, *plte* Planum terminale, *respep* respiratorisches Epithel, *ep* Epithel der Mundhöhle, *cai* Cavum inferius, *crime* Crista intermedia, dr_2 Drüsen der Mundschleimhaut, *sona* Solum nasi, *menadr* mediale Nasendrüse, *nase* Septum narium, *n* N. medialis nasi, *a* A. medialis nasi, *pgz* Pigmentzellen der Nasenschleimhaut, *I* Zweige des N. olfactorius, *bowdr* Bowmansche Drüsen, *riep* Riechepithel, *sacrado* Saccus craniodorsalis, *capr* Cavum principale.

Wenden wir uns zunächst zum Epithel. In der Schleimhaut der Nasenhöhle haben wir drei Sorten von Epithel, Oberflächenepithel, Riechepithel und respiratorisches Epithel.

Am äußeren Nasenloch senkt sich das Oberflächenepithel die Epidermis in das Vestibulum ein und kleidet es vollständig aus. Wir haben also hier ein geschichtetes Plattenepithel.

Das Riechepithel (*riep*) findet sich im größten Teil des Cavum principale und im Recessus medialis des Cavum inferius. Es hat eine durchschnittliche Dicke von 150—200 μ und erscheint bei schwächerer Vergrößerung fast in seiner ganzen Dicke von Kernen durchsetzt. Nur die dem Lumen zunächst angrenzende Zone ist kernfrei. Auch hier besteht das Epithel aus zwei verschiedenen Zellarten, Riechzellen und Stützzellen, die an Eisenhämatoxylinpräparaten leicht voneinander zu unterscheiden sind. Der Körper der Riechzelle (Fig. 232 *riz*) liegt in der distalen Hälfte des Epithels, ist spindlig und wird fast vollkommen aus-

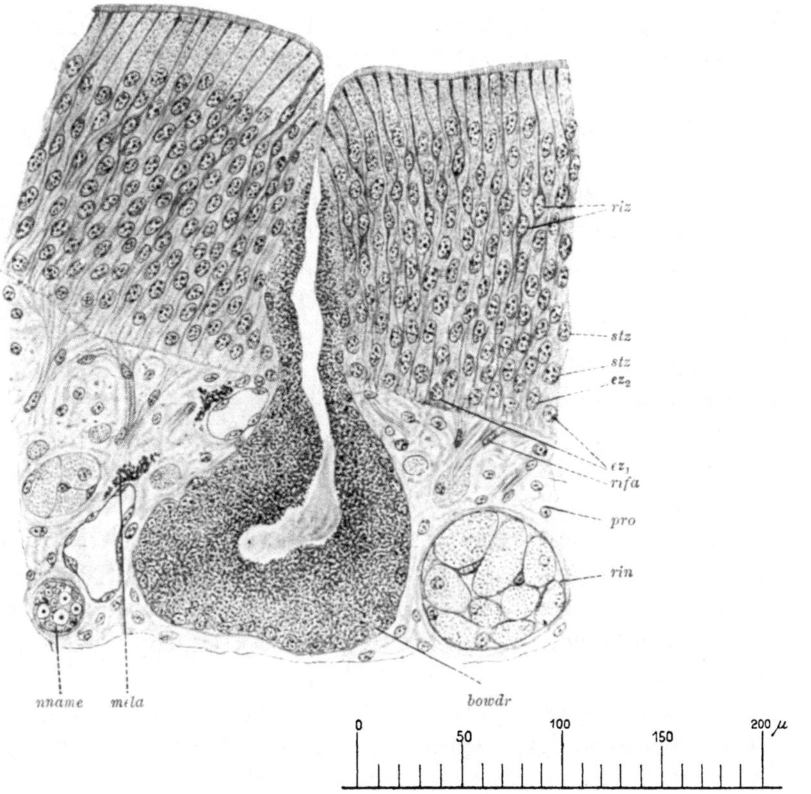

Fig. 232. Frosch. Riechschleimhaut.
riz Riechzellen, *stz* Stützzellen, ez_1 und ez_2 Ersatzzellen der ersten und zweiten Reihe, *rifa* aus dem Epithel austretende Riechnervenfasern, *pro* Propria, *rin* kleiner Ast des Riechnerven, *bowdr* Bowmansche Drüse, *mela* Melanophor, *nname* Zweig des N. medialis nasi.

gefüllt von dem ellipsoiden Kern. Distalwärts setzt er sich in einen zumeist sehr dünnen, manchmal aber auch dickeren Faden fort, der bis zur Epitheloberfläche verläuft und hier mit mehreren kurzen Riechhärchen besetzt ist. Proximalwärts läuft der Riechzellenkörper in eine meist variköse Faser aus, die als Riechnervenfaser das Epithel verläßt. Die Stützzellen (Fig. 232 *stz*) sind etwas breitere Zylinderzellen. Ihre Kerne liegen vorwiegend in der proximalen Epithelhälfte. Der distale Teil des Zellkörpers zeigt zahlreiche Einbuchtungen, die von den Körpern der Riechzellen herrühren, enthält Schleimkörnchen und trägt auf seinem freien Ende feine Härchen. Der proximale Teil der Stützzelle verdünnt sich stark und endet an der Epithelpropriagrenze mit einer knötchenförmigen Anschwellung. Zwischen diesen Knötchen stößt man noch auf kurze Zylinderzellen, in zwei Reihen angeordnet, die Ersatzzellen (ez_1 und ez_2).

Einen sehr charakteristischen Bestandteil der Riechschleimhaut bilden dann die Riechdrüsen oder BOWMANschen Drüsen (*bowdr*). Entweder sind sie relativ kurz und liegen ganz intraepithelial oder sie sind länger und rücken dann mit ihrem Körper in die Propria hinein, während das Epithel nur von dem Ausführungsgang durchsetzt wird. Das auskleidende Epithel besteht im Körper aus langen Zylinderzellen, die sich kaum gegeneinander abgrenzen lassen. Im Ausführungsgang werden die Zellen niedriger und decken sich zum Teil dachziegelförmig. Der Kern liegt immer ganz basal und der Zellkörper ist völlig durchsetzt von stark azidophilen Körnern. Das Sekret ist jedenfalls eine eiweißhaltige Flüssigkeit.

Das respiratorische Epithel (Fig. 231 *respep*) kleidet alle übrigen Teile der Nasenhöhle aus und geht an der Choane in das Epithel des Mundhöhlendaches über. Es erreicht höchstens eine Dicke von 50—80 μ, ist demnach beträchtlich dünner als das Riechepithel. Es ist ein zwei- bis dreizeiliges Flimmerepithel und besteht einmal aus verschiedenartigen, die ganze Epitheldicke durchsetzenden Flimmerzellen, dann aus bauchigen Becherzellen und kurzen basalen Ersatzzellen. Im respiratorischen Epithel trifft man, vor allem im Gebiet des Recessus lateralis, zahlreiche intraepitheliale Drüsen, einfache Krypten mit engem Lumen, welche sich nur wenig in die Propria vorbuchten und ausschließlich mit großen Schleimzellen ausgekleidet sind.

Das Epithel der Nasenhöhle wird mit dem knorpligen Nasengerüst durch eine bindegewebige Propria (Fig. 232 *pro*) verbunden. Überall da, wo respiratorisches Epithel vorhanden ist, schiebt sich außerdem noch zwischen Epithel und Propria eine homogene Basalmembran. Sie fehlt im Gebiet des Riechepithels. Die Propria ist von verschiedener Dicke, enthält zahlreiche Bindegewebszellen und erscheint an manchen Stellen auch mit Lymphozyten infiltriert. Ebenso enthält sie im Gebiet des Riechepithels auch Melanophoren (Fig. 232 *mela*).

Die mediale Nasendrüse (Fig. 231 *menadr*) liegt mit ihrer Hauptmasse zwischen dem knorpligen Septum, dem Solum nasi und der medialen Wand des Cavum principale. Von hier aus dringt sie einerseits bis zum kaudalen Ende der Nasenhöhle, andererseits rostralwärts vor, das blinde Ende des Recessus medialis umgebend. Ihr Ausführungsgang mündet an dem Übergang des letzteren in das Cavum inferius. Es ist eine zusammengesetzte, verzweigt tubulöse Drüse. Der kurze Ausführungsgang spaltet sich in mehrere Äste, deren Teilung die vielfach gewundenen Drüsenröhrchen liefert. Das ganze Hohlraumsystem ist ausgekleidet mit einem einfachen Zylinderepithel, dessen Zellen je nach dem Sekretionszustand ein verschiedenartiges Aussehen darbieten, immer aber auffallend hell erscheinen. Der kuglige Kern liegt basal innerhalb einer bald breiteren, bald schmäleren Zone stark verdichteten Protoplasmas mit zahlreichen feinen, azidophilen Körnchen. Von hier aus wird der distale Teil des Zellkörpers von einem zierlichen Protoplasmanetzwerk durchzogen, das entweder ganz leer, d. h. mit Flüssigkeit erfüllt ist oder ebenfalls Körnchen enthält. Die letzteren werden augenscheinlich in der basalen Zone gebildet und distalwärts verflüssigt. Die körnchenhaltigen Zellen tragen auf ihrer freien Oberfläche einen feinen Stäbchensaum, der den flüssigkeiterfüllten Zellen fehlt.

Die Drüsenröhrchen sind umgeben von einer strukturlosen Membrana propria und werden getrennt durch das lockere, zellhaltige Gewebe der Propria. Es enthält zahlreiche Blutgefäße und Melanophoren und wird durchsetzt von den Bündeln des Riechnerven und des medialen Nasennerven (*nname*), eines Trigeminusastes.

Die laterale Nasendrüse (Fig. 231 *lanadr*) liegt unter der Haut, von dieser durch den lateralen Nasenmuskel getrennt. Medial grenzt sie zunächst an den Recessus sacciformis und das Infundibulum, weiter kaudal an die laterale Wand des Cavum principale. Sie ist weniger umfangreich als die mediale Drüse und stellt eine zusammengesetzte, verzweigt alveoläre Drüse dar. Der ziemlich lange Ausführungsgang (*aufg*) mündet in die laterale Wand des Cavum principale und zerfällt innerhalb der Drüse in zahlreiche Zweige, an denen die verhältnismäßig dicken Alveolen hängen.

Das histologische Bild, welches die laterale Nasendrüse liefert, ist von dem der medialen Drüse total verschieden. An dem mit Biondilösung gefärbten Schnitt kann man die Drüse schon makroskopisch als tief dunkelrot gefärbten Fleck erkennen. Der Ausführungsgang und seine Zweige sind mit niedrigen Zylinderzellen in einfacher Schicht ausgekleidet, in den Alveolen werden die Zellen höher. Der große, kuglige Kern der letzteren liegt immer basal. Der ganze Zellkörper ist angefüllt mit groben, intensiv azidophilen Körnern, die auch das dunkle Aussehen der Drüse bedingen. Die Zellen gleichen ganz denen der Bowmanschen Drüsen, doch sind ihre Grenzen immer deutlich. Das Lumen der Alveolen ist häufig nur ein minimaler Spalt und fast stets erfüllt von einer homogenen, azidophilen Sekretmasse, entstanden durch Verflüssigung jener Körnchen.

5. Das Zentralnervensystem.

Zum Studium des zentralen Nervensystems sollen uns beim Frosch zunächst zwei Schnittserien durch das in seiner natürlichen Umgebung belassene Organ dienen. Man fixiert am besten durch Injektion von Formalinbichromat oder Bouinscher Flüssigkeit vom Bulbus cordis aus, entkalkt und bettet in Zelloidin ein. Vor der Einbettung trennt man den Kopf vom Körper und zerlegt ihn durch zwei parallele Querschnitte, von denen der eine durch den rostralen Teil der Augen, der andere durch die Trommelfellmitte führt, in drei Teile. Einen zweiten in gleicher Weise fixierten und entkalkten Kopf teilt man durch zwei parallele, sagittale Längsschnitte, die das Gehirn zwischen sich fassen. Man erhält so eine Querschnitt- und eine Längsschnittserie. Die 15—25 μ dicken Schnitte werden mit Hämalaun oder mit Hämalaunpikrofuchsin oder mit Eisenhämatoxylin gefärbt und dienen gleichzeitig zum Studium der Sinnesorgane.

Aus dem Körper des Tieres schneidet man ferner durch zwei parallele sagittale Längsschnitte die Wirbelsäule heraus und zerlegt sie in mehrere hintereinander gelegene Segmente, die in gleicher Weise behandelt werden.

Als spezifische Nervenfärbung empfiehlt sich neben der Bielschowskymethode die Weigertsche Markscheidenfärbung. Man legt Gehirn und Rückenmark durch Abtragung der Schädeldecke und der Wirbelbogen frei und überträgt die im übrigen in situ belassenen Organe für mindestens 3—5 Tage in 20%iges Formalin. Nach dieser Zeit werden sie am besten mit Hilfe der Präparierlupe aus der Schädelhöhle bzw. dem Wirbelkanal entfernt, in ungefähr 3 mm dicke Scheiben zerlegt und auf dem Gefriermikrotom in Serie in 25—50 μ dicke Schnitte zerlegt. Neben einer Querschnittsserie empfiehlt sich auch die Anfertigung einer sagittalen und einer transversalen Längsschnittserie. Die Schnitte werden teils nach der Bielschowsky-, teils nach der Markscheidenmethode behandelt.

Die wichtigsten Aufschlüsse über Form und Verbreitung der Zellen im zentralen Nervensystem gibt aber unstreitig die vitale Methylenblaufärbung. Man injiziere dem chloroformierten Tier vom Bulbus cordis 2%ige Methylenblaulösung so lange, bis das ganze Tier tief blau ist und beherzige dabei, daß man in bezug auf die einzuverleibende

Farbstoffmenge des Guten gar nicht zu viel tun kann. Nach einer halben bis ganzen Stunde wird (Gummihandschuhe) Schädelhöhle und Wirbelkanal eröffnet und Rückenmark und Gehirn im Zusammenhang, von der Cauda equina aus beginnend, herausgenommen. An der letzteren wird ein Seidenfaden befestigt und an diesem das Präparat in einem als feuchte Kammer dienenden Pulverglas so aufgehängt, daß die Luft von allen Seiten Zutritt hat Nach ungefähr 1—2 Stunden ist das Maximum der Färbung erreicht. Fixation und weitere Behandlung nach bekannten Regeln. Die 50 μ dicken Paraffinschnitte werden in Serie mittels Nelkenölkollodium aufgeklebt.

a) Das Rückenmark.

Das Rückenmark des Frosches ist ein im großen und ganzen zylindrischer Strang, dessen Länge, vom Abgang des zweiten Spinalnerven bis zum Beginn des Filum terminale gemessen, bei großen Exemplaren ungefähr 20—25 mm beträgt. Es zeigt zwei deutliche Anschwellungen, verursacht durch das Auftreten der mit kräftigen Nerven versorgten Muskulatur der vorderen und hinteren Extremitäten. Die eine derselben, die Halsanschwellung, Intumescentia cervicalis, entspricht der Abgangsstelle des dritten Spinalnerven, ein erster Spinalnerv ist bekanntlich nicht vorhanden. Wie dieser Nerv der weitaus mächtigste Spinalnerv ist, so ist auch die Halsanschwellung der dickste Teil des Rückenmarkes, das hier einen Querdurchmesser von 2—2,5 mm erreicht. Rostralwärts verjüngt sich das Rückenmark zunächst wieder und geht dann unter allmählicher Verbreiterung in die Medulla oblongata über; kaudal ist die Verjüngung im Gebiet des vierten Wirbels etwas erheblicher. Jenseits des letzteren folgt die zweite Verdickung, die Lendenanschwellung, Intumescentia lumbalis, die aber hinter der Halsanschwellung an Umfang zurücksteht. Sie nimmt das Gebiet des fünften und sechsten Wirbels ein, hinter dem das Rückenmark dann unter rascher Verdünnung in den Conus medullaris übergeht. Aus dem Conus entwickelt sich das dünne Filum terminale, tritt in den Steißbeinkanal ein und endet ungefähr in seiner Mitte. Um zu ihren Austrittsstellen, den Zwischenwirbellöchern bzw. dem Canalis coccygeus zu gelangen, legen sich die fünf letzten Spinalnerven (7. bis 11.) dem Conus medullaris und dem Filum terminale an, umgeben es und bilden mit ihm zusammen die Cauda equina.

Der Rückenmarksquerschnitt ist im allgemeinen kreisförmig, wird aber durch das Überwiegen des Transversaldurchmessers in den Anschwellungen elliptisch. Die graue Substanz erreicht ihren größten absoluten Wert in der Halsanschwellung, sinkt jenseits derselben ganz beträchtlich, wächst in der Lendenanschwellung wieder an, um dann gleichmäßig, der Querschnittsgröße entsprechend, abzunehmen. Das Verhältnis zwischen grauer und weißer Substanz gestaltet sich für erstere am günstigsten im Conus medullaris, am ungünstigsten zwischen den Anschwellungen. Der Zentralkanal liegt im größten Teil des Rückenmarks etwas dorsal von der Querschnittsmitte; im Conus medullaris rückt er immer weiter ventral und erweitert sich im Filum schließlich zum Ventriculus terminalis.

Die Beschreibung des Rückenmarkbaues, die im übrigen kurz gefaßt werden kann, soll sich auf die Halsanschwellung beschränken. Hier erhält man insofern die instruktivsten Bilder, als der Schnitt, neben der abgehenden Wurzel auch das zugehörige Spinalganglion trifft. Unser Schnitt (Fig. 233) enthält beiderseits den Abgang der Ventralwurzel (*vewu*), die Abgangsstelle der Dorsalwurzel (*dowu*) fällt etwas weiter rostral. Ventralwärts werden die beiden Rückenmarkshälften getrennt durch die tief einschneidende Ventralfissur (*vefu*), an deren Beginn der Querschnitt der A. spinalis ventralis (*aspive*) sichtbar ist. Ihr entspricht dorsalwärts das dorsale Längsseptum (*dose*). Es ist in seinem dorsalsten Teil gespalten, so daß hier ein Sulcus longitudinalis dorsalis entsteht. Die Verbindung zwischen beiden Rückenmarkshälften wird vermittelt durch die Kommissuren, dorsal vom Zentralkanal durch die Dorsalkommissur (*doko*), die quer

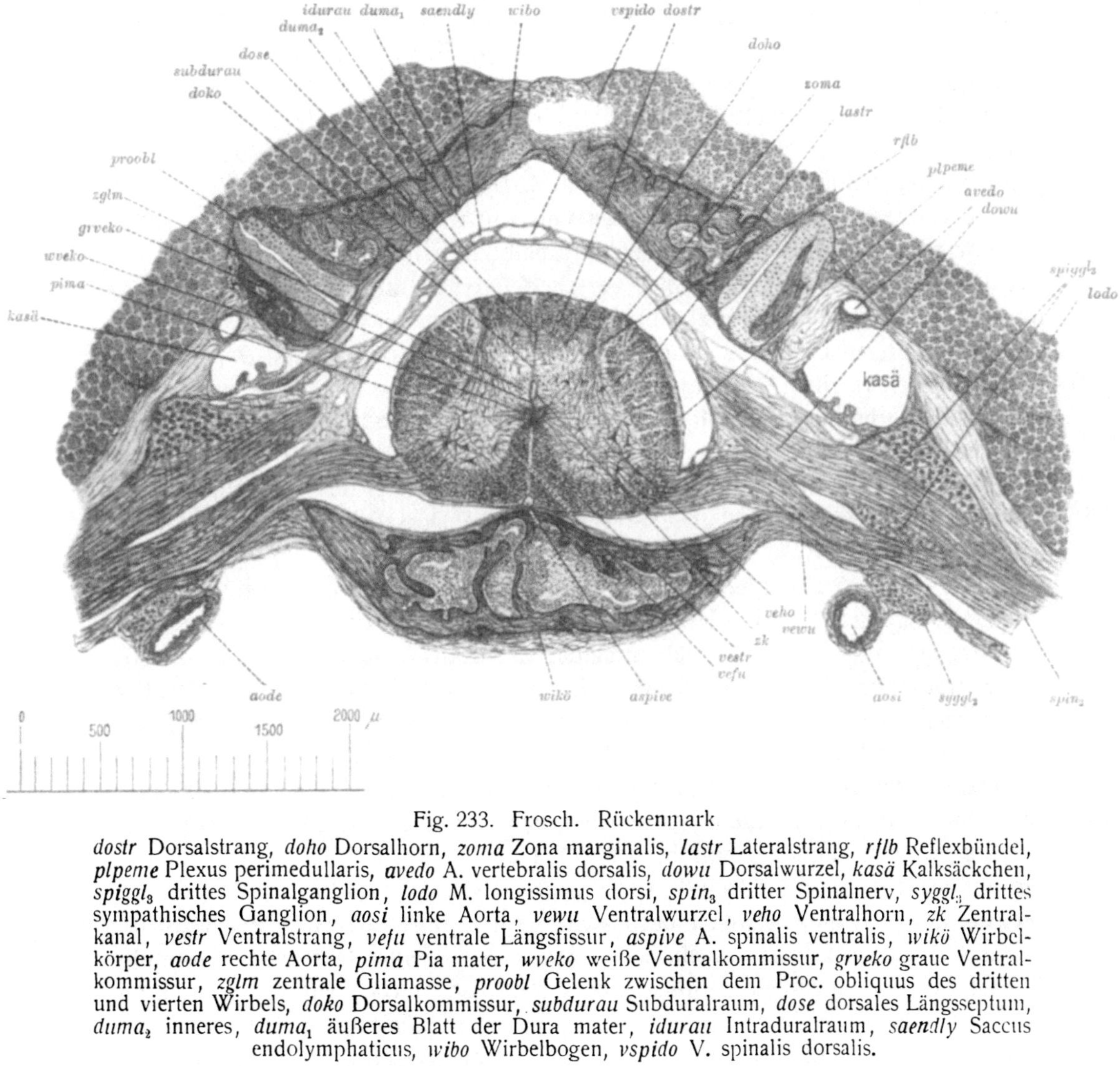

Fig. 233. Frosch. Rückenmark

dostr Dorsalstrang, *doho* Dorsalhorn, *zoma* Zona marginalis, *lastr* Lateralstrang, *rflb* Reflexbündel, *plpeme* Plexus perimedullaris, *avedo* A. vertebralis dorsalis, *dowu* Dorsalwurzel, *kasä* Kalksäckchen, $spiggl_3$ drittes Spinalganglion, *lodo* M. longissimus dorsi, $spin_3$ dritter Spinalnerv, $syggl_3$ drittes sympathisches Ganglion, *aosi* linke Aorta, *vewu* Ventralwurzel, *veho* Ventralhorn, *zk* Zentralkanal, *vestr* Ventralstrang, *vefu* ventrale Längsfissur, *aspive* A. spinalis ventralis, *wikö* Wirbelkörper, *aode* rechte Aorta, *pima* Pia mater, *wveko* weiße Ventralkommissur, *grveko* graue Ventralkommissur, *zglm* zentrale Gliamasse, *proobl* Gelenk zwischen dem Proc. obliquus des dritten und vierten Wirbels, *doko* Dorsalkommissur, *subdurau* Subduralraum, *dose* dorsales Längsseptum, $duma_2$ inneres, $duma_1$ äußeres Blatt der Dura mater, *idurau* Intraduralraum, *saendly* Saccus endolymphaticus, *wibo* Wirbelbogen, *vspido* V. spinalis dorsalis.

durchsetzt wird von den vom Zentralkanal in das Dorsalseptum einstrahlenden Fasern des dorsalen Ependymkeils. Ventral vom Zentralkanal finden wir zwei Kommissuren, eine graue und eine weiße. Die graue Ventralkommissur (*grveko*) ist nur schmal, breiter ist die weiße Ventralkommissur (*wveko*). Sie reicht bis zum Boden der Ventralfissur und besteht aus sich kreuzenden Markfasern.

Die graue Substanz hat auf dem Querschnitt Schmetterlingsform und läßt ein breites, lateral spitziges Ventralhorn (*veho*) und ein etwas schmaleres

Dorsalhorn (*doho*) erkennen. Zwischen beiden buchtet sich der Kontur der grauen Substanz etwas ein, ohne daß es zur Bildung eines deutlichen Lateralhorns und einer Substantia reticularis kommt. An der lateralen Ecke des Dorsalhorns schiebt sich zwischen Dorsal- und Lateralstrang die Zona marginalis (*zoma*) ein, das Dorsalhorn von der Rückenmarksperipherie abdrängend.

Bezüglich des feineren Baues treffen wir im wesentlichen bekannte Verhältnisse. Die hervorstechendsten Elemente sind auch hier die Wurzelzellen, die vor allem die Methylenblaufärbung außerordentlich schön zur Ansicht bringt. Sie liegen in den lateralen, ventralen und mittleren Partien des Ventralhorns, sind von mittlerer Größe, multipolar und senden ihre Dendriten teils in die graue Substanz, teils durch die weiße Substanz hindurch in den die Rückenmarksperipherie einnehmenden Plexus perimedullaris (*plpeme*). Der Neurit entspringt entweder vom Zellkörper oder von einem Dendriten. Zunächst außerordentlich dünn, verdickt er sich bald, umgibt sich mit einer Markscheide und zieht bogenförmig zum Grenzgebiet zwischen Lateral- und Ventralstrang, das er in radiärem Verlauf durchsetzt, um in die Ventralwurzel einzutreten.

Alle übrigen Zellen der grauen Substanz sind Strangzellen, schicken also ihren Neuriten in einen der Stränge der weißen Substanz. Sie sind kleiner als die Wurzelzellen und liegen überall in der grauen Substanz zerstreut. Die Strangzellen des Ventralhorns schicken ihren Neuriten in den Ventral- und den Lateralstrang, und zwar entweder in den gleichseitigen oder durch die graue Ventralkommissur hindurch in den gekreuzten. Die Strangzellen des Dorsalhorns versorgen Dorsal- und Lateralstrang.

Die weiße Substanz mit ihrer bekannten Gliederung in Ventral-, Lateral- und Dorsalstrang besteht aus längsverlaufenden, markhaltigen Fasern verschiedenen Kalibers. Die dicksten finden sich zu beiden Seiten der Ventralfissur, die dünnsten im Lateralstrang. Kolossalfasern, wie wir sie bei den Urodelen finden, fehlen dem Froschrückenmark. Die Fasern der weißen Substanz stammen aus drei verschiedenen Quellen. Einmal sind sie Neuriten der Strangzellen, die, in sie eingetreten, unter **T**-förmiger Teilung oder einfacher rechtwinkliger Umknickung in die Längsrichtung umbiegen. Die zweite Quelle stellen die Dorsalwurzeln dar. Sie treten nicht immer genau in der Höhe der Ventralwurzel ins Rückenmark ein und gelangen zum größten Teil in den Dorsalstrang, zum kleineren in das Gebiet der Zona marginalis, wo sie das gleiche Verhalten wie die Strangzellenneuriten zeigen. Daß jede Dorsalwurzelfaser der zentrale, mit einer Markscheide umhüllte Teilast des Ausläufers einer Spinalganglienzelle ist, werden wir später erfahren. Außerdem sollen die Dorsalwurzeln aber auch zentrifugale Fasern als Neuriten von Ventralhornzellen enthalten und dem sympathischen System zuführen. Als letzte Quelle für die Fasermasse der weißen Substanz kommt die Medulla oblongata mit ihren Hirnnervenkernen in Betracht.

Sämtliche Längsfasern der weißen Substanz geben nun, wie wir das ja auch bei den höheren Wirbeltieren gesehen haben, Seitenzweige, Kollateralen ab, die in die graue Substanz eindringen und sich an ihren Zellen verbreiten. Sie bleiben zum Teil in der gleichen Rückenmarkshälfte, zum Teil gelangen sie durch die Kommissuren hindurch in die andere Hälfte. Besonders dicht ist das Gewirr der Kollateralverzweigungen um die Ventralhornzellen herum. Außerordentlich charakteristisch ist ferner ein starkes, aus dem Dorsalstrang austretendes Kollateralenbündel (*rflb*). Seine Fasern sind Kollateralen der Dorsalwurzelfasern und strahlen fächerförmig zu den Zellen des Ventralhorns aus. Man bezeichnet es als das Reflexbündel, da auf diesem Wege — Haut—sensible Nervenfaser—Spinalganglienzelle — Dorsalwurzelfaser — Dorsalstrangfaser — Reflexbündel — Ventralwurzelzelle—Ventralwurzelfaser—Muskelfaser — die, beim Frosch so leicht zu demonstrierenden, direkten Reflexe verlaufen.

Nach außen liegt der weißem Substanz der Plexus perimedullaris (*plpeme*) besonders in der Lateralgegend auf. In ihm enden einmal Dendriten der Wurzelzellen und zweitens Kollateralen aus dem Lateralstrang, beide sich innig durchflechtend.

Das Gliagerüst des Rückenmarks wird durch die Bielschowskymethode sehr gut dargestellt, wenn man die Schnitte nicht länger als 24 Stunden in der Höllensteinlösung beläßt. An seinem Aufbau beteiligen sich die Ependymzellen, die Zellen der zentralen Gliamasse und die Astrozyten.

Die Ependymzellen umgeben in einfacher Schicht den Zentralkanal, bilden dessen Epithel. Es sind ungefähr 20 μ lange schmale Zylinderzellen mit ovoidem Kern. Am Lumen schließen die Zellen dicht aneinander und tragen beim jungen Tier auch Flimmern, peripher verdünnen sie sich und weichen auseinander. Aus jeder Zelle geht eine Ependymfaser hervor. Sie ist an den seitlichen Zellen nur kurz und splittert bald auf. Die am dorsalen und ventralen Umfang des Zentralkanals sitzenden Zellen besitzen dagegen lange, dicke, unverästelte Ependymfasern, die sich eng zusammenschließen, als dorsaler und ventraler Ependymkeil die betreffenden Kommissuren durchsetzen und einerseits in das dorsale Längsseptum eintreten, andererseits die Ventralfissur auskleiden.

Das Ependym ist umgeben von der sich vor allem lateralwärts ziemlich weit ausdehnenden zentralen Gliamasse (*zglm*). Sie besteht aus dicht gedrängten, birnförmigen Zellen. Jede Zelle wendet ihr abgerundetes Ende dem Zentralkanal zu, aus dem verdünnten peripheren Ende geht eine Gliafaser hervor und teilt sich bald in zahlreiche Zweige, die bis zur Rückenmarksperipherie dringen, wo sie mit je einem feinen Knöpfchen enden. Durch die Aneinanderlagerung der letzteren kommt eine das Rückenmark gegen die Pia mater abtrennende Grenzmembran zustande. Die Fäserchen durchsetzen die Bündel der weißen Substanz und bilden um sie herum feinere und gröbere Gliasepten.

Ähnlich gestaltete birnförmige Zellen findet man auch an anderen Stellen der grauen Substanz. Die weiße Substanz enthält daneben auch Astrozyten, bei denen also die Gliafasern den Zellkörper der ganzen Länge nach durchsetzen.

b) Das Gehirn.

Das Froschgehirn zeigt gegenüber dem Gehirn der Eidechse wichtige, sofort in die Augen springende Unterschiede (Fig. 225). Zunächst liegt hier einmal das ganze Dach des Zwischenhirns frei zutage dadurch, daß die Großhirnhemisphären an ihrem hinteren Ende auseinander weichen und die mehr ovalen Mittelhirnhemisphären sich mit ihren Längsdurchmessern in rostralwärts offenen, stumpfen Winkel zueinander stellen. Die Bulbi olfactorii verschmelzen miteinander und setzen sich scharf von den Großhirnhemisphären ab. Bezüglich des Kleinhirns zeigen Frosch und Eidechse ungefähr die gleichen Verhältnisse, dagegen ist die Medulla oblongata beim Frosch beträchtlich stärker entwickelt und läßt nach Entfernung ihres ependymalen Daches die außerordentlich geräumige Rautengrube mit ihrem Sulcus medianus sehr schön hervortreten.

Wir beginnen die Beschreibung unserer Hirnserie mit einem durch die Ventrikelmitte gelegten Querschnitt. Kaudalwärts verengt sich der Ventrikel mehr und mehr und schließt sich dann zum Zentralkanal des Rückenmarks. In dieser Gegend liegt das Ursprungsgebiet des zweiten Spinalnerven. Ein erster Spinalnerv fehlt dem erwachsenen Frosch, ebenso besitzt das Tier keinen Spinookzipitalnerv, wie wir ihn bei den Fischen kennen lernen werden.

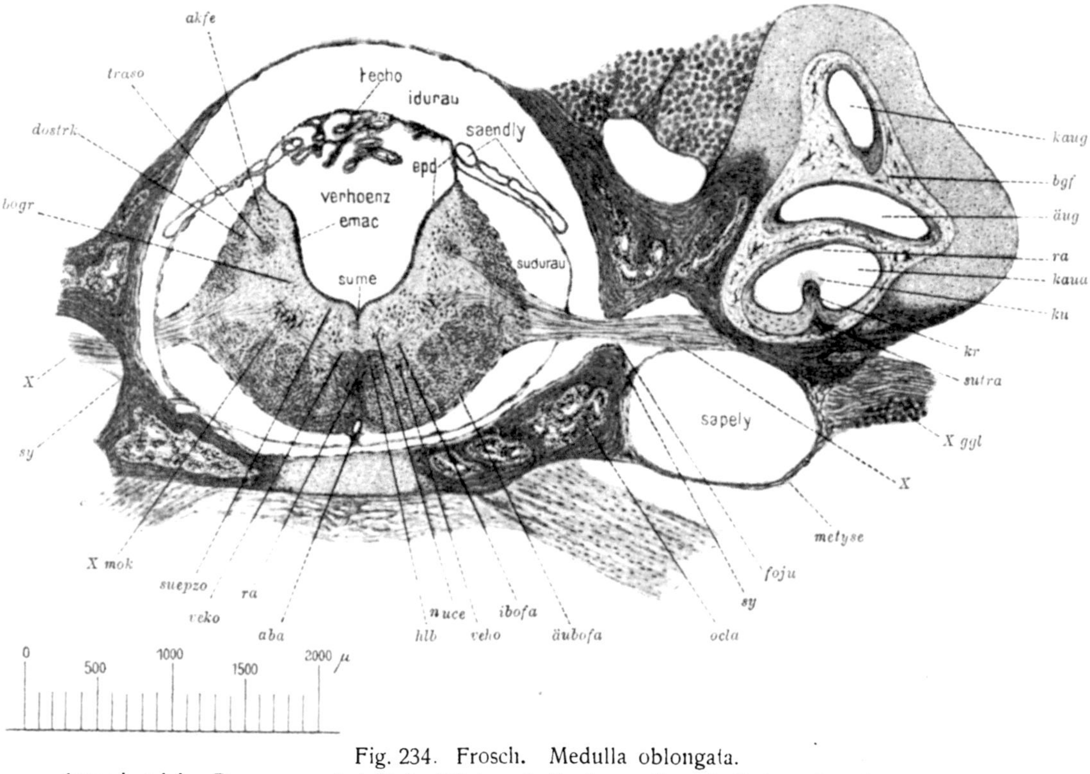

Fig. 234. Frosch. Medulla oblongata.

kaug kaudaler Bogengang, *bgf* Blutgefäß innerhalb des perilymphatischen Gewebes, *äug* äußerer Bogengang, *ra* Raphe der kaudalen Ampulle (*kaua*), *kr* Krista mit Cupula terminalis (*ku*), *sutra* Sulcus transversus, *Xggl* Ganglion jugulare, *X* N. vagus, *metyse* Membrana tympani secundaria, *sapely* Saccus perilymphaticus, *foju* Foramen jugulare, *sy* N. sympathicus, *ocla* Occipitale laterale, *äubofa* äußere, *ibofa* innere Bogenfasern, *veho* Ventralhorn, *nuce* Nucleus centralis, *hlb* hinteres Längsbündel, *aba* A. basilaris, *ra* Raphe, *veko* Ventralkommissur, *suepzo* subependymale Zone, *X mok* motorischer Vaguskern, *bogr* Bodengrau, *dostrk* Dorsalstrangskern, *traso* Tractus solitarius, *akfe* Akustikusfeld, *techo* Tela chorioidea, *idurau* Intraduralraum, *saendly* Saccus endolymphaticus, *verhoenz* Ventrikel des Rhombenzephalons, *emac* Eminentia acustica, *sume* Sulcus medianus, *sudurau* Subduralraum.

Unser Schnitt (Fig. 234) fällt in das Ursprungsgebiet der Vagusgruppe (*X*), die mit vier dicht hintereinander gelegenen und rostralwärts dorsal ansteigenden Wurzeln das Rhombenzephalon verläßt. Die Wurzeln konfluieren gegen das Foramen jugulare (*foju*) zu und treten dann in das Ganglion jugulare (*X ggl*) ein. Das letztere ist durch einen feinen Zweig mit dem zweiten sympathischen Ganglion verbunden und entsendet die drei Komponenten der Vagusgruppe: den N. accessorius, den N. vagus und den N. glossopharyngeus. Von ihnen sind die beiden letzteren gemischter Natur, der gewöhnlich nur als Vagusast auftretende

N. accessorius dagegen ist rein motorisch und innerviert den M. cucullaris. Die sensiblen Fasern des N. vagus sind die peripheren Teiläste der unipolaren Zellen des Ganglion jugulare und treten zur Haut der Schulter- und Rückengegend, zur Schleimhaut des Rachens, des Schlundes, des Magens und des Kehlkopfes, zu den Lungen und zum Herz. Seine motorischen Fasern durchsetzen das Ganglion nur und innervieren die Muskeln des Zungenbeinknorpels, der Stimmlade und des Schultergürtels. Die sensiblen Glossopharyngeusfasern kommen aus einem besonderen kleinen Ganglion und versorgen die Schleimhaut der Zunge, des Mundhöhlenbodens und des Schlundes, die motorischen Fasern gelangen zu den Muskeln des Zungenbeinknorpels.

Der Ventrikel des Rhombenzephalons (*verhoenz*) wird in seinem Bodenteil durch den Sulcus medianus (*sume*) halbiert und zeigt in seinem Seitenteil einen in das Ventrikelinnere vorspringenden Wulst, die Eminentia acustica (*emac*). Das Ventrikeldach wird gebildet durch die Tela chorioidea des Rhombenzephalons (*techo*), die sich in zahlreiche, in das Ventrikelinnere herabhängende Falten legt. Ihren Grundstock bildet die von zahlreichen Blutgefäßen und Pigmentzellen durchsetzte Pia mater. Ihr sitzt außen die innere Duralamelle, innen das Ependym (*epd*) auf. Das letztere besteht, soweit es dem Rhombenzephalon selbst aufsitzt, aus einer einfchen Lage von Zylinderzellen. Das proximale Ende einer jeden Zelle verjüngt sich und geht in eine lange verzweigte Ependymfaser über, das freie distale Ende trägt eine Geißel mit deutlichem Basalkörperchen. Auf der Tela chorioidea werden die Zellen kubisch, die Geißeln und mit ihnen die Basalkörperchen verschwinden und die freie Zelloberfläche ist mit einem niedrigen Stäbchensaum bedeckt. Rechts und links schließt an die Tela chorioidea der Saccus endolymphaticus (*saendly*) an, innerhalb des Intraduralraumes (*idurau*) gelegen.

An dem Querschnitt des Rhombenzephalons, welcher durch die vom Sulcus medianus zur Mitte der Ventralfläche verlaufende Raphe (*ra*) in zwei symmetrische Hälften zerlegt wird, können wir einen peripheren Markteil und eine den Ventrikelboden umsäumende graue Masse unterscheiden. Die erstere umgibt die letztere mantelförmig und besteht aus den Resten der Dorsalstränge und den stark vergrößerten Massen der Lateral- und Ventralstränge. Aus den letzteren hebt sich am weitesten dorsal, dicht neben der Raphe das kuppenförmig in die graue Masse vorspringende hintere Längsbündel (*hlb*) ab. Im Dorsalstrang treten zahlreiche kleine Nervenzellen auf, die in ihrer Gesamtheit den Dorsalstrangkern (*dostrk*) bilden. An ihnen finden die Dorsalstrangfasern ihr Ende. Das hintere Längsbündel ist durch starke Fasern ausgezeichnet und wird von dem Ventralstrang durch die Ventralkommissur (*veko*) getrennt. Aus ihr strahlen die inneren Bogenfasern (*ibofa*) dorsolateralwärts durch die graue Masse hindurch zur Gegend der Eminentia acustica. Ein anderer Teil verläuft als äußere Bogenfasern (*äubofa*) an der ventralen und lateralen Peripherie der Medulla und verliert sich in dem Dorsalstrangkern. Sie sind die Neuriten der Zellen dieses Kerns, kreuzen in der Raphe und biegen dann rostralwärts ab.

In der grauen Masse haben wir einmal zu unterscheiden eine direkt unter dem Ependym gelegene, von den Ependymfasern durchquerte subependymale Zone. Sie ist an Nervenzellen arm und grenzt ventralwärts an das von zahlreichen kleinen Nervenzellen durchsetzte Bodengrau (*bogr*). Dorsalwärts stößt an das letztere die rundliche Masse des Tractus solitarius (*traso*), aus markhaltigen, quergeschnittenen Nervenfasern und kleinen Nervenzellen bestehend. Dieser zylindrische Strang läßt sich noch bis in die rostralsten Abschnitte des Rückenmarks hinunter verfolgen. Noch weiter dorsalwärts bildet das sog. Akustikusfeld den Abschluß.

Von ansehnlicheren Zellmassen finden wir im Bodengrau einmal dicht neben der Raphe und dorsal vom hinteren Längsbündel den Nucleus centralis (*nuce*) Seine multipolaren Zellen senden ihre Neuriten in den Ventralstrang. Ventral von diesem Kern stoßen wir in einer Einbuchtung des Ventralstrangs auf die Reste des Ventralhorns (*veho*). Lateral und dorsal davon liegt die markanteste Zellgruppe, der motorische Vaguskern (*X mok*). Es sind längliche, mittelgroße, multipolare Zellen, deren Neuriten wir unschwer in die Vaguswurzeln verfolgen können. Ein anderer Teil der Vagusfasern endet an den kleinen Zellen des Bodengraus und ein dritter tritt in den Dorsalstrang ein und verläuft in ihm kaudalwärts. Schon in unserem Schnitt, in höherem Grade noch etwas weiter rostralwärts, biegen zahlreiche Fasern aus dem Tractus solitarius ab und treten in die Vaguswurzeln ein. Sie gehören dem N. glossopharyngeus an, sind die zentralen Teiläste der Zellen seines kleinen Ganglions und enden an den Zellen des Tractus solitarius. Der Rest der Traktusfaserung tritt weiter rostralwärts in die Fazialiswurzel ein. Die dritte Komponente der Vagusgruppe, der N. accessorius, bezieht seine Fasern aus den rostralsten Teilen des Rückenmarks. Es sind Strangzellen, die ihre Neuriten in den Lateralstrang senden, wo sie rostralwärts aufsteigen, um als kaudalste Vaguswurzel die Medulla zu verlassen.

In die Austrittsgegend der rostralsten Vaguswurzel führt uns der folgende Schnitt (Fig. 235). Der Ventrikel (*verhoenz*) ist breiter und flacher geworden. Der Tractus solitarius (*traso*) verschwindet unter Abgabe seiner Fasern in die Vaguswurzel (*X*). Dorsal von ihm gewinnt das Akustikusfeld (*akfe*) mehr und mehr Raum. Von dem motorischen Vaguskern (*X mok*) sind nur noch spärliche Reste vorhanden, dagegen treffen wir medial von ihm als Fortsetzung des Nucleus centralis einen gut abgesetzten Kern multipolarer Nervenzellen (*VI k*). Die in Methylenblaupräparaten außerordentlich scharf gefärbten Neuriten wenden sich lateral vom hinteren Längsbündel ventral, durchsetzen den weißen Markmantel und treten beiderseits von der A. basilaris (*aba*) aus der Medulla hervor (*VI*). Wir haben hier den ersten der Augenmuskelnerven, den N. abducens, vor uns, dessen Ursprung beim Frosch also weit kaudal reicht. Der Nerv tritt nach längerem intrakraniellen Verlauf (Figg. 236, 237, 240, 241, 242 *VI*) zum Ganglion prooticum und verläßt dasselbe in der Bahn des N. ophthalmicus, um den M. rectus lateralis und den M. retractor bulbi zu innervieren.

Der folgende Schnitt (Fig. 236) wird beherrscht von dem Ursprung der Akustikusgruppe. Der Ventrikel hat sich stark abgeflacht und die ganze Medulla ist wesentlich dünner geworden. Von den Dorsalsträngen sind nur noch kümmerliche Reste vorhanden. Auch der Tractus solitarius ist verschwunden und das ganze laterodorsale Gebiet der Medulla wird nun vom Akustikusfeld (*akf*) eingenommen, in welches zunächst die dorsale (VIII *do*), dann die ventrale Akustikuswurzel (VIII *ve*) einstrahlen. In diesem Akustikusfeld können wir zwei Kernmassen unterscheiden, eine mehr diffuse kleinzellige und eine besser abgesetzte großzellige. Die erstere (VIII *dok*) füllt die dorsale Querschnittsecke und wird als dorsaler Akustikuskern bezeichnet, die letztere (VIII *vek*) liegt ventral von ihr und bildet den ventralen Akustikuskern. In beiden Kernen enden die Akustikusfasern, die wir als zentrale Ausläufer der bipolaren Zellen der beiden Akustikusganglien früher kennen gelernt haben, entweder direkt oder nachdem sie eine Strecke weit kaudalwärts umgebogen sind, indem sie sich um

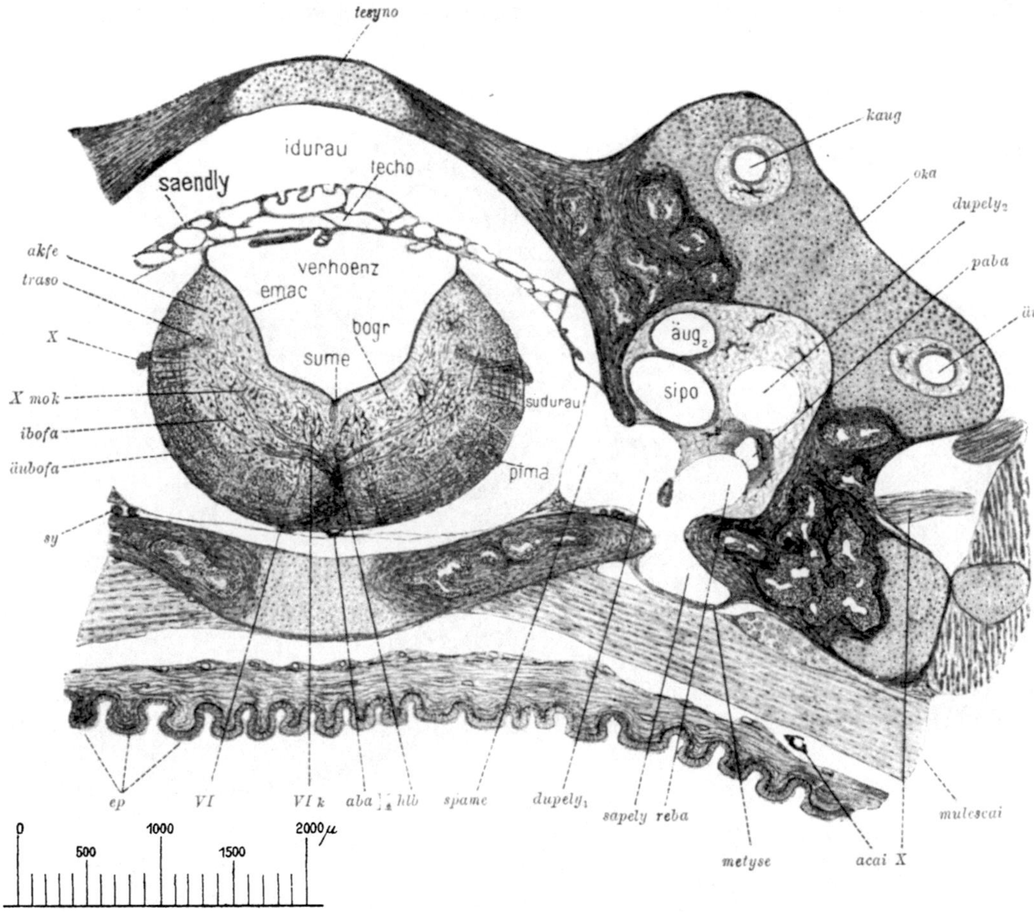

Fig. 235. Frosch. Medulla oblongata.

tesyno Tectum synoticum, *kaug* kaudaler Bogengang, *oka* Ohrkapsel, *dupely*$_2$ und *dupely*$_1$ Ductus perilymphaticus, *paba* Pars basilaris, *äug*$_1$ und *äug*$_2$ äußerer Bogengang, *mulescai* M. levator scapulae inferior, *X*. N. vagus, *acai* A. carotis interna, *metyse* Membrana tympani secundaria, *reba* Recessus basilaris, *sapely* Saccus perilymphaticus, *spame* Spatium meningeale, *hlb* hinteres Längsbündel, *aba* A. basilaris, *VIk* Abduzenskern, *VI* N. abducens, *ep* Epithel des Rachenhöhlendaches, *sy* N. sympathicus, *äubofa* äußere, *ibofa* innere Bogenfasern, *X mok* motorischer Vaguskern, *X* N. vagoglossopharyngeus, *traso* Tractus solitarius, *akfe* Akustikusfeld, *saendly* Saccus endolymphaticus, *idurau* Intraduralraum, *techo* Tela chorioidea, *verhoenz* Ventrikel des Rhombenzephalons, *emac* Eminentia acustica, *sume* Sulcus medianus, *bogr* Bodengrau, *sudurau* Subduralraum, *pima* Pia mater, *sipo* Sinus posterior.

die Nervenzellen aufsplittern. Die letzteren sind sämtlich multipolar. An unseren Bielschowskypräparaten imprägnieren sich besonders schön die 30—40 μ großen Zellen des ventralen Kerns mit ihren Neurofibrillen. Von jeder Zelle geht ein Neurit aus und durchsetzt als Bogenfaser die Medulla. Die wesentlich kleineren Zellen des dorsalen Kerns liegen außerordentlich dicht. Ein Teil der Neuriten wird zu Bogenfasern, ein anderer wendet sich rostralwärts zum Kleinhirn.

Ventral schließt sich an das Akustikusfeld eine Gruppe großer, multipolarer Zellen (VII *k*) mit etwas langausgezogenem Zellkörper. Die Neuriten wenden sich lateral- und etwas rostralwärts und verlassen als Wurzel des N. facialis ventral von der ventralen Akustikuswurzel die Medulla. Ein zweiter Anteil der Wurzel stammt, wie wir früher sahen, aus dem Tractus solitarius. Der ziemlich unansehnliche Nervenstamm zieht zum Ganglion prooticum, aus dessen Zellen die Traktus-

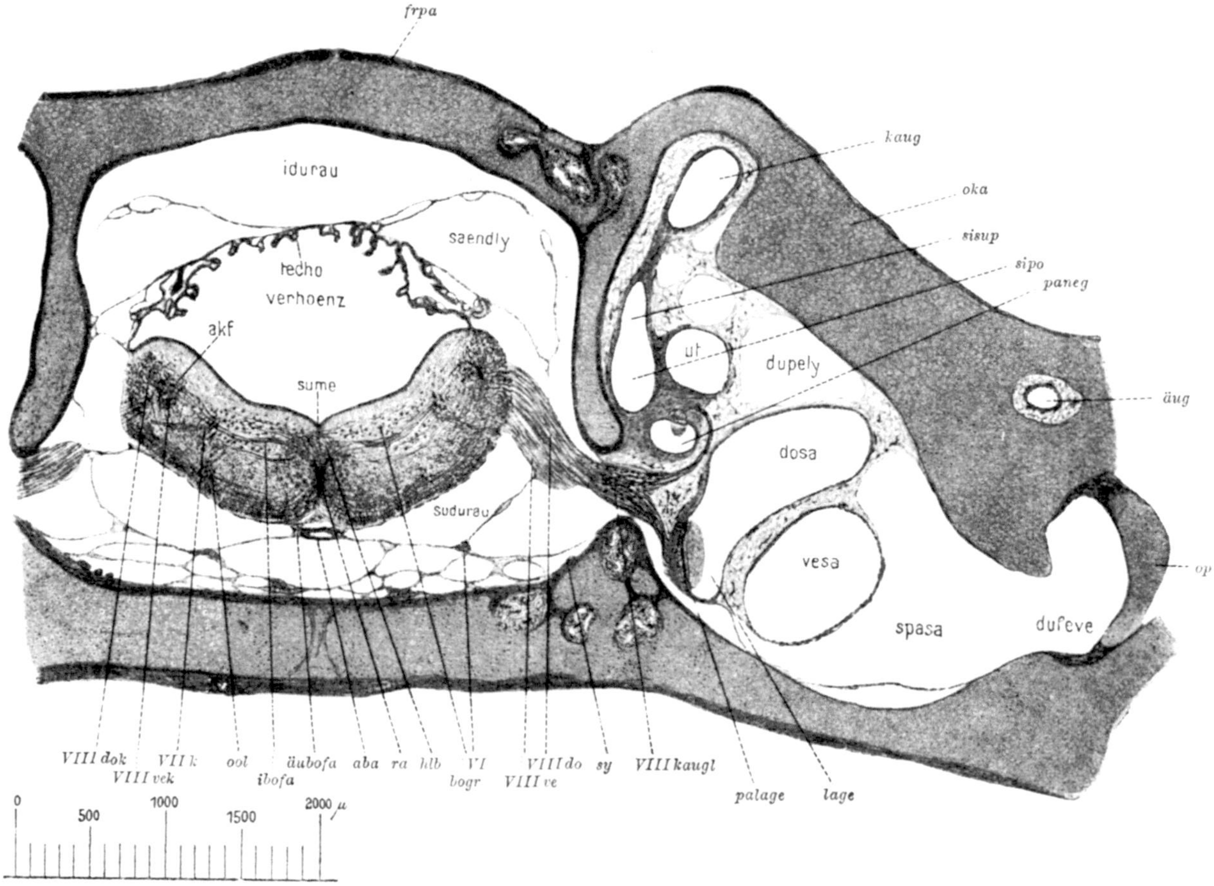

Fig. 236. Frosch. Medulla oblongata.

frpa Frontoparietale, *kaug* kaudaler Bogengang, *oka* Ohrkapsel, *sisup* Sinus superior, *sipo* Sinus posterior, *paneg* Pars neglecta, *äug* äußerer Bogengang, *op* Operkulum, *lage* Lagena, *palage* Papilla lagenae, *VIII kaugl* kaudales Akustikusganglion, *sy* N. sympathicus, *VIII do* dorsale Akustikuswurzel, *VIII ve* ventrale Akustikuswurzel, *VI* N. abducens, *bogr* Bodengrau, *hlb* hinteres Längsbündel, *ra* Raphe, *aba* A. basilaris, *äubofa* äußere, *ibofa* innere Bogenfasern, *ool* obere Olive, *VII k* Fazialiskern, *VIII vek* ventraler, *VIII dok* dorsaler Akustikuskern, *idurau* Intraduralraum, *saendly* Saccus endolymphaticus, *techo* Tela chorioidea, *akf* Akustikusfeld, *sume* Sulcus medianus, *verhoenz* Ventrikel des Rhombenzephalons, *ut* Utriculus proprius, *dupely* Ductus perilymphaticus, *dosa* dorsale, *vesa* ventrale Abteilung des Sakkulus, *spasa* Spatium sacculare, *dufeve* Ductus fenestrae vestibuli, *sudurau* Subduralraum.

fasern ihren Ursprung nehmen. Er führt motorische Fasern für Muskeln des Mundhöhlenbodens und des Unterkiefers, sensible Fasern für die Schleimhaut des Mundhöhlendaches und sekretorische für die Intermaxillar- und Rachendrüse.

Medial vom Fazialiskern liegt das Bodengrau (*bogr*) mit dichtgedrängten, kleinen multipolaren Nervenzellen, zwischen denen zahlreiche markhaltige Nervenfasern verlaufen.

Noch einen weiteren Kern enthält unser Schnitt, die obere Olive (*ool*). Sie liegt fast genau ventral vom Fazialiskern dicht an der Peripherie. Ihre Zellen sind klein und birnförmig. Zu ihnen treten Bogenfasern und umklammern sie mit ihren fingerartigen Endzweigen, während ihre Neuriten rostralwärts zum Kleinhirn und Mittelhirn steigen.

Recht geringfügige Veränderungen hinsichtlich des Gehirnbildes zeigt uns der folgende Schnitt (Fig. 237). Die dorsale Akustikuswurzel ist verschwunden, neben der ventralen (VIII *ve*) erscheint die Fazialiswurzel (VII). In dem Akustikus-

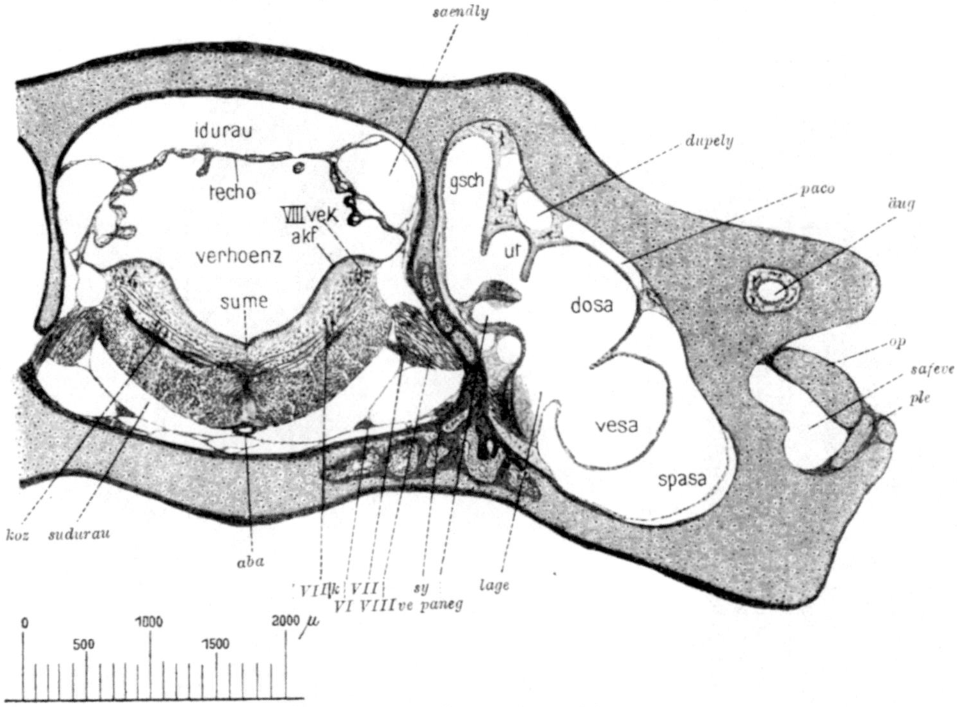

Fig. 237. Frosch. Medulla oblongata.

saendly Saccus endolymphaticus, *dupely* Ductus perilymphaticus, *paco* Pars communicans, *äug* äußerer Bogengang, *op* Operkulum, *safeve* Saccus fenestrae vestibuli, *ple* Plektrum, *lage* Lagena mit ihrer Papille, *paneg* Pars neglecta mit ihrer Makula, *sy* N. sympathicus, *VIII ve* ventrale Akustikuswurzel, *VII* N. facialis, *VI* N. abducens, *VII k* motorischer Fazialiskern, *aba* A. basilaris, *sudurau* Subduralraum, *koz* Kolossalzelle, *idurau* Intraduralraum, *techo* Tela chorioidea, *verhoenz* Ventrikel des Rhombenzephalons, *sume* Sulcus medianus, *akf* Akustikusfeld, *VIII vek* ventraler Akustikuskern, *gsch* gemeinsamer Schenkel der vertikalen Bogengänge, *ut* Utriculus proprius, *dosa* dorsale, *vesa* ventrale Abteilung des Sakkulus, *spasa* Spatium sacculare.

feld (*akf*) beherrschen die großen Zellen des ventralen Kerns das Bild. Dicht ventral von den Resten des Fazialiskerns (VII *k*) erscheint auf der linken Seite eine Kolossalzelle (*koz*) von ungefähr 0,5 mm Länge. Sie sendet lateral und medial spärliche Dendriten aus. Ein Neurit läßt sich nicht an ihr nachweisen. Offenbar handelt es sich hier um ein Analogon zu den bei den Fischen sich findenden MAUTHNERschen Zellen, die dem Tractus vestibulospinalis angehören und sich auch noch bei den geschwänzten Amphibien finden. Bei den Anuren werden sie mit Verlust des Schwanzes rudimentär und mit ihnen die von ihnen ausgehenden Kolossalfasern.

Ein kleines Stück weiter rostralwärts und wir sind am rostralen Ende des Rhombenzephalons angekommen, dessen Decke sich nun in Form einer queren

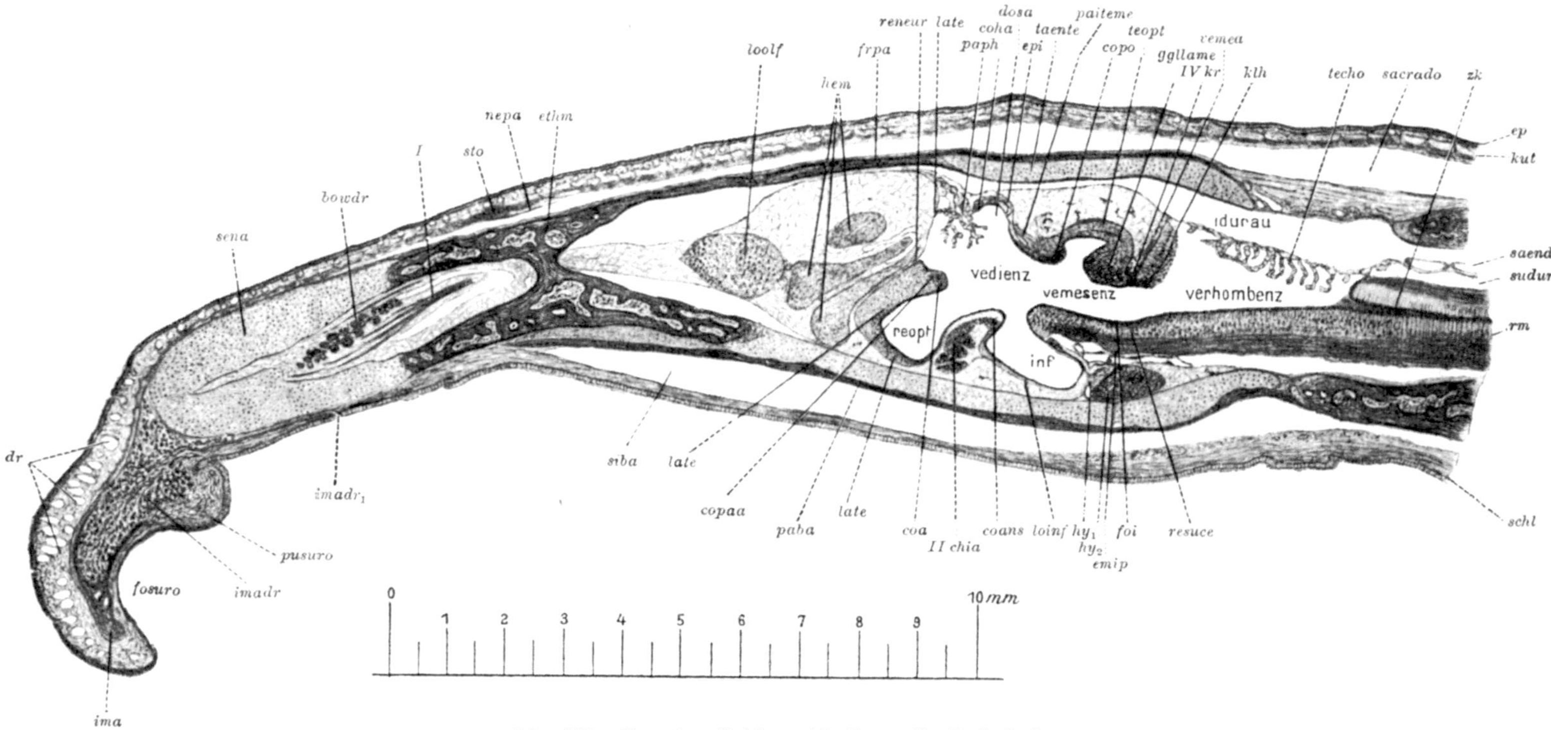

Fig. 238. Frosch. Gehirn. Medianer Sagittalschnitt.

ima Intermaxillare, *dr* große Körnerdrüsen der Kopfhaut, *sena* Septum narium, *bowdr* Bowmansche Drüsen, *I* N. olfactorius, *sto* Stirnorgan, *n* N.parietalis, *ethm* Ethmoid, *loolf* Lobus olfactorius, *hem* mediale Wand der Vorderhirnhemisphäre, *frpa* Frontoparietale, *reneur* Recessus neuropori *late* Lamina terminalis, *paph* Paraphyse, *coha* Commissura habenularis, *dosa* Dorsalsack, *epi* Epiphyse, *taente* Taenia tecti, *paiteme* Pars impar t mesencephali, *copo* Commissura posterior, *teopt* Tectum opticum, *ggllame* Ganglion laterale mesencephali, *IV kr* Trochleariskreuzung, *vemea* Vel medullare anterius, *klh* Kleinhirn, *techo* Tela chorioidea des Rhombenzephalons, *sacrado* Saccus craniodorsalis, *ep* Epidermis, *kut* Kutis, *saendly* Sac endolymphaticus, *sudurau* Subduralraum, *rm* Rückenmark, *schl* Schleimhaut der Mundrachenhöhle, *resuce* Recessus subcerebellaris, *foi* Fovea isth *emip* Eminentia interpeduncularis, hy_2 Hauptlappen, hy_1 Hirnlappen der Hypophyse, *loinf* Lobus infundibularis, *coans* Commissura ansulata, *II c* Chiasma der Sehnerven, *coa* Commissura anterior, *late* Lamina terminalis, *paba* Parabasale, *copaa* Commissura pallii anterior, *siba* Sinus basila $imadr_1$ Mündung eines Ausführungsganges der Intermaxillardrüse (*imadr*), *pusuro* Pulvinar subrostrale, *fosuro* Fovea subrostralis, *reopt* Recessus praeopti *inf* Infundibulum, *vedienz* Ventrikel des Dienzephalons, *vemesenz* Ventrikel des Mesenzephalons, *verhombenz* Ventrikel des Rhombenzephalons, *idu* Intraduralraum.

fast senkrecht stehenden, halbmondförmigen Platte als Kleinhirn abknickt. Diese Verhältnisse kommen naturgemäß in einer Querschnittserie nur sehr unvollkommen zur Anschauung und wir wollen deshalb hier die Beschreibung eines medianen Sagittalschnittes einschalten (Fig. 238). Der Querschnitt des Kleinhirns (*klh*) schließt rostralwärts den dorsalen Teil des Ventrikels des Rhombenzephalons (*verhoenz*) ab, dessen ventraler Teil unter dem Kleinhirn weiterzieht zur Verbindung mit dem Ventrikel des Mesenzephalons (*vemesenz*). Wir können an dem Kleinhirnquerschnitt eine kaudale und eine rostrale Fläche, eine dorsale Spitze und eine ventrale Basis unterscheiden. Die kaudale Fläche ist stark konvex, sieht in den Ventrikel des Rhombenzephalons und ist überzogen von Ventrikelependym. Sie besitzt, wie die Besichtigung des Totalpräparats ergibt, eine dorsoventrale Medianfurche. Die Rostralfläche ist weniger konvex und lehnt sich an das Mittelhirn an. Zwischen beiden bleibt nur ein schmaler, von dem Gewebe der Pia mater ausgefüllter Spalt. Rostral- und Kaudalfläche stoßen dorsalwärts unter spitzem Winkel in der Dorsalkante zusammen, die in der Mittellinie die Höhe des Mittelhirns erreicht und seitlich allmählich abfällt. Die Kleinhirnbasis sieht ventralwärts in den verschmälerten Anfangsteil des Ventrikels des Rhombenzephalons und setzt sich rostralwärts durch eine schmale Platte, das Velum medullare anterius (*vemea*), mit dem Mesenzephalon in Verbindung. Seitlich geht die Kleinhirnbasis in die rostrale Fortsetzung des Rhombenzephalons über, die als Regio subcerebellaris (*resuce*) bezeichnet wird. An sie schließt sich direkt rostral die Gegend des Isthmus rhombencephali. Hier ist der Ventrikelboden zu einer seichten Furche, der Fovea isthmi (*foi*) eingebuchtet, während die Hirnbasis als Eminentia interpeduncularis (*emip*) gegen die Hypophyse (*hy*) vorspringt. Es stellt also das Kleinhirn des Frosches eine massive Platte dar, zur Bildung eines Kleinhirnventrikels kommt es hier ebensowenig, wie bei der Eidechse.

Den feineren Bau des Kleinhirns wollen wir an einem mit Methylenblau vital gefärbten Sagittalschnitt untersuchen. (Fig. 239). Die kaudale Kleinhirnoberfläche wird bekleidet von dem Ependym (*ep*), einer einfachen Lage von Zylinderzellen, die in der Mitte am höchsten (20 μ) sind, ventral, dorsal und lateral immer niedriger werden. Die Zellen tragen keine Flimmern, sondern nur einen schmalen Kutikularsaum auf ihrer freien Oberfläche und laufen in verzweigte Ependymfasern aus. An der dorsalen Kleinhirnkante gehen diese Zellen in das Epithel der Tela chorioidea über.

Auf das Ependym folgt die Körnerschicht, an der wir eine kaudale breitere (*$kösch_1$*) und eine rostrale schmälere Lage (*$kösch_2$*) unterscheiden müssen. Sie setzt sich zusammen aus dicht gedrängt liegenden, kaum 10 μ großen Zellen. Jede Körnerzelle hat drei bis vier kurze Dendriten, die bald in mehrere kurze Endzweige zerfallen. Da in unseren Präparaten immer nur ein gewisser Prozentsatz der Zellen voll gefärbt ist, der Rest als blasse Schatten erscheint, so können wir sehr gut bei stärkerer Vergrößerung erkennen, wie jede Körnerzelle mit den Endzweigen ihrer Dendriten je eine Nachbarzelle umklammert. Der von jeder Zelle ausgehende Neurit ist am besten in der rostralen Lage zu erkennen. Er ist markhaltige Nervenfasern, die in ihrer Gesamtheit die Markfaserschicht (*fasch*) bilden. Zwischen den Fasern treffen wir aber überall noch auf Körnerzellen. Die Fasern erscheinen zum Teil quer, zum Teil schräg und längs getroffen. Über ihre Herkunft und Bedeutung werden wir bald Aufklärung erlangen.

Die nächste Schicht präsentiert sich in unseren Präparaten besonders schön. Sie setzt sich aus den uns schon bekannten, in einfacher oder doppelter Reihe liegenden PURKINJEschen Zellen (*puz*) zusammen. Der meist birnförmige, bis 50 μ lange Zellkörper verjüngt sich rostralwärts und gabelt sich in zwei starke Dendriten, die sich dann baumförmig verästelnd die gesamte Molekularschicht durchsetzen. Da die ganze Verzweigung fast ausschließlich in einer Sagittalebene erfolgt, so liefern auch nur Sagittalschnitte gute Bilder. Von dem abgerundeten kaudalen Zellende entspringt der dünne Neurit, durchsetzt in schrägem Verlauf

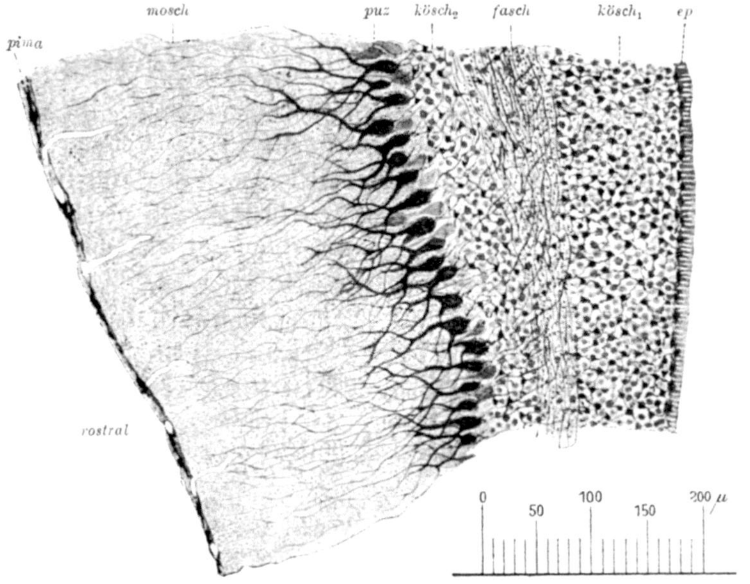

Fig. 239. Frosch. Kleinhirn. Sagittaler Längsschnitt.
pima Pia mater, *mosch* Molekularschicht, *puz* Schicht der Purkinjeschen Zellen, *kösch*$_2$ rostrale Lage der Körnerschicht, *fasch* Markfaserschicht, *kösch*$_1$ kaudale Lage der Körnerschicht, *ep* Ependym.

die rostrale Lage der Körnerschicht, umgibt sich mit einer Markscheide und tritt in die Markfaserschicht ein. Ein großer Teil der Fasern dieser Schicht besteht so aus den Neuriten der PURKINJEschen Zellen und stellt also zentrifugale Fasern dar, welche als Tractus cerebellotegmentalis das Kleinhirn verlassen und durch das Velum medullare anterius hauptsächlich ins Mittelhirn eintreten.

Außer diesen zentrifugalen Fasern enthält die Markfaserschicht aber auch zentripetale Fasern und gerade unser Methylenblaupräparat gibt uns gute Gelegenheit zu ihrer Beobachtung. Während nämlich die Neuriten der Purkinjezellen immer ganz glatt sind, laufen neben ihnen zahlreiche dünne, aber stark variköse Fasern durch die rostrale Lage der Körnerschicht hindurch, treten zu den PURKINJEschen Zellen und ranken sich gleichsam an ihren Dendriten in die Höhe, wie man das besonders gut an den blassen Zellen erkennen kann. Ihre Abstammung läßt sich mit voller Sicherheit nicht feststellen, doch dürften sie wohl aus den Hirnnervenkernen, vor allem aus den Akustikuskernen und aus den Dorsalstrangkernen stammen. Sie würden sich danach als Tractus nucleocerebellaris und spinocerebellaris bezeichnen lassen.

Die letzte und mächtigste Schicht des Kleinhirns ist schließlich die Molekularschicht (*mosch*), ungefähr die halbe Dicke der Kleinhirnplatte umfassend und im wesentlichen die Dendritenverzweigung der PURKINJEschen Zellen enthaltend. Außerdem finden sich in ihr auch Nervenzellen, doch ist eine ausreichende Färbung derselben kaum zu erreichen.

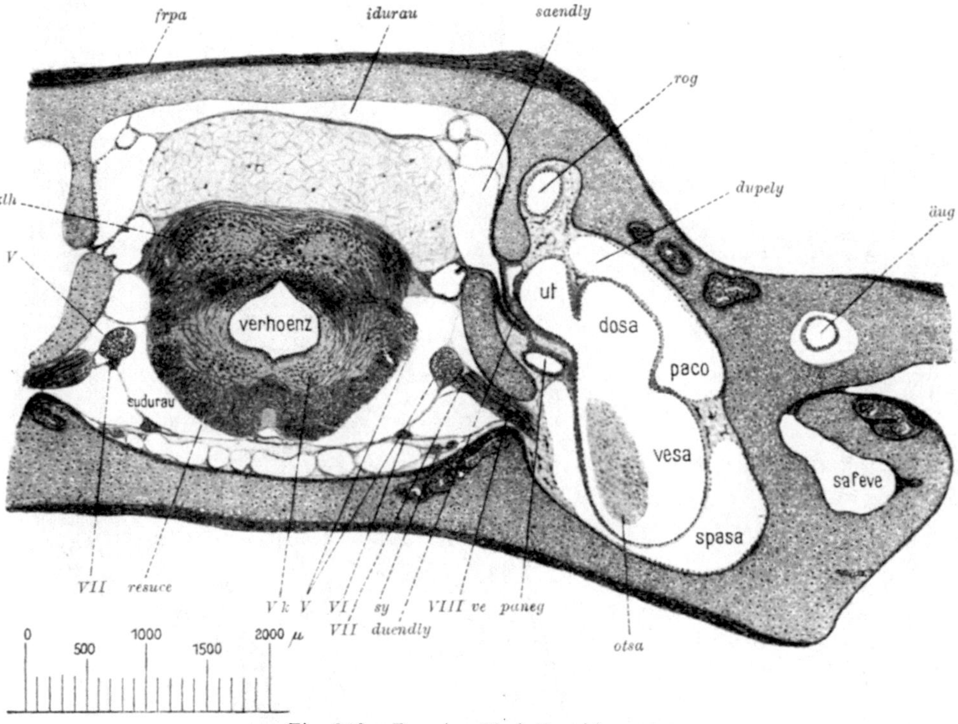

Fig. 240. Frosch. Medulla oblongata.

frpa Frontoparietale, *idurau* Intraduralraum, *saendly* Saccus endolymphaticus, *rog* rostraler Bogengang, *dupely* Ductus perilymphaticus, *äug* äußerer Bogengang, *otsa* Otolithenmasse des Sakkulus, *paneg* Pars neglecta, *VIII ve* ventrale Akustikuswurzel, *duendly* Ductus endolymphaticus, *sy* N. sympathicus, *VII* N. facialis, *VI* N. abducens, *V* N. trigeminus, *Vk* motorischer Trigeminuskern, *resuce* Regio subcerebellaris, *klh* Kleinhirn, *verhoenz* Ventrikel des Rhombenzephalons, *sudurau* Subduralraum, *ut* Utriculus proprius, *dosa* dorsale, *vesa* ventrale Abteilung des Sakkulus, *spasa* Spatium sacculare, *safeve* Saccus fenestrae vestibuli, *paco* Pars communicans.

Wir wenden uns nun wieder zu unserer Querschnittserie zurück (Fig. 240) und der Regio subcerebellaris zu. Hier (*resuce*) stoßen wir auf die Austrittsstelle des N. trigeminus (V). Dieser gemischte Nerv versorgt mit sensiblen Fasern die Haut des Kopfes, die Augenlider, die Schleimhaut der Nasenhöhle, des Mundbodens und der vorderen Teile des Mundhöhlendaches. Seine motorischen Fasern gelangen zu dem Levator bulbi, dem Depressor palpebrae inferioris, den Kaumuskeln und den Muskeln des Mundhöhlenbodens. Sein Ganglion ist das in einer kleinen seitlichen Ausbuchtung der Schädelhöhle gelegene Ganglion prooticum (Fig. 242 *gglpro*). In dasselbe senken sich, wie wir früher sahen, außerdem noch der Fazialis, der Abduzens und der Sympathikus ein, von denen der zweite und dritte das Ganglion wohl nur durchsetzen. Das Ganglion gleicht in seinem Bau ganz den Spinalganglien, enthält aber Zellen sehr verschiedener Größe. Aus ihm heraus kommen zwei Wurzeln und senken sich dicht vor dem Akustikus in das Gehirn ein, die eine dickere, etwas mehr dorsal, die dünnere

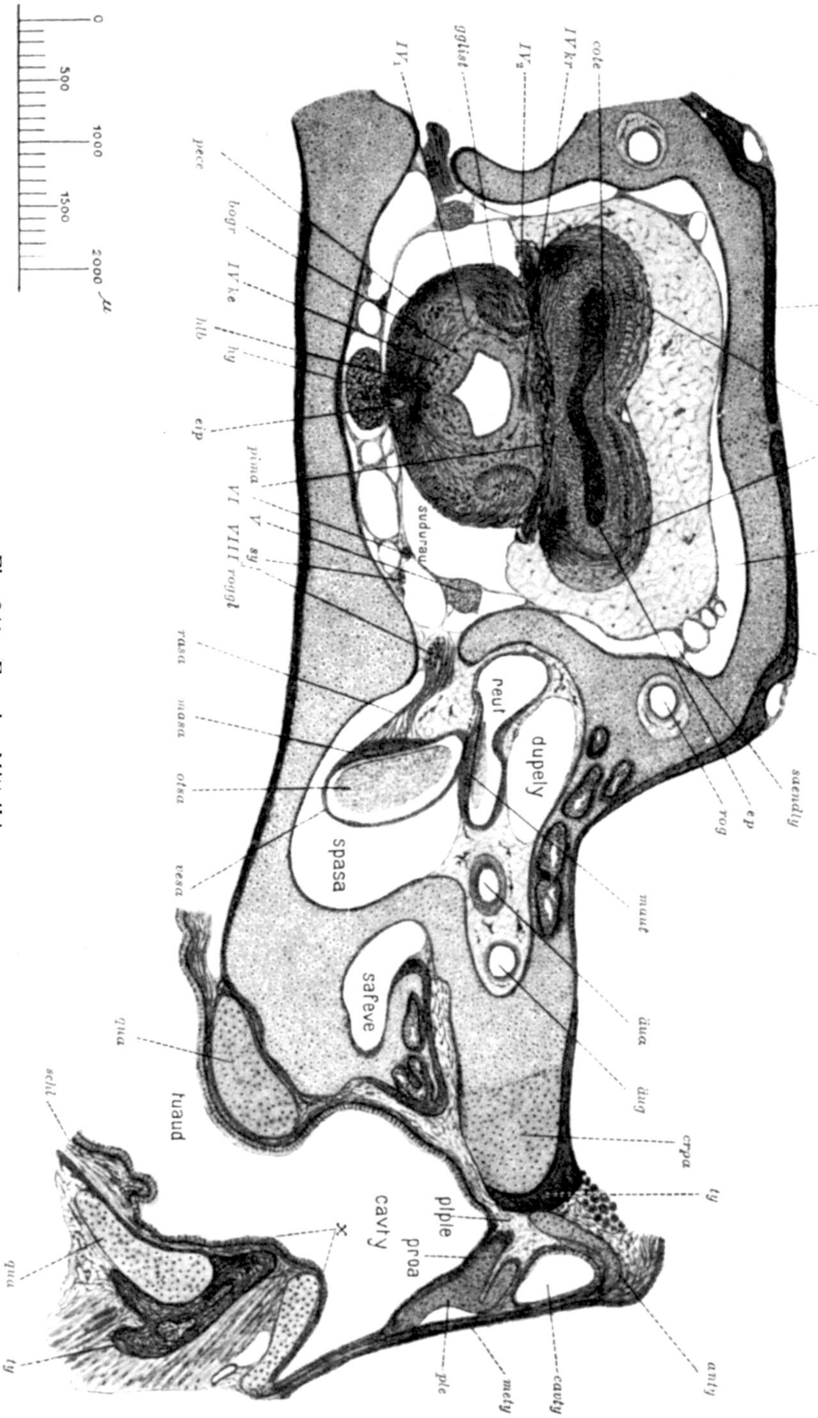

Fig. 241. Frosch. Mittelhirn.

frpa Frontoparietale, *teo* Tectum opticum, *idurau* Intraduralraum, *saendly* Saccus endolymphaticus, *ep* Ependym, *rog* rostraler Bogengang, *maut* Macula utriculi, *äua* äußere Ampulle, *äug* äußerer Bogengang, *crpa* Crista parotica, *ty* Tympanikum, *anty* Anulus tympanicus, *cavty* Cavum tympanicum, *mety* Membrana tympani, *ple* Plektrum, *qua* Quadratum, *schl* Schleimhaut der Mundhöhle, *tuaud* Tuba auditiva, × flimmerloses Epithel der Paukenhöhle (*cavty*), *proa* Processus ascendens plectri, *plple* Plica plectri, *vesa* ventrale Abteilung des Sakkulus, *otsa* Otolithenmasse des Sakkulus, *masa* Macula sacculi, *rasa* Ramulus sacculi, *VIII roggl* rostrales Akustikusganglion, *sy* N. sympathicus, *V* N. trigeminus, *VI* N. abducens, *pima* Pia mater, *eip* Eminentia interpeduncularis, *hy* Hypophyse, *hlb* hinteres Längsbündel, *IV ke* Trochleariskern, *bogr* Bodengrau, *pece* Pedunculus cerebri, IV_1 intrazerebraler Teil der Trochleariswurzel, *gglist* Ganglion isthmi, IV_2 austretende Trochleariswurzel, *IV kr* Trochleariskreuzung, *cote* Commissura tecti, *sudurau* Subduralraum, *reut* Recessus utriculi, *dupely* Ductus perilymphaticus, *spasa* Spatium sacculare, *safeve* Saccus fenestrae vestiblui.

ventral. Die Fasern beider Wurzeln schlagen im Gehirn drei verschiedene Wege ein, wie man am besten an Transversalschnitten erkennen kann. Die Hauptmasse der Dorsalwurzelfasern biegt kaudalwärts um und zieht als absteigende Trigeminuswurzel in dem dorsolateralen Teil des Markfasermantels der Medulla, von ihm sich kaum abhebend, ins Rückenmark hinab. Diese Fasern sind die zentralen Teiläste der Zellausläufer des Ganglion prooticum; sie finden ihr Ende an den Dorsalhornzellen des Rückenmarks. Die Fasern der dünnen Ventralwurzel laufen von der Eintrittsstelle direkt median und etwas ventral zu den Zellen des motorischen Trigeminuskerns (Fig. 237 V *k*), deren Neuriten sie darstellen. Der Kern bildet die direkte Fortsetzung des Fazialiskerns. Der dritte Anteil biegt schließlich rostral um und gelangt als aufsteigende Trigeminuswurzel zum Teil ins Kleinhirn, zum Teil ins Mittelhirn zu einem später zu besprechenden Kern.

Die beiden folgenden Schnitte führen uns in das Mittelhirn. Wenn dasselbe auch beim Frosch kaum größer ist als bei der Eidechse, so stellt es immerhin einen recht auffälligen und umfangreichen Hirnteil dar. Nach Entfernung der Schädeldecke sehen wir von ihm die als Tectum opticum bezeichneten beiden eiförmigen Hemisphären (Fig. 225 *teopt*), deren Längsachsen ungefähr einen Winkel von 100° miteinander bilden. Ihre kaudalen, stark genäherten Pole legen sich über das Velum medullare anterius und die Seitenteile der Kleinhirnplatte herüber, die weit voneinandergerückten rostralen Pole stoßen an das kaudale Ende der Vorderhirnhemisphären an. In der Mittellinie vereinigen sich die beiden Lappen zunächst unter spitzem Winkel zur Pars commissuralis, dann flacht sich die Dachmitte mehr und mehr zur Pars impar ab, vertieft sich und geht in das Zwischenhirndach über.

Der Boden des Mittelhirns, dem dieses Dach aufsitzt, bildet die rostrale Fortsetzung der Regio subcerebellaris und gehört zum Gebiet des Isthmus rhombencephali (Fig. 238). Der Ventrikel treibt hier zwei dorsolateralwärts ansteigende Ausstülpungen in das Tectum opticum hinein, die rostral und kaudal blind endigen. Ventralwärts grenzt an den Mittelhirnboden zunächst noch die Hypophyse (Fig. 238 *hy*), dann der Lobus infundibularis des Zwischenhirns (Fig. 238 *loi*). Lateralwärts geht das Dach kontinuierlich in den Boden über.

Die Abgrenzung des Mittelhirns ist nur im Dachteil eine scharfe. Hier bildet die kaudale Grenze gegen das Kleinhirn das Velum medullare anterius mit der in ihm gelegenen Trochleariskreuzung (Fig. 238 IV), die rostrale Grenze stellt die Commissura posterior (*copo*) dar.

Das Mittelhirndach, das Tectum opticum, ist, wie unser Sagittalschnitt zeigt (Fig. 238 *teopt*), rostral ziemlich dünn, verdickt sich kaudalwärts und geht hier in das kuglige Ganglion mesencephali laterale (*gglame*) über, das die Verbindung mit dem Velum herstellt. Den feineren Bau wollen wir wieder an einem Methylenblaupräparat, und zwar an einem Sagittalschnitt untersuchen (Fig. 243), der eine ausgesprochene Bänderung zeigt, herrührend von der Übereinanderlagerung zahlreicher Schichten. Sie bestehen im wesentlichen aus Nervenzellen, aus der Ausbreitung deren Dendriten und aus Markfasern, die zum Teil Optikusfasern, zum Teil Neuriten der Tektumzellen und zum Teil anderer Herkunft sind. Gegen den Mittelhirnventrikel wird das Dach abgeschlossen durch eine einfache Lage zylindrischer Ependymzellen (*ep*). Die sich aus ihrem distalen Ende entwickelnden Ependymfasern splittern sehr bald in feinste Reiserchen auf. Es folgen dann drei Körnerschichten, innere (*ikösch*), mittlere (*mikösch*) und äußere Körnerschicht (*äukösch*), getrennt durch drei Molekularschichten (*imosch, mimosch* und *äumosch*). Sie sind in den einzelnen Teilen des Daches von recht verschiedener Dicke und bestehen aus den Körnerzellen, kleinen, meist länglichen Zellen, aus deren ventralem Pole ein oder mehrere kürzere oder längere Dendriten hervorgehen und sich in der vorhergehenden Molekularschicht auflösen. Der dorsale Pol dagegen entsendet einen langen Dendriten, der den größten Teil der Dachdicke durchsetzt, und in verschiedenen Höhen der Optikusfaser-

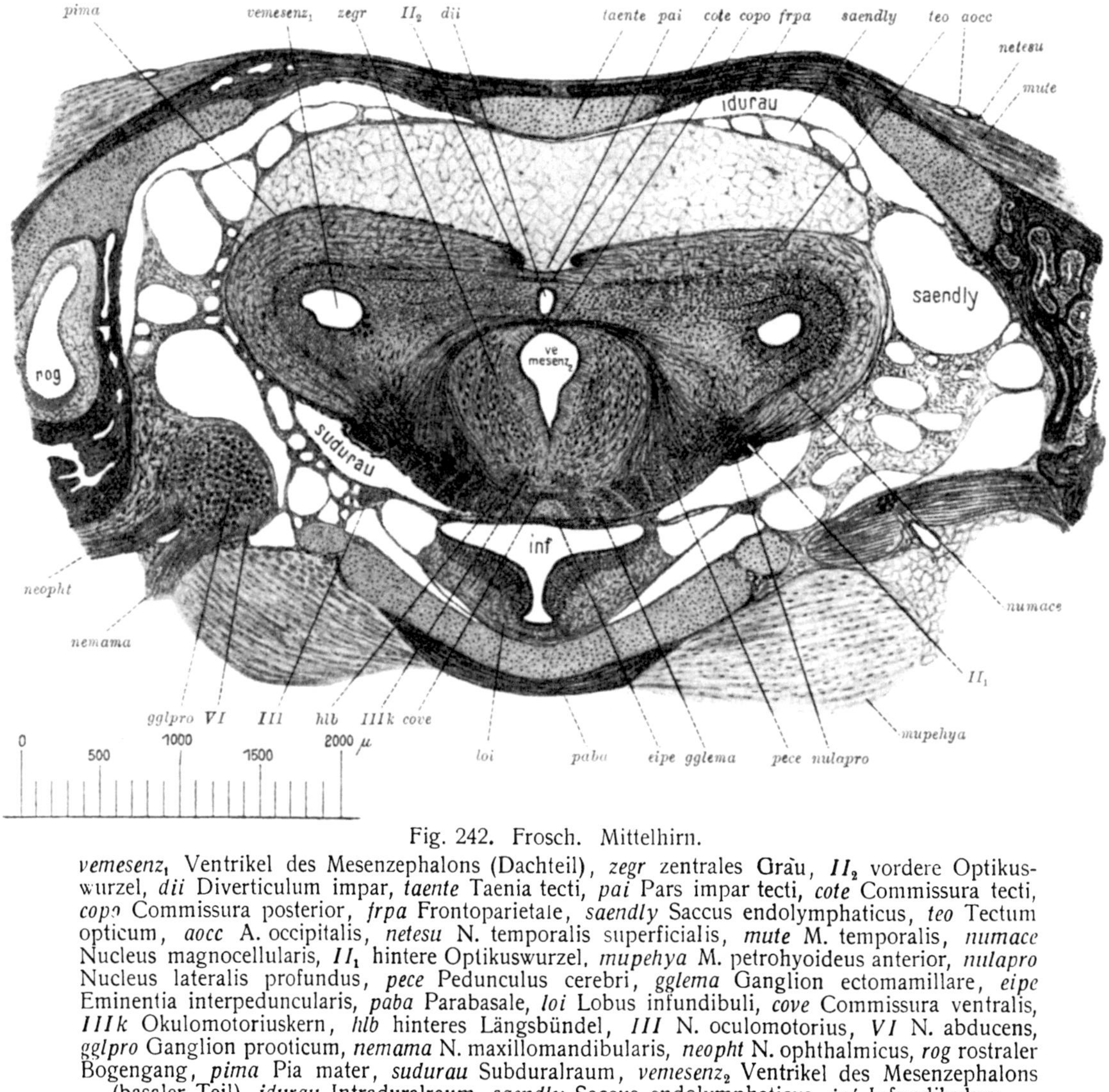

Fig. 242. Frosch. Mittelhirn.

*vemesenz*₁ Ventrikel des Mesenzephalons (Dachteil), *zegr* zentrales Grau, II_2 vordere Optikuswurzel, *dii* Diverticulum impar, *taente* Taenia tecti, *pai* Pars impar tecti, *cote* Commissura tecti, *copo* Commissura posterior, *frpa* Frontoparietale, *saendly* Saccus endolymphaticus, *teo* Tectum opticum, *aocc* A. occipitalis, *netesu* N. temporalis superficialis, *mute* M. temporalis, *numace* Nucleus magnocellularis, II_1 hintere Optikuswurzel, *mupehya* M. petrohyoideus anterior, *nulapro* Nucleus lateralis profundus, *pece* Pedunculus cerebri, *gglema* Ganglion ectomamillare, *eipe* Eminentia interpeduncularis, *paba* Parabasale, *loi* Lobus infundibuli, *cove* Commissura ventralis, *IIIk* Okulomotoriuskern, *hlb* hinteres Längsbündel, *III* N. oculomotorius, *VI* N. abducens, *gglpro* Ganglion prooticum, *nemama* N. maxillomandibularis, *neopht* N. ophthalmicus, *rog* rostraler Bogengang, *pima* Pia mater, *sudurau* Subduralraum, *vemesenz*₂ Ventrikel des Mesenzephalons (basaler Teil), *idurau* Intraduralraum, *saendly* Saccus endolymphaticus, *inf* Infundibulum.

schicht mit flächenhaft sich ausbreitenden Arborisationen endet. Der meist schwer erkennbare Neurit entspringt entweder vom ventralen Zellende oder vom dorsalen Hauptdendriten und verzweigt sich entweder in einer der Optikusfaserschichten oder verläßt als Markfaser das Mittelhirn. Markhaltige, parallel zur Dachoberfläche verlaufende Fasern findet man in allen Körnerschichten, besonders reichlich in der inneren. Sie leiten sicher zum Teil zentripetal und steigen aus dem Mittelhirnboden auf.

An die Körnerschichten schließt sich dorsalwärts die tiefe Markschicht, das Stratum medullare profundum (*timasch*), bestehend aus schräg und längsverlaufenden markhaltigen Nervenfasern. Es sind zum Teil zentripetale, zum Teil zentrifugale Fasern. Die zentripetalen Fasern stammen aus dem Rückenmark, der Medulla oblongata, dem Trigeminus und dem Kleinhirn und finden im Tektum ihr Ende. Die zentrifugalen Fasern sind Neuriten der Dachzellen und verlassen das Mittelhirn, um in das Zwischenhirn einzutreten. Auf die tiefe

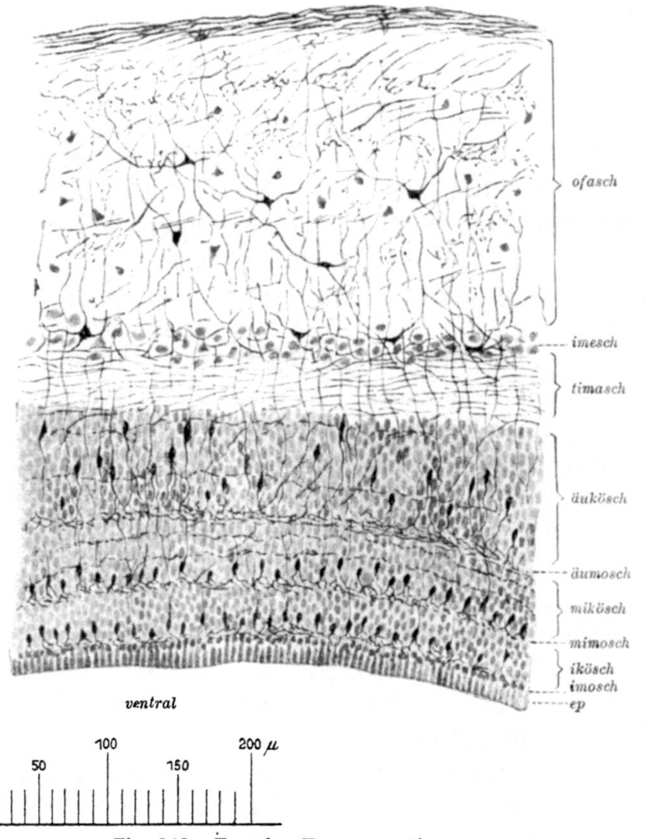

Fig. 243. Frosch. Tectum opticum.
ep Ependym des Mittelhirnventrikels, *imosch* innere Molekularschicht, *iküsch* innere Körnerschicht, *mimosch* mittlere Molekularschicht, *miküsch* mittlere Körnerschicht, *äumosch* äußere Molekularschicht, *äuküsch* äußere Körnerschicht, *timasch* tiefe Markschicht, *imesch* intermediäre Schicht, *ofasch* Optikusfaserschichten.

Markschicht folgt die intermediäre Schicht (*imesch*) mit mehreren Lagen mittelgroßer multipolarer Zellen. Der drei- oder viereckige Zellkörper entsendet mehrere in die Optikusfaserschichten aufsteigende Dendriten und einen Neuriten zur tiefen Markschicht.

Fast die gesamte dorsale Hälfte der Dachdicke wird eingenommen von den Optikusfaserschichten (*ofasch*), von denen sich mindestens 3—4 erkennen lassen. Es sind die markhaltigen Fasern des Sehnerven, der mit seinen beiden später zu besprechenden Wurzeln in das Mittelhirndach eindringt. Die Fasern enden nach Verlust ihrer Markscheide in ausgedehnten Endbüscheln, die wieder in enge Berührung mit den von den Dendriten der Dachzellen gebildeten Endverzweigungen treten. Es entstehen so zwischen den Faserschichten wieder Molekularschichten mit großen multipolaren Zellen, deren Dendriten sich an den Optikusendbüscheln verzweigen, während der Neurit in schrägem Verlauf dem tiefen Mark zustrebt.

Das Ganglion mesencephali laterale (Fig. 238 *ggllame*) bildet den rostralen Abschluß des Daches, es ist auf seiner ventrikulären Fläche natürlich mit Ependym überzogen und führt die ventralen Dachschichten bis zum Stratum medullare profundum fort. Das Innere birgt eine große Zahl ungeordneter, langgestreckter Zellen mit weit verzweigten Dendriten. In das Ganglion hinein strahlt ein mächtiger Zug markhaltiger, aus den Hörnervenkernen stammender Fasern. Diese sekundäre Akustikusbahn erreicht in dem Ganglion ihr Ende.

Gehen wir in unserer Sagittalserie weiter lateralwärts, so tritt, sobald sich der Ventrikel geschlossen hat, ventral vom Ganglion mesencephali laterale das Ganglion isthmi auf (Fig. 253 *gglist*). Es ist von rundlicher Form und setzt sich gegen seine Umgebung scharf, häufig sogar durch einen wohl durch Schrumpfung entstandenen Spaltraum ab. An seiner Außenseite hat es die von der Medulla zum Mittelhirn heraufsteigenden Fasermassen, median grenzt es an das subependymale Ventrikelgrau, durch das die Wurzel des N. trochlearis in das Velum tritt. Die Rinde des Ganglions wird gebildet von mehreren Reihen großer Nervenzellen, in ihrer Form an die PURKINJEschen Zellen erinnernd. Die Gesamtheit ihrer Dendritenverzweigungen bildet den molekularen Kern des Ganglions, in dem aber außerdem große multipolare Zellen auftreten. In das Ganglion treten von ventral, lateral und kaudal zahlreiche markhaltige Fasern ein, sie durchsetzen es zum Teil, zum Teil splittern sie an seinen Zellen auf. Die Neuriten der großen Zellen des Ganglions verlaufen als Tractus isthmohypothalamicus zum Zwischenhirnboden.

Wir wenden uns nun zu unserer Querschnittserie zurück. In Fig. 241 ist der kaudale Mittelhirnpol getroffen, also die Gegend des Ganglion isthmi (*gglist*). Dorsalwärts erscheint in der Mitte des Mittelhirndaches die Dachkommissur (*cote*), in der ein Faseraustausch zwischen der tiefen Markfaserschicht beider Hälften statt hat. Ventral vom Dach tritt der N. trochlearis (IV_2) aus dem Gehirn aus. Medial sehen wir ihn in das Velum medullare anterius eintreten. Hier kreuzen die Fasern in der Mittellinie und wenden sich dann im Bogen zwischen Ventrikel und Ganglion isthmi ventralwärts (IV_1), zu ihrem Ursprungskern. Der Trochleariskern (IV *k*) ist nicht scharf begrenzt und breitet sich dorsal vom hinteren Längsbündel (*hlb*) der Wurzel entlang aus. Die Wurzelfasern sind die mit Mark umgebenen Neuriten der mittelgroßen, multipolaren Kernzellen, zwischen denen sich zahlreiche Fasern des hinteren Längsbündels aufsplittern. Der Trochlearis, ein rein motorischer Nerv, tritt durch ein besonderes Loch der Schädelseitenwand in die Augenhöhle zum M. obliquus superior.

Das den Ventrikel umsäumende Bodengrau enthält zahlreiche, kleine, multipolare Nervenzellen. Von den markhaltigen Fasermassen fällt uns zunächst das an seiner bekannten Stelle gelegene hintere Längsbündel (*hlb*) auf. Ventral wird die Raphe durchzogen von Fasermassen, die in ventral konkavem Bogen von einer zur anderen Hirnhälfte kreuzen. Dann folgt in der Mittellinie die Eminentia interpeduncularis (*emip*). Die ganze, lateral von ihr gelegene Fasermasse faßt man als Hirnstiel, Pedunculus cerebri (*pece*) zusammen. Ihre

Fasern ziehen teils zum Mittelhirn, teils zum Zwischenhirn. Ventral liegt der Hirnbasis die Hypophyse (*hy*) an.

Der folgende Schnitt (Fig. 242) führt uns in den rostralen Teil des Mittelhirns. Seitlich ist der Ventrikel einer jeden Dachhälfte (*vemesenz*$_1$), in der Mitte das unpaare Hauptstück des Ventrikel (*vemesenz*$_2$) zu sehen und dorsal von ihm das Diverticulum impar (*dii*). Dieser kurze rostrale Blindsack wird vom Hauptstück abgespalten durch einen mächtigen Zug von Markfasern, in dem wir die Commissura posterior (*copo*) erkennen. Dorsal vom Divertikel liegt die Commissura tecti (*cote*). Die beiden Dachhälften stoßen dorsal nicht mehr winklig zusammen, wie früher, sondern lassen eine flache, sich allmählich rostralwärts verbreiternde Rinne zwischen sich: die Pars impar tecti mesencephali (*pai*). An der ventralen Zirkumferenz ist die Hypophyse verschwunden und an ihrer Stelle der Lobus infundibuli ((*loi*) getreten mit dem breiten sektschalenförmigen Querschnitt des Infundibulums (*inf*). In der Schädelseitenwand sind wir nun an der Grenze zwischen Labyrinth- und Orbitalregion angekommen, auf der sich das Foramen prooticum mit dem gleichnamigen Ganglion öffnet.

In jeder Dachhälfte ist dorsal, lateral und ventral die typische Tektumschichtung gut ausgeprägt. Medial dagegen verwischt sie sich mehr und mehr. In das Dach strahlt von lateral und ventral die hintere Optikuswurzel (II_1) von dorsal und medial die vordere Optikuswurzel (II_2) ein.

An der medialen Zirkumferenz eines jeden Dachventrikels springt deutlich eine Gruppe großer Zellen hervor, die sich zum Teil noch zwischen die Ependymzellen einzwängen, der Nucleus magnocellularis (*numace*). Es sind 30—40 μ große, also nur mittelgroße, kuglige oder birnförmige Zellen ohne Dendriten. Der einzige, ziemlich kräftige Fortsatz läßt sich nur ein kurzes Stück weit ventral verfolgen. Transversale Längsschnitte zeigen, daß die Zellausläufer des Kerns sich zu einem dünnen Bündel zusammenschließen, das sich lateral und kaudal zur Gegend des Trigeminusursprungs wendet. Wir haben hier nichts anderes als die mesenzephale, aufsteigende Trigeminuswurzel vor uns.

Ventral vom Nucleus magnocellularis stoßen wir auf eine diffuse, zum Teil in die Fasermassen der Commissura posterior eingebettete Ansammlung multipolarer Zellen, den Nucleus lateralis profundus (*nulapro*). Der Verlauf ihrer Neuriten läßt sich nicht ermitteln, die Dendriten sind lang und weitverzweigt.

Die das ganze Bild beherrschende Fasermasse der Commissura posterior (*copo*) strahlt als kompaktes Bündel zwischen Ventrikel und Divertikel bogenförmig lateral und ventral. Die Fasern weichen dabei fächerförmig auseinander und treten in den Pedunculus cerebri ein. Die Kommissur stellt eine Verbindung beider Mittelhirnhälften dar und die Ursprungszellen ihrer Fasern dürften wohl im Nucleus lateralis profundus zu suchen sein.

Die zentrale, den Ventrikel umgebende und von der Commissura posterior hufeisenförmig umschlossene Partie des Mittelhirns ist außerordentlich zellreich (*zegr*). Die Zellen liegen in einzelnen, parallel zur Ventrikelwand verlaufenden Schichten, die durch feine Markfasern getrennt werden. Die inneren Lagen enthalten kleinere, die äußeren größere Zellen. Sie stehen zumeist mit ihrer Längsachse parallel der Ventrikelwand, ihre langen Dendriten verzweigen sich zwischen den Zellreihen.

Ventral vom Ventrikel liegt beiderseits dicht neben der Mittellinie eine

Gruppe mittelgroßer, multipolarer Nervenzellen, die Ursprungszellen des N. oculomotorius (III *k*). Der Kern erstreckt sich noch etwas weiter kaudal und hier sehen wir auch die von den Zellen ausgehenden Neuriten als Okulomotoriuswurzel schräg ventral und lateral zur Hirnoberfläche ziehen und zwischen Hypophyse und Kaudalende des Lobus infundibularis das Mittelhirn verlassen. In unserem Schnitt ist der Nervenstamm (III) bereits weiter lateralwärts gerückt.

Die Zellen des Okulomotoriuskerns lagern sich dicht an das hintere Längsbündel (*hlb*) an, das sich in dieser Gegend durch Faserabgabe an den Kern mehr und mehr erschöpft. Der Rest seiner Fasern steigt noch weiter rostral zum Zwischenhirn, und zwar zur Thalamusbasis, von dessen multipolaren Zellen die Fasern als Neuriten abgehen. Diesen absteigenden Fasern gesellen sich später noch Fasern aus dem Mittelhirn zu. Außerdem enthält das Bündel aber auch aufsteigende Fasern aus dem Ventralhorn des Rückenmarks und aus dem großzelligen Akustikuskern.

Lateral vom hinteren Längsbündel breiten sich an der Mittelhirnbasis die Hirnstiele (*pece*) aus und schicken ihre Fasern zum Teil in das Mittelhirndach, zum Teil laufen sie weiter zum Zwischenhirn. Medial liegt zwischen den Hirnstielen die Eminentia interpeduncularis (*eipe*) und dorsal von ihr eine schmale Kommissur, Commissura ventralis (*cove*), in der eine Kreuzung der Pedunkulusfasern statt hat.

Zwischen den Pedunkulusfasern fällt dann lateral von der Eminentia interpeduncularis noch ein kleiner Kern multipolarer Nervenzellen auf, deren Dendriten sich zu einem außerordentlich dichten Filz auflösen. Deshalb erscheint dieses Ganglion ectomamillare (*gglema*) schon makroskoipsch in Methylenblaupräparaten als kleiner tief dunkelblauer Fleck. Die Neuriten sammeln sich zu einem dünnen, bald medianwärts abbiegenden Bündel und kreuzen in der Commissura postchiasmatica.

Von dem Zwischenhirn wollen wir zunächst zwei Querschnitte betrachten. Der erste (Fig. 244) führt durch den rostralen Teil des Infundibulums. Wir können an ihm zwei Teile unterscheiden. Einen größeren kreisrunden dorsalen, den Thalamus (*tha*), und einen kleineren ventralen, den Hypothalamus (*hytha*). Beide gehen kontinuierlich ineinander über, so daß als Gesamtbild ein birnförmiger Querschnitt resultiert. In der Achse des dorsalen Querschnitts verläuft der spaltförmige Ventrikel des Dienzephalons (*vedienz*), dem im ventralen Abschnitt das Infundibulum (*inf*) entspricht. Beide werden getrennt durch eine breite Kommissur, die Commissura ansulata oder suprainfundibularis (*coans*).

Die Ventrikeldecke wird gebildet von einer schmalen, in ihrer Mitte leicht eingestülpten Ependymbrücke, auf welcher der kreisförmige Querschnitt der Epiphyse (*epi*) ruht. Gehen wir in unserer Serie nur wenige Schnitte zurück, so öffnet sich der Epiphysenschlauch in den Ventrikel.

Die beiden Hälften des Thalamus springen mit zwei deutlichen Wülsten in den Ventrikel vor. Jedem derselben entspricht eine dichte Zellmasse, der Nucleus dorsalis und medius thalami (*nudotha* und *numetha*). Auf den letzteren folgt, ventral bis zur Commissura ansulata reichend, ein dritter Kern, der Nucleus ventralis thalami (*nuvetha*). Die Kerne sind nicht scharf voneinander getrennt, sondern gehen, wenigstens lateralwärts, kontinuierlich ineinander über. In dem dorsalen Zipfel einer jeden Hälfte schließt sich an den dorsalen Kern eine hier noch nicht ganz scharf abgesetzte Zellmasse, das Ganglion habenulae (*gglha*). Aus ihm wendet sich ein deutlicher Markfaserzug mitten durch den dorsalen Kern hindurch, um ungefähr in der Querschnittsmitte zu verschwinden und kaudalwärts durch die Mittelhirnbasis zur Eminentia interpeduncularis zu verlaufen. Es ist der Tractus habenulointerpeduncularis (*trahaipe*).

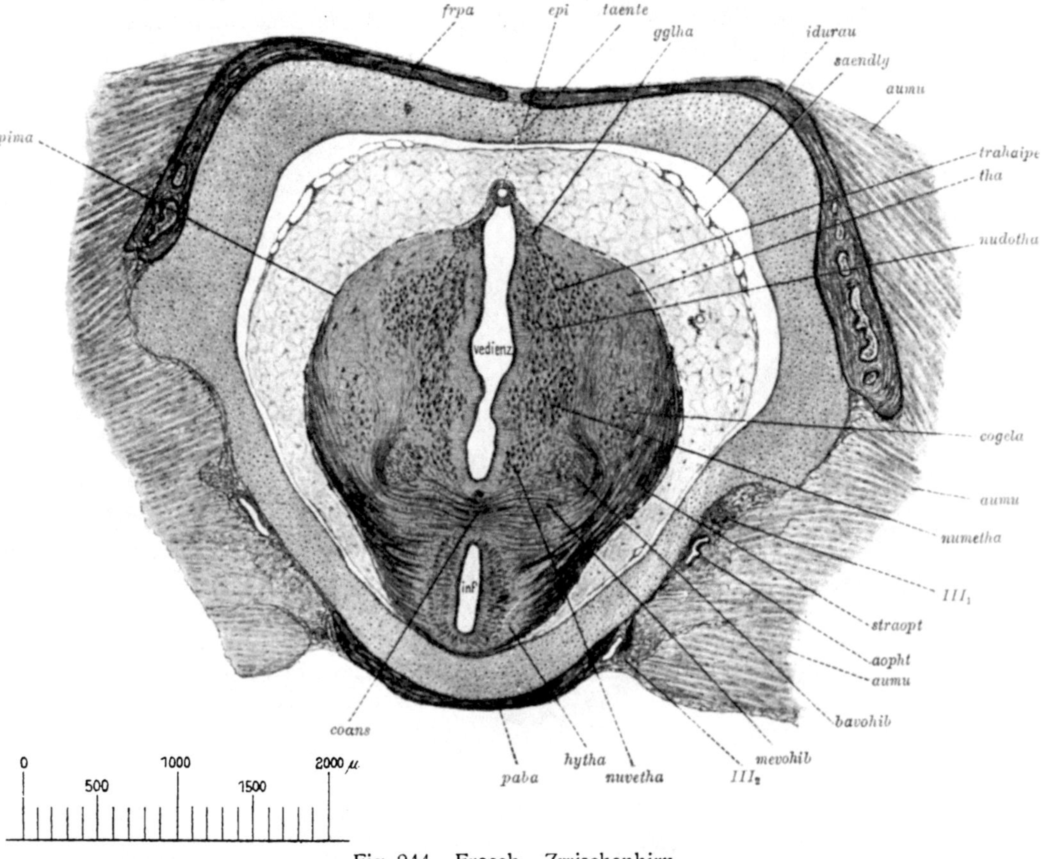

Fig. 244. Frosch. Zwischenhirn.

pima Pia mater, *frpa* Frontoparietale, *epi* Epiphyse, *taente* Taenia tecti, *gglha* Ganglion habenulae, *idurau* Intraduralraum, *saendly* Saccus endolymphaticus, *aumu* Augenmuskeln, *trahaipe* Tractus habenulointerpeduncularis, *tha* Thalamus, *nudotha* Nucleus dorsalis thalami, *cogela* Corpus geniculatum laterale, *numetha* Nucleus medialis thalami, III_1 Ramus superior n. oculomotorii, *straopt* Stratum opticum, *aopht* A. ophthalmica, *bavohib* basales Vorderhirnbündel, *mevohib* mediales Vorderhirnbündel, III_2 Ramus inferior n. oculomotorii, *nuvetha* Nucleus ventralis thalami, *hytha* Hypothalamus, *paba* Parabasale, *coans* Commissura ansulata, *inf* Infundibulum, *vedienz* Ventrikel des Dienzephalons.

Lateral vom dorsalen Kern schließt sich die zellarme Außenschicht des Thalamus an und ventral in der Höhe des mittleren Kerns das Corpus geniculatum laterale (*cogela*), von der Peripherie durch das Stratum opticum (*stropt*) getrennt, den Fasermassen des N. opticus, die bogenförmig von ventral einstrahlen.

Lateral vom ventralen Kern ist ein großes Bündel markhaltiger Fasern getroffen, das basale Vorderhirnbündel (*bavohib*). Seine Fasern stammen aus den basalen Teilen des Vorderhirns und verlieren sich im ventralen Thalamuskern. Lateralwärts umziehen es die aus der Commissura ansulata austretenden Fasern bogenförmig und treten der Hauptsache nach in den dorsalen Thalamuskern ein. Die zwischen den Kommissurenfasern erscheinenden, quergeschnittenen Fasern bilden in ihrer Gesamtheit das mediale Vorderhirnbündel (*mevohib*). Auch sie stammen aus dem Vorderhirn, enden aber im Lobus infundibularis.

Die ventrale Partie unseres Schnittes, der Hypothalamus (*hytha*) gruppiert sich um den Querschnitt des Infundibulums. Kaudal setzt sie sich gleichmäßig in dem Lobus infundibularis fort, rostral lagert sich ihr das Chiasma der Sehnerven vor, dessen Fasern sie lateralwärts umsäumen.

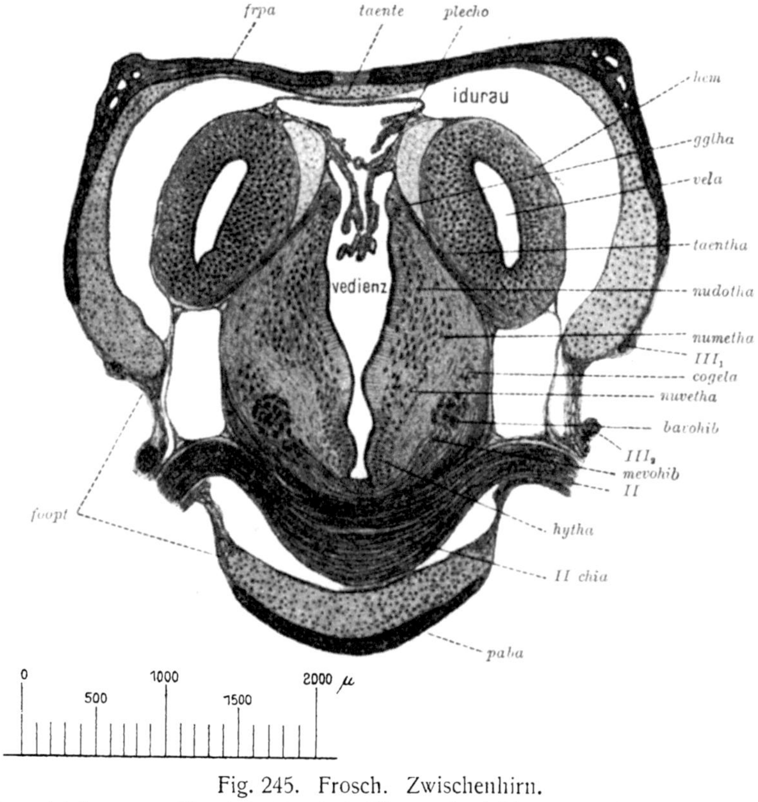

Fig. 245. Frosch. Zwischenhirn.

frpa Frontoparietale, *taente* Taenia tecti, *plecho* Plexus chorioideus, *hem* Hemisphären des Vorderhirns, *gglha* Ganglion habenulae, *vela* Seitenventrikel, *taentha* Taenia thalami, *nudotha* Nucleus dorsalis thalami, *numetha* Nucleus medialis thalami, III_1 Ramus superior n. oculomotorii, *cogela* Corpus geniculatum laterale, *nuvetha* Nucleus ventralis thalami, *bavohib* basales Vorderhirnbündel, III_2 Ramus inferior n. oculomotorii, *mevohib* mediales Vorderhirnbündel, *II* N. opticus, *hytha* Hypothalamus, *II chia* Chiasma der Sehnerven, *paba* Parabasale, *foopt* Foramen opticum, *vedienz* Ventrikel des Dienzephalons, *idurau* Intraduralraum.

Der zweite Schnitt (Fig. 245) geht durch das Foramen opticum (*foopt*), aus dem der Sehnerv (II) in die Schädelhöhle eintritt. Das Infundibulum ist verschwunden, der Querschnitt zeigt wiederum Birnform, nur in umgekehrter Stellung. Dorsal ist bereits jederseits der kaudale Pol der Vorderhirnhemisphäre (*hem*) mit dem Seitenventrikel (*vela*) getroffen. Auch hier ist das Dach des Zwischenhirnventrikels (*vedienz*) ependymal und schickt in den letzteren einen gefäßhaltigen Körper, den Plexus chorioideus (*plecho*). In dem Thalamus sind die Verhältnisse nur wenig verändert. An die Thalamuskerne schließt sich ventral der Rest des Hypothalamus und dann die mächtige Masse des Chiasmas der Sehnerven (II *chia*), in welches seitlich die Sehnerven eintreten.

Wir wollen uns nun diese Verhältnisse noch an unserem Sagittalschnitt (Fig. 238) ansehen. Der Zwischenhirnventrikel wird hier rostralwärts durch eine fast senkrecht stehende ependymale Lamelle, die Lamina terminalis (*late*) abgeschlossen. An ihrem ventralen Ende findet sich ein kurzer, enger Trichter, der Recessus neuroporicus (*reneur*), von dem man seitlich und rostralwärts durch die Foramina interventricularia in die Seitenventrikel des Vorderhirns gelangt. Dorsal geht die Lamina terminalis in das Zwischenhirndach über mit seinem Plexus chorioideus. An diesem Dach können wir drei Ausstülpungen unterscheiden. Die rostralste, die Paraphyse (*paph*), durchdringt mit zahlreichen Ausläufern die Basis des Plexus und bildet mit ihr einen dorsalwärts vorspringenden Körper. Kaudal von ihr folgt die zweite, kuppelförmige Ausstülpung, der Dorsalsack (*dosa*) und dann die enge Mündung der dritten Ausstülpung, der Epiphyse (*epi*). Sie bildet einen schlauchförmigen Körper, der, auf dem Dorsalsack ruhend, rostralwärts zieht und kurz vor der Paraphyse blind endigt. Zwischen Dorsalsack und Epiphyse liegt eine dünne Schicht quergeschnittener Markfasern, welche sich vorne zur Commissura habenularis (*coha*) verdickt. Kaudalwärts geht dann das Zwischenhirndach jenseits der Epiphysenmündung in die Pars impar tecti mesencephali (*paiteme*) mit der Commissura posterior (*copo*) über.

Ventral vom Recessus neuroporicus springt die Lamina terminalis in den Ventrikel vor und verdickt sich durch Einlagerung markhaltiger und markloser Fasermassen, Commissura pallii anterior (*copaa*) und Commissura anterior (*coa*), dann biegt sie wieder rostral ab und begrenzt nun den tiefen Recessus praeopticus (*reopt*). Zwischen ihn und das Infundibulum (*inf*) schiebt sich die Regio chiasmatica ein mit dem Chiasma (II *chia*) und der Commissura ansulata (*coans*).

Das Infundibulum liegt innerhalb des Lobus infundibularis (*loinf*) und ist eine ventrale, blindsackartige Ausstülpung des Zwischenhirnventrikels, deren kaudales Ende unter der Fovea isthmica (*foi*) liegt. Noch weiter kaudalwärts schließt sich die Hypophyse an, an der wir deutlich den großen Hauptlappen (hy_2) und den kleinen Hirnlappen (hy_1) unterscheiden können. Das Ende des ersteren liegt ungefähr in der Höhe der Kaudalfläche des Kleinhirns.

Wir wollen nun kurz den feineren Bau der einzelnen Zwischenhirnteile besprechen und mit dem Dach beginnen. Den wesentlichsten Bestandteil seines kaudalsten Abschnittes bildet die Fasermasse der Commissura posterior (Fig. 246 *copo*); das Dach steigt hier ziemlich steil an und verschmälert sich dabei immer mehr. Das Ependym ist im Gebiete dieses ersten Abschnittes ein zweizeiliges, flimmerndes Zylinderepithel mit immer gut erhaltenen langen Flimmerhaaren. Jede Zelle sendet durch die Fasermasse der Kommissur hindurch eine sich vielfach aufsplitternde Ependymfaser. An der äußeren Peripherie legen sich die verdickten Enden der letzteren zur Bildung einer Membrana limitans an einander, welche das Zwischenhirndach gegen die Pia abschließt. Im übrigen wird dieser Abschnitt nur von spärlichen kleinen Nervenzellen bevölkert.

Die Epiphyse (Fig. 246 *epi*) stellt einen ungefähr 1 mm langen, vorn blind endigenden Schlauch dar, der sich der konvexen Oberfläche des Dorsalsacks anschmiegt. Die Mündungsstelle (epi_1) liegt am Beginn des Dorsalsacks, das blinde Ende dicht hinter der Commissura habenularis (*coha*). Der Schlauch verläuft leicht gewunden, ist auf dem Querschnitt rundlich oder oval und trägt von Stelle zu Stelle seitliche blasenförmige Ausbuchtungen. Das auskleidende Epithel ist einschichtig, zylindrisch mit basal gelegenen Kernen. Die Zellkörper enthalten feine azidophile Körnchen. Das Schlauchlumen wird immer ausgefüllt von einer körnig fädigen Masse, dem Sekretionsprodukt der Zellen. Umgeben wird der Schlauch von einem dichten Netzwerk von Blutkapillaren und einem weitmaschigen

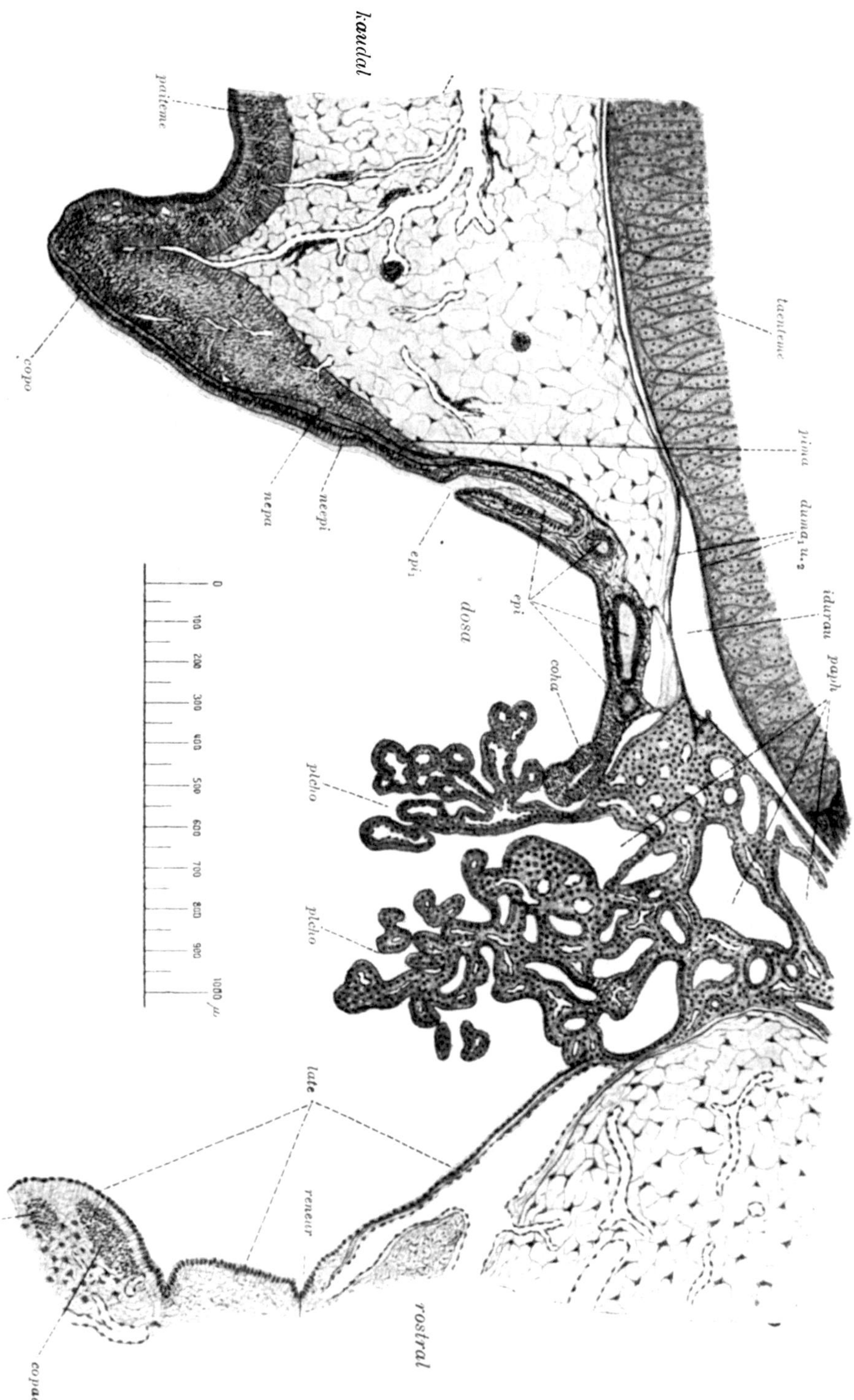

Fig. 246. Frosch. Zwischenhirndach. Medianer Sagittalschnitt. *taenteme* Taenia tecti medialis, *pima* Pia mater, *duma* 1 u. 2 die beiden Blätter der Dura mater, *idurau* Intraduralraum, *paph* Paraphyse, *paiteme* Pars impar tecti mesencephali, *copo* Commissura posterior, *nepa* N. parietalis, *neepi* N. epiphyseos, *epi* Epiphyse, *epi*, deren Mündung in den Ventrikel, *dosa* Dorsalsack, *coha* Commissura habenularis, *plcho* Plexus chorioideus, *late* Lamina terminalis, *reneur* Recessus neuroporicus, *coa* Commissura anterior, *copaa* Commissura pallii anterior.

Nervenplexus, von dem zahlreiche Fasern in das Epithel eindringen, um frei zwischen seinen Zellen auszulaufen.

Die Epiphyse stellt aber entwicklungsgeschichtlich nur den kaudalen und mittleren Teil der gesamten Epiphysenausstülpung dar. Das rostrale Endstück wird bis in die Kutis der Kopfhaut vorgetrieben, verliert aber später bei der Larve den Zusammenhang mit dem anderen Teil und bildet beim erwachsenen Tier das sog. Stirnorgan. Halten wir die abgezogene Kopfhaut des Frosches gegen das Licht, so erscheint in der Mittellinie ungefähr in der Ebene der vorderen Augenwinkel ein kleiner heller Fleck, der die Lage des Organs andeutet, in dessen Bereiche das kutane Pigment fehlt, während das epidermoidale erhalten ist. Bei Rana fusca fehlt häufig das letztere auch und es ist dann die Lage des Organs durch

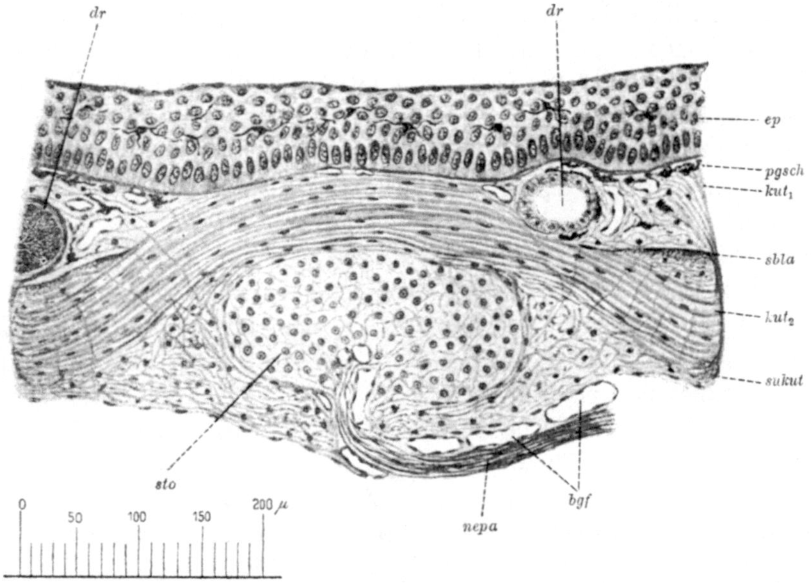

Fig. 247. Frosch. Stirnorgan. Sagittaler Längsschnitt.
ep Epidermis, *pgsch* Pigmentschicht, kut_1 lockere Kutis, *sbla* Sieblamelle, kut_2 straffe Kutis, *sukut* subkutanes Gewebe, *bgf* Blutgefäße, *nepa* N. parietalis, *sto* Stirnorgan, *dr* Hautdrüsen.

diesen Stirnfleck auch schon beim lebenden Tier vielfach zu erkennen. Ein Schnitt durch die Haut dieser Gegend zeigt uns folgende Verhältnisse (Fig. 247). Die straffe Kutis (kut_2) besitzt hier eine napfförmige Vertiefung mit nach außen gerichteter Konvexität. Sie grenzt unmittelbar an die Epidermis (*epd*) an, da hier die lockere Kutis (kut_1) mit der Pigmentschicht (*pgsch*) und der Sieblamelle (*sbla*) fehlen. In diese Grube lagert sich nun das Stirnorgan als ellipsoidischer Körper mit einem größten Durchmesser von 200—300 μ ein. Das subkutane Gewebe bildet um das Organ herum eine lockere Kapsel, ventral von einem Kanal durchbohrt, durch den Blutgefäße und Nervenfasern in das Innere treten. Die ersteren dringen nur ein kleines Stück weit vor, um bald schlingenförmig umzubiegen, so daß eine Art Gefäßbüschel in das Organ hineinragt. Das Innere ist ausgefüllt von einer Zellmasse, ein Hohlraum existiert nicht. Die Zellen erscheinen bei gewöhnlicher Färbung mittelgroß, teils rundlich, teils polygonal und besitzen je einen großen kugligen oder mehr unregelmäßigen Kern. Vitale Methylenblaufärbung und Bielschowskymethode geben uns auch hier weitergehende Aufschlüsse.

Sie zeigen uns, daß mindestens ein großer Teil dieser Zellen mehrere, sich verzweigende Fortsätze besitzen und deshalb als Nervenzellen anzusprechen sind. Zwischen ihnen bilden die eintretenden Nervenfasern ein dichtes Geflecht.

Verfolgen wir den in das Organ eindringenden Nerven, den N. parietalis, hirnwärts, so dringt er schräg durch den kraniodorsalen Lymphsack hindurch, durchbricht die Schädeldecke zwischen den Frontoparietalia und gelangt zur Seitenfläche der Paraphyse, dann zur Epiphyse, auf deren Dorsalfläche wir ihn in Fig. 246 (*nepa*) wiederfinden. Er vereinigt sich dann mit dem zur Epiphyse ziehenden Nervenstrang, N. epiphyseos (*neepi*) und verschwindet in der Fasermasse der Commissura posterior.

Der dritte Abschnitt des Zwischenhirndaches, der Dorsalsack (Fig. 246 *dosa*), bildet eine kuppelförmige Erhebung, auf der zunächst die Epiphyse, dann die Commissura habenularis ruht. Das Ependym besteht im Bereich der Epiphyse aus einer einfachen Schicht flimmerloser, kubischer Zellen, dann wird es unter der Kommissur platt und geht schließlich in das Epithel des Plexus über.

Die Plexus chorioidei (*plcho*) stellen in den Ventrikel hineinhängende Gefäßbäume dar, deren Zweige von dem Ependym überzogen sind. Sie gleichen in ihrem Bau der Tela chorioidea des Rhombenzephalons.

Zwischen dem Plexus dringt die Paraphysenausstülpung dorsalwärts vor. Indem sie mit zahlreichen, miteinander anastomosierenden Zweigen die Basis der Plexus durchsetzt, entsteht ein umfangreiches, maschiges Organ, das rostralwärts noch ein Stück weit in die die beiden Vorderhirnhemisphären trennende Fissura sagittalis eindringt und als Paraphyse oder Adergeflechtsknoten (*paph*) bezeichnet wird. Das die Hohlräume auskleidende Epithel ist einfach kubisch und besitzt keinen Stäbchensaum wie das Plexusepithel. Zwischen den Hohlräumen verlaufen die Blutgefäße, umgeben von spärlichem Bindegewebe.

Die Lamina terminalis (*late*) wird in ihrem dorsalen Abschnitt von platten Ependymzellen gebildet, denen sich äußerlich die Pia auflagert, weiter ventralwärts in der Gegend des Recessus neuroporicus (*reneur*) und der Commissura anterior (*coa*) werden die Zellen wieder höher und laufen in Ependymfasern aus.

Das Zwischenhirndach geht ventralwärts in die Seitenteile über, deren Hauptmasse der Thalamus bildet mit seinen drei Kernen, dem dorsalen, mittleren und ventralen Thalamuskern (Figg. 244 und 245 *nudotha*, *numetha* und *nuvetha*). Sie zeigen alle eine mehr oder weniger deutlich streifige Anordnung ihrer Zellen. Die Zellstreifen laufen parallel zur Ventrikelwand und wechseln ab mit zellfreien Streifen. Die Zellen sind mittelgroß und multipolar. Ihre oft sehr langen Dendriten verzweigen sich in den zellfreien Streifen. Der Neurit entspringt entweder von der lateralen Zellfläche oder von einem Dendriten.

Das Ganglion habenulae (Figg. 244 und 245 *gglha*) stellt eine kleine, nur wenig in den Ventrikel vorspringende Zellmasse dar mit einem peripheren Zellkranz und einem zellarmen Zentrum. Die multipolaren Zellen senden ihren Dendriten in das letztere hinein, wo sie ein außerordentlich dichtes Flechtwerk bilden. In das Ganglion hinein tritt die Taenia thalami (Fig. 245 *taetha*), aus zwei Anteilen bestehend. Der eine kommt aus den basalen Teilen des Vorderhirns, der andere aus dem kaudalen Teil der Vorderhirnhemisphären. Die Fasern treten zum Teil zum gleichseitigen Ganglion, zum Teil durch das Zwischenhirndach zum gekreuzten Ganglion und bilden so die Commissura habenularis. Aus dem kaudalen Abschnitt des Ganglions zieht der Tractus habenulopeduncularis (Fig. 244 *trahape*) zur Eminentia interpeduncularis des Mittelhirns.

Die lateralen Partien der Zwischenhirnwand werden von der Ausstrahlung des Sehnerven, dem Stratum opticum (Fig. 244 *straopt*) gebildet. Das medial ihr anliegende Corpus geniculatum laterale (Fig. 244 und 245 *cogela*) setzt sich aus großen, weitverzweigten, multipolaren Zellen zusammen, an denen Kollateralen der Sehnervenfasern endigen.

Von den Gebilden des Zwischenhirnbodens beansprucht zunächst das Chiasma der Sehnerven unser Hauptinteresse. Der im Querschnitt nicht ganz regelmäßig runde Sehnerv (Fig. 249 II) tritt durch das Foramen opticum (Fig. 245 *foopt*) in die Schädelhöhle ein, biegt dann bogenförmig ventral um und bildet mit dem Nerven der anderen Seite das Chiasma nervorum opticorum, das am Zwischenhirnboden zusammen·mit der Commissura ansulata den Raum zwischen Infundibulum und Recessus praeopticus ausfüllt. Der Sehnerv setzt sich aus markhaltigen Nervenfasern zusammen, welche im Chiasma eine totale Kreuzung erfahren. Nach der Kreuzung wenden sich die Fasern dorsal und kaudal in die laterale Zwischenhirnwand und bilden hier das Stratum opticum (Fig. 244 *straopt*). An der Zwischen-Mittelhirngrenze teilt sich die Fasermasse in einen dorsalen und einen ventralen Anteil. Der erstere steigt an der Zirkumferenz des Mittelhirndaches in die Höhe und tritt als vordere Optikuswurzel (Fig. 242 II_2) in das Tectum opticum ein. Die ventrale Abteilung verläuft zwischen Hirnstiel und Tektum und tritt von ventral her in das letztere ein (Fig. 242 II_1).

Neben dieser direkten Verbindung zwischen Chiasma und Tektum läuft nun auch noch eine indirekte, vermittelt durch das Corpus geniculatum laterale. Wie wir sahen, enden Kollateralen der Sehnervenfasern an seinen Zellen. Die Neuriten treten als geschlossener Zug aus dem Ganglion heraus, um dorsalwärts zum Mittelhirndach zu gelangen.

Die Hauptmasse des Zwischenhirnbodens wird geliefert vom Lobus infundibularis, dessen herzförmig gestaltetes Ende bis unter das Mittelhirn ragt. Er steht zunächst als Hypothalamus (Fig. 244 *hytha*) mit dem Thalamus in breiter Verbindung, dann löst er sich vom Hirnboden (Fig. 242). Seine Decke ist nur dünn, ependymal und die lateralen Partien springen als zwei dicke Wülste in das Lumen des Infundibulums hinein. Diese Wülste lassen eine innere zellige und eine äußere zellarme Partie erkennen. Die Zellen liegen in mehreren Schichten übereinander, sind länglich und stehen mit ihrer Längsachse senkrecht zur Innenfläche. Jede Zelle sendet nach der letzteren einen einfachen, kräftigen, meist etwas gewundenen Fortsatz, der bis zum Lumen vordringt und zwischen den Ependymzellen knopfförmig endet. Von dem anderen Zellpol gehen mehrere verästelte Ausläufer aus und splittern sich in der äußeren Zone auf. Die letztere enthält daneben noch spärliche, langgestreckte und weitverzweigte Zellen mit parallel zur Oberfläche gestellter Längsachse. In dieser Außenzone enden Fasern aus den Ganglien des Thalamus und aus den Hirnstielen.

An das kaudale Ende des Lobus infundibularis schließt sich die Hypophyse an. Wie bei den Reptilien, so kommt es auch bei den Amphibien zu einer Trennung des Hirnlappens von dem Hauptlappen. Der kleine Hirnlappen (Fig. 238 hy_1) ist fest mit der Wand des Lobus verwachsen, der weit größere Hauptlappen (hy_2) nur ganz locker mit ihm verbunden. Schon bei schwacher

Vergrößerung sind beide leicht durch ihre Färbung zu unterscheiden. Der Hirnlappen ist blaß, der Hauptlappen dunkel gefärbt. Bei nicht ganz vorsichtiger Herausnahme des Gehirns löst sich letzterer leicht ab, während der erstere immer am Lobus infundibularis hängen bleibt.

Bei stärkerer Vergrößerung zeigt sich der Hirnlappen wieder aus zwei verschiedenen Teilen zusammengesetzt. Der dem Lobus zunächst anliegende Teil

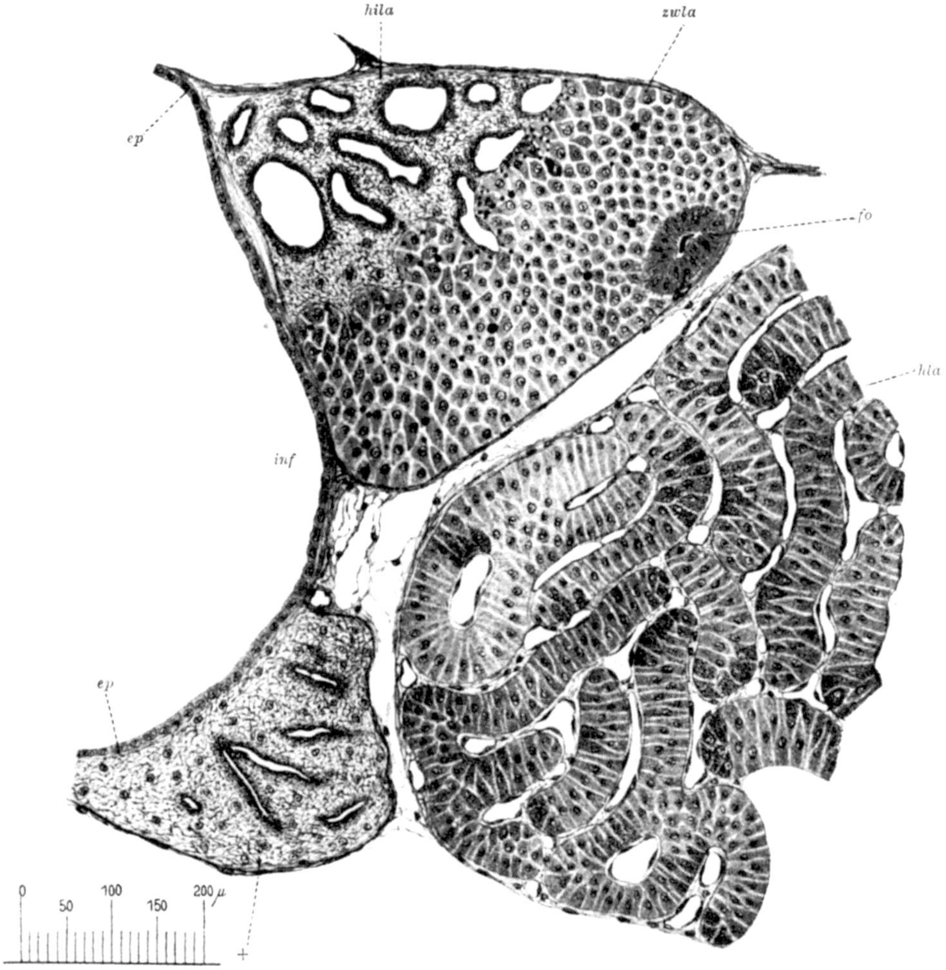

Fig. 248. Frosch. Hypophyse. Querschnitt.
inf Infundibulum, *ep* Ependym des Lobus infundibularis, *hila* Hirnlappen, *zwla* Zwischenlappen, *hla* Hauptlappen der Hypophyse, *fo* Follikel im Zwischenlappen, + ventrale Verdickung der kaudalen Wand des Infundibulums.

wird durchsetzt von weiten Bluträumen und läßt nur einen geringen Gehalt an zelligen Elementen erkennen. Der kaudale Abschnitt ist dagegen frei von Blutgefäßen und setzt sich aus dicht gedrängten Zellen zusammen. Wir trennen ihn als Zwischenlappen von dem eigentlichen Hirnlappen ab.

Zum Studium des feineren Baues der Hypophyse fixiert man am besten das recht vorsichtig herausgelöste Gehirn in BOUINscher oder CARNOYscher Flüssigkeit und färbt die höchstens 10 μ dicken Sagittalschnitte mit Eisenhämatoxylin oder in Biondilösung.

Der Hirnlappen (Fig. 248 *hila*) grenzt sich gegen den Zwischenlappen in unregelmäßiger, zackiger Linie scharf ab. Die weiten, miteinander kommunizierenden

Bluträume (*bgf*) werden durch Paranchymbalken getrennt, bestehend aus einem dichten Faserfilz mit spärlichen Kernen. Wir haben es hier ausschließlich mit Gliafasern und den zu ihnen gehörigen Gliazellen zu tun. Jeder Blutraum wird umsäumt von einer feinen Körnerzone. Eine dem Hirnlappen in ihrer Zusammensetzung ganz analoge Bildung liegt auch noch ventral dem Ventrikelboden an (+).

Der Zwischenlappen (*zwla*) setzt sich aus unregelmäßigen polyedrischen, dicht zusammengeschlossenen Zellen zusammen mit kugligem Kern und feinkörnigem azidophilem Protoplasma. Den auffallendsten Bestandteil des Lappens bilden kuglige, zum Teil intra-, zum Teil interzellulär gelegene Körner von sehr verschiedener Größe. Am dichtesten liegen sie immer an der Grenze gegen den Hirnlappen. Sie gleichen in ihren färberischen Reaktionen dem Schilddrüsenkolloid und stellen wahrscheinlich das Sekretionsprodukt der Zwischenlappenzellen dar. Häufig stößt man im Zwischenlappen auch auf geschlossene Follikel (*fo*), deren Lumen mit dem gleichen Sekret gefüllt ist.

Der Hauptlappen (*hla*) der Hypophyse besteht aus netzförmig miteinander verbundenen, soliden Zellbalken. Die die Balken konstituierenden Zellen sind von zylindrischer Form, ihr Leib enthält Körnchen in größerer oder geringerer Masse. Je größer dieselben werden, um so stärkere Azidophie zeigen sie. Offenbar hängt diese Erscheinung mit dem Reifezustand der Körner zusammen. Basophile Körner kommen beim Winterfrosch nicht vor. Die Zellbalken sind umhüllt von einer Membrana propria und werden getrennt durch ein mächtig entwickeltes Kapillarnetz, in das das Sekret von den Zellen abgegeben wird.

Am Vorderhirn, Telenzephalon, unterscheiden wir die beiden Hemisphären (Fig. 225 *hem*) und die beiden Bulbi olfactorii (*buol*). Jede Hemisphäre stellt, von dorsal gesehen, einen lang eiförmigen Körper dar und wird von ihrem Partner getrennt durch die mediane Fissura sagittalis (*fisag*). Diese Trennung ist aber nur im Bereiche des Kaudalpols eine vollständige, wo die Hemisphären dorsal und lateral den rostralen Teil des Zwischenhirns überlagern. Rostralwärts zeigen die Hemisphären mit der fortschreitenden Verflachung der Sagittalfissur eine innige Aneinanderlagerung in ihrem dorsalen und eine völlige Verwachsung in ihrem ventralen Abschnitt.

Rostralwärts gehen die Hemisphären in die miteinander verwachsenen Bulbi oder Lobi olfactorii (*buol*) über. Die Grenze wird auf der Dorsalfläche gebildet von der flachen Fovea limbica (*foli*). Aus jedem Bulbus tritt ein anscheinend einheitlicher N. olfactorius (I) hervor. Die Betrachtung des Gehirns von der Ventralfläche aus läßt jedoch erkennen, daß der Nerv zwei Wurzeln besitzt. Von dorsal her ist nur die vordere Wurzel sichtbar, die hintere Wurzel läuft an der ventrolateralen Fläche des Bulbus entlang und vereinigt sich mit ihm in einer kleinen Anschwellung, dem Bulbus olfactorius accessorius.

Der erste der zu betrachtenden Schnitte (Fig. 249) geht durch die Vorder-zwischenhirngrenze. Von dem Zwischenhirn ist noch der schmale Recessus praeopticus (*reopt*) zu sehen. Seine dicke Seitenwand geht kontinuierlich in die basalen Teile der Hemisphäre über. Der Ventrikel des Zwischenhirns (*vedienz*) findet in der Höhe unseres Schnittes sein rostrales Ende und öffnet sich gleichzeitig seitlich durch die Foramina interventricularia (*foive*) in die Seitenventrikel (*vela*), von denen je einer eine Hemisphäre ihrer ganzen Länge nach durchsetzt und kaudalwärts blind im Kaudalpol endigt.

An der ventralen Zirkumferenz unseres Schnittes springt die Pars terminalis des Zwischenhirns (*ptedienz*) mit dem Recessus praeopticus (*reopt*) stark vor. Weiter dorsal buchtet sich die Hemisphärenbasis als Prominentia fascicularis (*profa*) vor. Jenseits der letzteren wird eine schwache Einziehung sichtbar, der Sulcus limitans lateralis (*sulila*). Alles, was dorsal von ihr liegt, bezeichnen wir als Pallium (*pa*), den ventral von ihr gelegenen Abschnitt der Hemisphären als Subpallium (*supa*). Medialwärts steigt die Grenze zwischen Pallium und

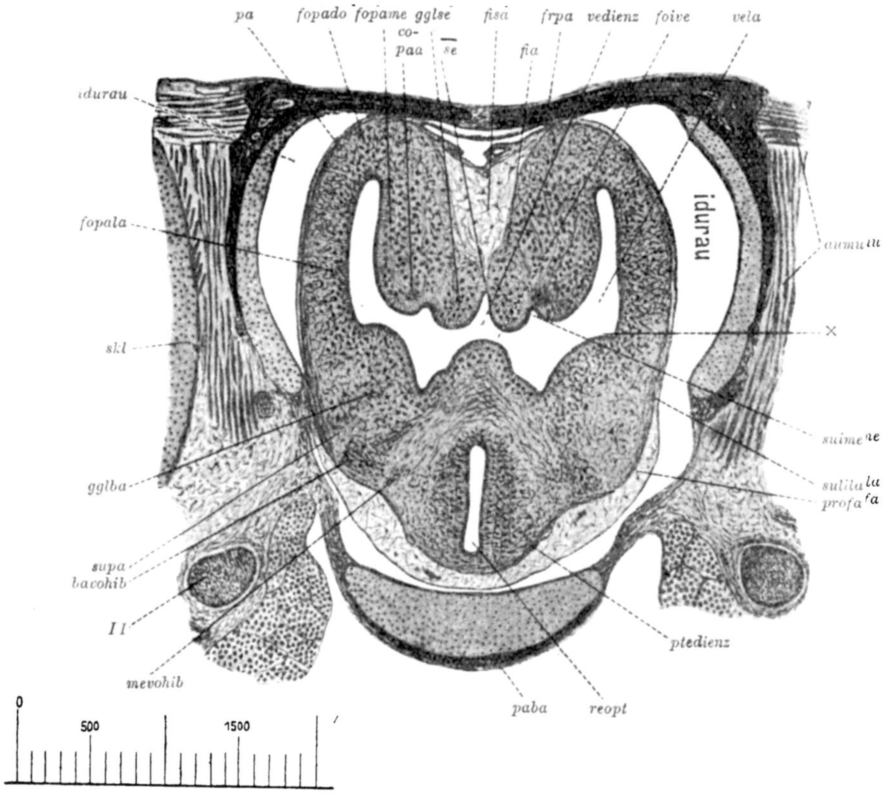

Fig. 249. Frosch. Vorderhirn.

pa Pallium, *fopado* Formatio pallii dorsalis, *fopame* Formatio pallii medialis, *copaa* Commissura pallii anterior, *gglse* Ganglion septi, *se* Septum des Telenzephalons, *fisa* Fissura sagittalis, *fia* Fissura arcuata, *vedienz* Ventrikel des Dienzephalons, *frpa* Frontoparietale, *foive* Foramen interventriculare, *vela* Lateralventrikel, *aumu* Augenmuskeln, × Grenzfurche zwischen Pallium und Subpallium, *suime* Sulcus intermedius, *sulila* Sulcus limitans lateralis, *profa* Prominentia fascicularis, *ptedienz* Pars terminalis des Dienzephalons, *reopt* Recessus praeopticus, *paba* Parabasale, *mevohib* mediales Vorderhirnbündel, *II* N. opticus, *bavohib* basales Vorderhirnbündel, *supa* Subpallium, *gglba* Ganglion basale, *skl* knorplige Sklera, *fopala* Formatio pallii lateralis, *idurau* Intraduralraum.

Subpallium dorsal an zu einer fast rechtwinkligen Furche in der Lateralwand des Seitenventrikels (×).

Die medialen Hemisphärenwandungen stehen ventralwärts durch das Septum telencephali (*se*) miteinander in Verbindung, dorsalwärts weichen sie auseinander und werden durch die tiefe und breite, von dem Gewebe der Pia ausgefüllte Fissura sagittalis (*fisa*) getrennt. Auch hier müssen wir zwischen einem pallialen und einem subpallialen Teil unterscheiden. Die Grenze wird im Ventrikelinneren durch den Sulcus intermedius (*suime*), außen durch die Fissura arcuata (*fia*) bezeichnet.

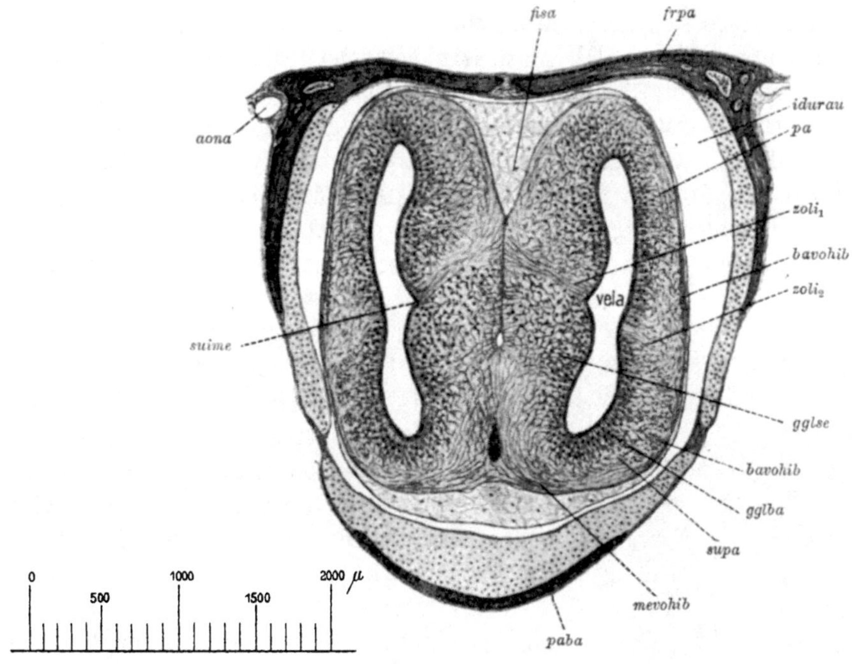

Fig. 250. Frosch. Vorderhirn.

idurau Intraduralraum, *fisa* Fissura sagittalis, *frpa* Frontoparietale, *pa* Pallium, *zoli*$_1$ und *zoli*$_2$ Zonae limitantes, *bavohib* basales Vorderhirnbündel, *gglse* Ganglion septi, *gglba* Ganglion basale, *supa* Subpallium, *mevohib* mediales Vorderhirnbündel, *paba* Parabasale, *suime* Sulcus intermedius, *aona* A. orbitonasalis.

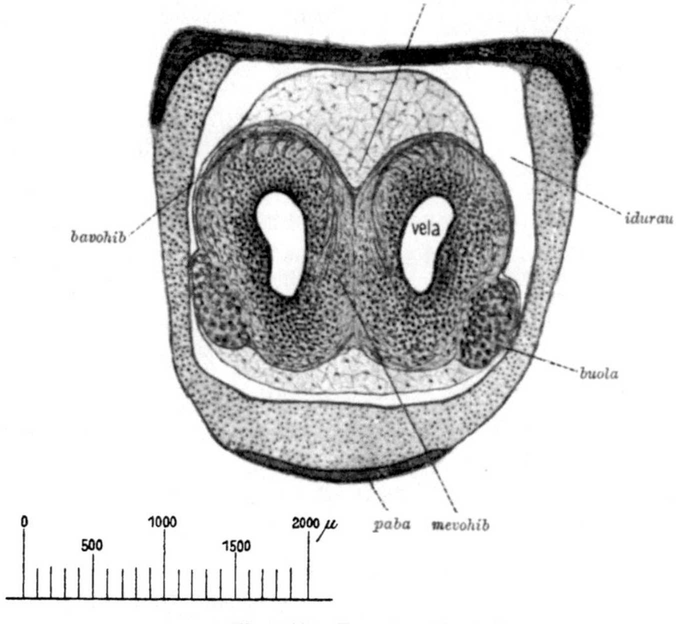

Fig. 251. Frosch. Vorderhirn.

fisa Fissura sagittalis, *frpa* Frontoparietale, *idurau* Intraduralraum, *buola* Bulbus olfactorius accessorius, *mevohib* mediales Vorderhirnbündel, *paba* Parabasale, *bavohib* basales Vorderhirnbündel, *vela* Seitenventrikel.

Im Pallium lassen sich durch ihre Zellanordnung verschiedene Zonen unterscheiden, die Formatio pallii medialis (*fopame*), die Formatio pallii dorsalis (*fopado*) und die Formatio pallii lateralis (*fopala*). Medial und ventral stößt an die erste das zum Subpallium gehörige Ganglion septi (*gglse*) und auf der Grenze beider erscheint der Querschnitt der Commissura pallii anterior (*copaa*). Der an die Formatio pallii lateralis grenzende Teil des Subpalliums springt als starker Wulst in den Ventrikel vor und beherbergt das Ganglion basale (*gglba*). In der Prominentia fascicularis (*profa*) liegt das basale (*bavohib*) und das mediale Vorderhirnbündel (*mevohib*); beide senden ihre Fasermassen zur Kreuzung, Commissura anterior, dorsal und medial über den Recessus praeopticus.

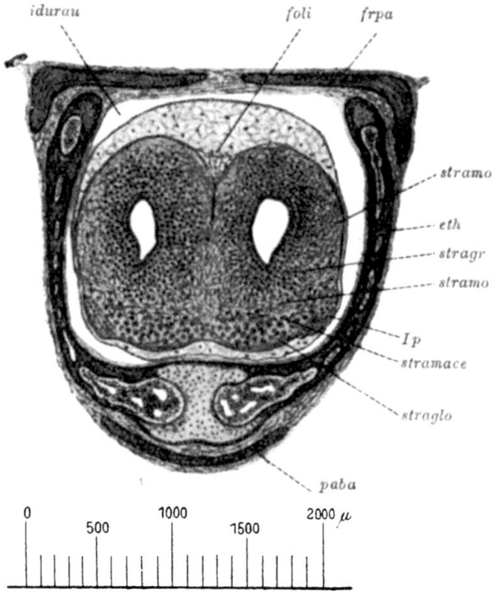

Fig. 252. Frosch. Bulbus olfactorius.
foli Fovea limbica, *frpa* Frontoparietale, *stramo* Stratum moleculare, *eth* Ethmoid, *stragr* Stratum granulosum, *Ip* Radix posterior n. olfactorii, *stramace* Stratum magnocellulare, *straglo* Stratum glomerulosum, *paba* Parabasale, *idurau* Intraduralraum.

Der zweite Schnitt führt durch die Mitte des Vorderhirns und zeigt die Hemisphären auf der Höhe ihrer Entwicklung (Fig. 250). Sie sind im ventralen Drittel ihrer medialen Zirkumferenz verwachsen, im dorsalen Drittel weichen sie auseinander und im mittleren Drittel legen sie sich, durch ein feines Piaseptum getrennt, eng aneinander. Jede Hemisphäre enthält einen Seitenventrikel (*vela*) von ungefähr sichelförmigem Querschnitt. Er springt in die mediale Wand mit dem Sulcus intermedius (*suime*) ein, von dem schräg medial und dorsal eine zellfreie Zone, Zona limitans ($zoli_1$) die mediale Hemisphärenwand durchsetzt. Eine ähnliche Zone ($zoli_2$) erscheint in der lateralen Wand. Die beiden Zonae limitantes grenzen das dorsal gelegene Pallium (*pa*) von dem ventralen Subpallium (*supa*) ab. In dem letzteren springt das Ganglion septi (*gglse*) in den Ventrikel vor; von dem Ganglion basale sind nur noch geringe Reste vorhanden. Die nur noch zum Teil markhaltigen Fasern des basalen Vorderhirnbündels (*bavohib*) rücken immer weiter an der lateralen Hemisphärenwand in die Höhe und schieben sich zum Teil bis ins Pallium hinauf. Ähnlich verhalten sich die ebenfalls zum größten Teil schon marklosen Fasern des medialen Vorderhirnbündels (*mevohib*) an der medialen Hemisphärenwand.

Das rostrale Drittel des Vorderhirns trifft der dritte Schnitt (Fig. 251). Die stark verkleinerten Hemisphären lassen eine Trennung in Pallium und Subpallium nicht mehr erkennen. Der Ventrikel ist gleichmäßig von mehreren Zellagen umgeben. Mediales und basales Vorderhirnbündel (*mevohib* und *bavohib*) gehen an der dorsalen Peripherie kontinuierlich ineinander über und schicken ihre Fasern in kleinen Bündeln in die den Ventrikel umgebende Zellmasse hinein. An den ventralen Abschnitt der lateralen Hemisphärenwand hat sich jederseits ein im

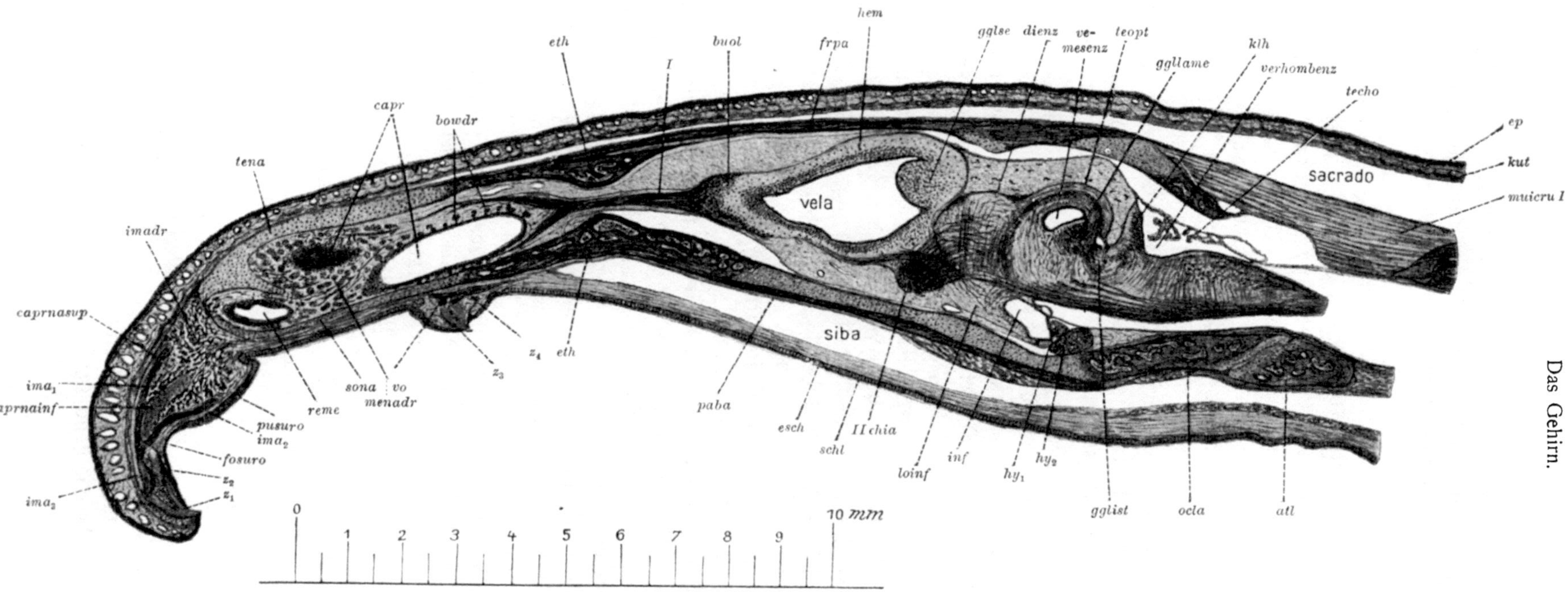

Fig. 253. Frosch. Gehirn. Seitlicher Sagittalschnitt.

ima_3 Intermaxillare (Pars dentalis), *caprnainf* Cartilago praenasalis inferior, *ima_1* Intermaxillare (Pars facialis), *caprnasup* Cartilago praenasalis superior, *imadr* Intermaxillardrüse, *tena* Tectum nasi, *capr* Cavum principale, *bowdr* Bowmansche Drüsen, *eth* Ethmoid, *I* N. olfactorius, *buol* Bulbus olfactorius, *frpa* Frontoparietale, *hem* Hemisphäre des Vorderhirns, *gglse* Ganglion septi, *dienz* Zwischenhirn, *vemesenz* Ventrikel des Mesenzephalons, *teopt* Tectum opticum, *ggllame* Ganglion laterale mesencephali, *klh* Kleinhirn, *verhombenz* Ventrikel des Rhombenzephalons, *techo* Tela chorioidea, *ep* Epidermis, *kut* Kutis, *muicru I* M. intercruralis I, *atl* Atlas, *ocla* Occipitale laterale, *gglist* Ganglion isthmi, *hy_2* Hauptlappen der Hypophyse, *hy_1* Hirn- und Zwischenlappen der Hypophyse, *inf* Infundibulum, *loinf* Lobus infundibuli, *II chia* Chiasma der Sehnerven, *schl* Schleimhaut der Mund- und Rachenhöhle mit Endscheiben (*esch*), *paba* Parabasale, *z_3* Vomerzahn mit Anlage des Ersatzzahnes (z_4), *vo* Vomer, *menadr* mediale Nasendrüse, *sona* Solum nasi, *reme* Recessus medialis, *pusuro* Pulvinar subrostrale, *ima_2* Intermaxillare (Pars palatina), *fosuro* Fossa subrostralis, *z_1* Kieferzahn mit Anlage des Ersatzzahns (z_2), *vela* Seitenventrikel, *siba* Sinus basilaris, *sacrado* Saccus craniodorsalis.

Querschnitt ovaler Körper angelagert, der Bulbus olfactorius accessorius (*buola*). Er besteht, wie schon unsere schwache Vergrößerung deutlich erkennen läßt, aus zahlreichen dicht gedrängt liegenden, rundlichen Körperchen, den Glomeruli olfactorii.

Gehen wir nun noch ein kleines Stück weiter rostral, so gelangen wir in das Gebiet des Bulbus olfactorius (Fig. 252), in den sich der Seitenventrikel noch eine kleine Strecke weit fortsetzt, um dann blind zu enden. Der ventrale Abschnitt eines jeden Bulbus wird eingenommen von der Formatio bulbaris (*fobu*), bestehend aus den Glomeruli olfactorii. Lateralwärts schließt sich der Querschnitt eines marklosen Nervenstammes an, die hintere Olfaktoriuswurzel (*I p*), die wir in unserer Serie in den Bulbus olfactorius accessorius verfolgen können. Auf die Formatio bulbaris folgt dorsalwärts eine Zone großer Zellen, das Stratum magnocellulare (*stramace*), von dem den Ventrikel umgebenden Stratum granulosum (*stragr*) durch ein zellarmes Stratum moleculare (*stramo*) getrennt.

Zur Ergänzung der so gewonnenen Übersicht soll noch ein Schnitt aus unserer Sagittalserie durch den Froschkopf dienen und zwar ein seitlicher Schnitt (Fig. 253). Er zeigt uns den Seitenventrikel (*vela*) nicht in seiner ganzen Länge getroffen. Rostral erstreckt er sich bis in den Bulbus olfactorius (*buol*), kaudal springt in ihn das Ganglion septi (*gglse*) als kugliger Körper vor. Gehen wir in unserer Serie etwas medial, so vermittelt der ventral vom Ganglion gelegene Zipfel des Ventrikels durch das Foramen interventriculare die Verbindung mit dem Ventrikel des Dienzephalons, wärend weiter lateralwärts der dorsale Zipfel als Cornu posterius gegen den Polus occipitalis vordringt.

Von rostral her zieht durch ein Loch im Ethmoid (*eth*) der Riechnerv (I) zum Bulbus olfactorius und tritt in denselben mit seiner Fasermasse ein. Dabei verlaufen die äußeren Bündel noch eine Strecke weit an der Bulbusperipherie entlang, und zwar an der ventralen weiter, als an der dorsalen. Dementsprechend erstreckt sich auch das Stratum glomerulosum ventral weiter kaudal als dorsal.

Bei der Besprechung des feineren Baues des Vorderhirns wollen wir uns auf das Pallium und den Bulbus olfactorius beschränken. Auch hier liefert wieder die vitale Methylenblaufärbung unübertrefflich schöne und klare Bilder. Unsere Fig. 254 stellt ein Stück der Formatio pallii lateralis aus einem transversalen Längsschnitt durch das Vorderhirn dar. Die Innenfläche wird gebildet durch das den Ventrikel auskleidende Ependym (*ep*), eine einfache Schicht Zylinderzellen, deren distales Ende ausläuft in eine lange, vielfach verzweigte und bis zur Peripherie reichende Ependymfaser. Auf das Ependym folgt die breite Zona cellularis (*zoce*) mit zahlreichen übereinander geschichteten Zellagen. Die Form der Zellen zeigt insofern eine gewisse Konstanz, als die tieferen Lagen mehr regelmäßig birnförmige, die oberflächlichen mehr unregelmäßig polyedrische Zellen enthalten. Bei den birnförmigen Zellen geht aus dem distalen verjüngten Zellende gewöhnlich ein dickerer Stammdendrit hervor, der unter fortwährender Verästelung der Peripherie zustrebt. Je unregelmäßiger die Zellen werden, um so mehr Dendriten schicken sie aus, aber alle wenden sich zur Peripherie. Jede Zelle entsendet aus dem proximalen Zellende einen Neurit. Sein weiteres Schicksal ist nicht immer mit Sicherheit zu ermitteln. Vielfach kann man ihn auf weite Strecken zwischen den Zellen kaudalwärts laufend verfolgen. Häufig aber biegt er auch distalwärts ab, dringt zur Peripherie und verliert sich in dem oberflächlichen Fasergewirr.

Der äußere Teil der Hemisphärenwand wird gebildet von der Zona molecularis (*zomo*). Ihren überwiegenden Bestandteil macht ein äußerst dichtes Gewirr feinster, vielfach variköser Fäserchen aus, in dem sich die Dendriten der Zellen der Zona cellularis auflösen. Es ist auch leicht möglich, daß an seiner Bildung sich Neuriten jener Zellen beteiligen, einen Teil derselben kann man aber zweifellos ungeteilt weiter verfolgen. Die Neuriten der Zona cellularis bilden neben den Fasern aus dem Ganglion basale die Hauptmasse des basalen Vorderhirnbündels und ziehen mit ihm zum Zwischenhirn hin. Das mediale Vorderhirnbündel sammelt in ähnlicher Weise die Fasern aus der medialen Hemisphärenwand und dem Ganglion septi und führt sie nach ihrer Kreuzung in der vorderen Kommissur dem Lobus infundibularis zu.

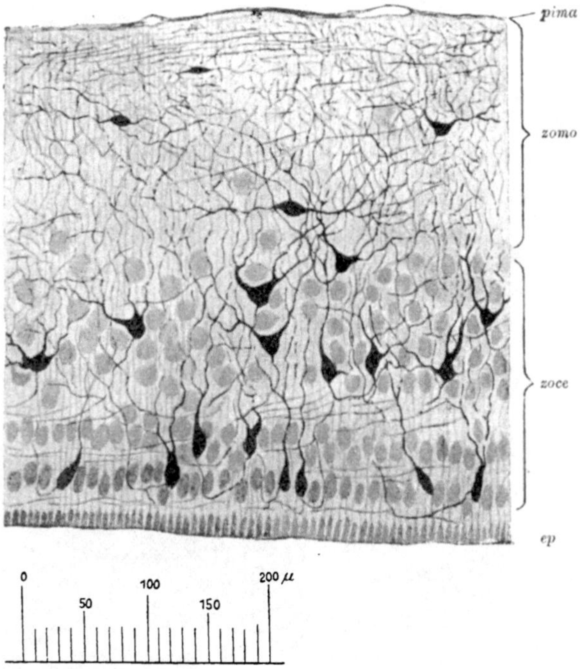

Fig. 254. Frosch. Formatio pallii lateralis. Transversaler Längsschnitt.
ep Ependym, *zoce* Zona cellularis, *zomo* Zona molecularis, *pima* Pia mater.

Außer diesen Fasermassen enthält die Zona molecularis auch noch spärliche Zellen. Sie gleichen zum Teil den oberflächlichen Zellen der Zona cellularis, zum Teil zeigen sie exquisite Spindelform mit parallel zur Gehirnoberfläche stehender Längsachse. Diese Tangentialzellen schicken von jedem Pol einen sich vielfach verästelnden Dendriten aus. Der Neurit entspringt von der distalen Zellfläche und läuft in der oberflächlichsten Schicht der Zona molecularis kaudalwärts.

Die eben beschriebenen Schichten setzen sich auch in den Bulbus olfactorius fort, so daß wir nach außen vom Ventrikel eine zellreiche Innenschicht haben, hier Stratum granulosum genannt, umgeben von einem zellarmen Stratum moleculare. Sie wird wieder umhüllt von der Formatio bulbaris, in die der N. olfactorius eintritt.

Der Riechnerv besteht aus dicken, sekundären Bündeln markloser Nervenfasern, von denen jedes von einer lamellären, bindegewebigen Scheide umhüllt wird. Jedes sekundäre Bündel setzt sich wieder aus zahlreichen primären Bündeln, den Fila olfactoria, zusammen, von denen jedes wieder eine zarte Bindegewebsscheide hat. Ein Querschnitt durch den Nerven lehrt uns dann, daß jedes Filum eine größere Anzahl von Fasern enthält, zwischen denen spärliche Kerne liegen. Jede Faser entspricht einem Achsenzylinder und ist, wie wir früher gesehen haben, der periphere Ausläufer einer Riechzelle der Regio olfactoria der Nasenhöhle. Die Kerne zwischen den Fasern dürften wohl Bindegewebszellen angehören, so daß den Riechnervenfasern weder eine Markscheide, noch eine SCHWANNsche Scheide zukäme.

Am Bulbus olfactorius angekommen, lösen sich die sekundären Bündel mehr und mehr auf, verflechten sich in den zentralen Teilen stark und bilden um das rostrale Ende des Bulbus herum eine kontinuierliche Faserschicht, das Stra-

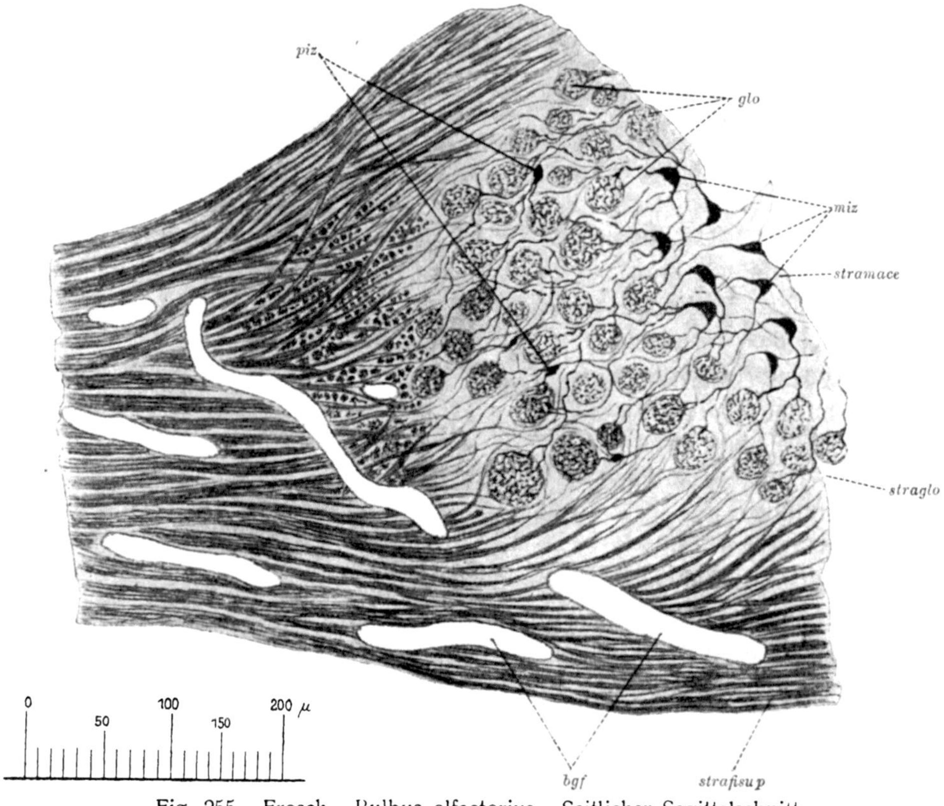

Fig. 255. Frosch. Bulbus olfactorius. Seitlicher Sagittalschnitt.
glo Glomeruli, *miz* Mitralzellen, *piz* Pinselzellen, *stramace* Stratum magnocellulare, *straglo* Stratum glomerulosum, *strafisup* Stratum fibrillare superficiale, *bgf* Blutgefäße.

tum fibrillare superficiale (Fig. 255 *strafisup*). Innen schließt sich an das Stratum glomerulosum (*straglo*), bestehend aus den Glomeruli olfactorii (*glo*), kugligen Körperchen mit einem größten Durchmesser von 50 μ. Zwischen den Glomeruli zerfallen die Fila olfactoria in ihre Fasern und senden immer mehrere der letzteren in einen Glomerulus hinein, wo sie sich zu einem feinen Flechtwerk auflösen. Zwischen den Glomeruli liegen kleine Nervenzellen, die Pinselzellen (*piz*). Von dem meist kugligen Zellkörper gehen mehrere Dendriten aus, jeder dringt in einen Glomerulus ein und verzweigt sich in ihm. Außerdem entsendet jede Pinselzelle einen Neuriten in das Stratum moleculare hinein.

Das Stratum magnocellulare (*stramace*) enthält als charakteristische Elemente die Mitralzellen (*miz*), mittelgroße, dreieckige Zellen. Aus der dem Stratum glomerulosum zugewandten Basis entspringen mehrere starke Dendriten und dringen zunächst zwischen die Glomeruli, dann in sie hinein. Es steht somit jede Mitralzelle stets mit mehreren Glomeruli in Verbindung. Aus der abgerundeten, ventrikelwärts gerichteten Zellspitze geht der Neurit ab und zieht kaudalwärts. Die Neuriten der Mitral- und Pinselzellen stellen zusammen die sekundäre Riechbahn dar. Sie umgeben sich erst in größerer Entfernung von der Ursprungszelle mit Mark und enden in verschiedenen Teilen des Gehirns, vor allem in der Formatio pallii medialis des kaudalen Hemisphärenpols. Ein anderer Teil tritt in das mediale Vorderhirnbündel, kreuzt in der vorderen Kommissur und endet im Lobus infundibularis.

Das Stratum moleculare wird von diesen Fasern durchsetzt und enthält außerdem die Dendritenverzweigungen der Zellen des Stratum granulosum.

c) Die Hüllen des zentralen Nervensystems.

Rückenmark und Gehirn des Frosches sind innerhalb des Wirbelkanals und der Schädelhöhle von besonderen Hüllen umgeben, die eine Pia und Dura mater erkennen lassen. Betrachten wir zuerst die Verhältnisse am Rückenmark, so wird der Wirbelkanal zunächst von einem inneren, dem Knochen fest anliegenden Periost ausgekleidet (Fig. 233 *duma*)$_1$, das man als äußere Duralamelle bezeichnet. Es ist eine dünne, bindegewebige, mit mehr oder weniger zahlreichen Pigmentzellen durchsetzte Membran. Dann folgt nach innen ein weiter Hohlraum (*idurau*), in den die Ausbreitungen des Saccus endolymphaticus (*saendly*) hineinragen. Sie werden von lockerem Bindegewebe umgeben und ruhen auf einer derben fibrösen, als innere Duralamelle (*duma*$_2$) aufgefaßten Membran. Dementsprechend müssen wir den erwähnten Hohlraum als Intraduralraum bezeichnen. Die Pia mater (*pima*) liegt dem Rückenmark stets dicht auf, besteht aus zellreichem, feinfaserigem Bindegewebe mit großen Pigmentzellen und enthält die in die weiße Substanz eindringenden Gefäße. Sie füllt die ventrale Längsfurche aus und dringt von dorsal her auch dem dorsalen Längsseptum ein Stück weit entgegen. Nach außen wird sie durch eine elastische Grenzmenbran abgeschlossen. Zwischen Pia und innerer Durallamelle klafft ein zweiter Hohlraum, der Subduralraum (*sudurau*).

Wenn sich der Zentralkanal zum Ventrikel des Rhombenzephalons öffnet, legt sich das innere Duralblatt der Tela chorioidea des Ventrikels fest an und es verschwindet damit also dorsalwärts der Subduralraum, während er an der Basis und den Seitenflächen des Rhombenzephalons erhalten bleibt.

Da, wo die Tela chorioidea sich an der dorsalen Zirkumferenz des Kleinhirns anheftet (Figg. 238 und 253), trennt sich das innere Duralblatt wieder von der Pia und zwischen beiden breitet sich nun ein außerordentlich feinfädiges Netzwerk verästelter, anastomosierender Zellen aus mit Blutgefäßen und Pigmentzellen. Es fehlt also hier, wie auf der ganzen Dorsalfläche von Mittel-, Zwischen- und Vorderhirn ebenfalls ein Subduralraum (Fig. 246). Man kann dieses Gewebe entweder der Pia zurechnen oder es als besondere Haut als Arachnoidea auffassen. Es schrumpft außerordentlich leicht, ist an Zelloidinschnitten immer viel besser als an Paraffinschnitten erhalten und zeigt häufig große Lücken, die aber wohl auch Schrumpfungsprodukte darstellen dürften. An der Basis des Vorder- und Zwischenhirns liegen die Verhältnisse ganz ebenso und erst im Gebiet des Mittelhirns kommt es wieder zur Ausbildung eines Subduralraums.

d) Das periphere Nervensystem.

Als Typus eines peripheren zerebrospinalen Ganglions wollen wir den Bau eines Spinalganglions etwas näher betrachten. Die Ganglien liegen innerhalb der Foramina intervertebralia und werden umgeben von den Kalksäckchen, die wir ja als Ausläufer des Saccus endolymphaticus kennen gelernt haben (Fig. 233). Man kann sich ein solches Ganglion sehr einfach so zur Untersuchung zugänglich machen, daß man dem dekapitierten Frosch die Bauchhöhle eröffnet und die gesamten Baucheingeweide entfernt. Es liegt dann der mächtige Plexus lumbosacralis frei zutage. Durchschneidet man einen der Nerven und faßt das zentrale Ende mit einer breiten Pinzette, so kann man ihn mit beiden Wurzeln aus dem Zwischenwirbelloch herausziehen. Breitet man das Präparat in einem Tropfen Kochsalzlösung auf dem Objektträger aus, so findet sich an der Vereinigungsstelle beider Wurzeln ein kleines, hellgelbes Knötchen, das Spinalganglion. Durch Zerzupfen lassen sich seine Zellen leicht als durchschnittlich 80—100 μ große, kuglige oder birnförmige Zellen isolieren. Jede Zelle enthält neben dem auf Zusatz von verdünnter Essigsäure hervortretenden, 20—25 μ großen kugligen Kern mit großem Nukleolus feinste hellgelbe und braune Pigmentkörnchen in großer Zahl und ist umgeben von einer bindegewebigen Kapsel, deren Innenfläche spärliche Amphizyten anliegen. Der Zellausläufer ist an solchen Isolationspräparaten nur sehr selten zu erkennen, da er sehr leicht abreißt.

Sehr demonstrative Präparate des Ganglienbaues liefert uns die vitale Methylenblaufärbung. Man injiziere in bekannter Weise (S. 487) vom Bulbus cordis 3—5 ccm einer 0,25—0,5%igen Methylenblaulösung. Eine halbe Stunde später werden die Ganglien ganz wie vorher entfernt und auf einem Objektträger in der feuchten Kammer 1—2 Stunden der Luft ausgesetzt, fixiert, ausgewaschen, entwässert und durch Xylol in Paraffin eingebettet. Man schneidet Ganglion und Nerv längs.

Die Ganglienzellen umgeben einmal die Dorsalwurzel des Spinalnerven mantelförmig und finden sich dann in Form von Nestern im Innern der Wurzel zwischen den Faserbündeln (Fig. 256). Jede der großen Zellen (*z*) entsendet einen einzigen Ausläufer (*zf*), der in vielen Windungen das Ganglion durchsetzt und in die Wurzel eintritt. Auf diesem Wege umgibt er sich stets mit einer Markscheide. In der Wurzel angelangt, teilt er sich T-förmig (×). Der eine Ast tritt durch die Dorsalwurzel in das Rückenmark, der andere wird zu einer peripheren, sensiblen Nervenfaser. Zwischen den großen Zellen liegen immer auch viele kleinere Zellen. Wahrscheinlich handelt es sich hier um junge Ersatzzellen.

Durchmustern wir den Spinalnerven mit stärkerer Vergrößerung, so treffen wir zwischen den markhaltigen Fasern auch viele marklose, die ihm durch den Ramus communicans vom sympathischen Grenzstrang her zugeführt werden. Wir können sie, da sie oft recht intensiv gefärbt sind, in unseren dicken Schnitten mühelos auch in das Ganglion hinein verfolgen (*syf*). Ihr weiteres Verhalten hier wird vor allem da deutlich, wo die Spinalganglienzellen selbst nur ganz blaß gefärbt sind. Solchen Zellen liegt dann vielfach innerhalb der Kapsel ein Geflecht an, in welches die Faser eintritt (*egfl*). Zweifellos kommen aber solche sympathische Endgeflechte nicht allen Spinalganglienzellen zu. Ihrer Herkunft nach sind die Fasern wohl als sensible Fasern der Eingeweide aufzufassen.

Auch von den sympathischen Ganglien liefert uns die gleiche Methylenblauinjektion sehr instruktive Bilder. Wir präparieren nach Entfernung der Eingeweide die sympathischen Grenzstränge in Verbindung mit der Aorta abdominalis heraus, indem wir die Rami communicantes beiderseits durchschneiden, breiten das Präparat auf dem

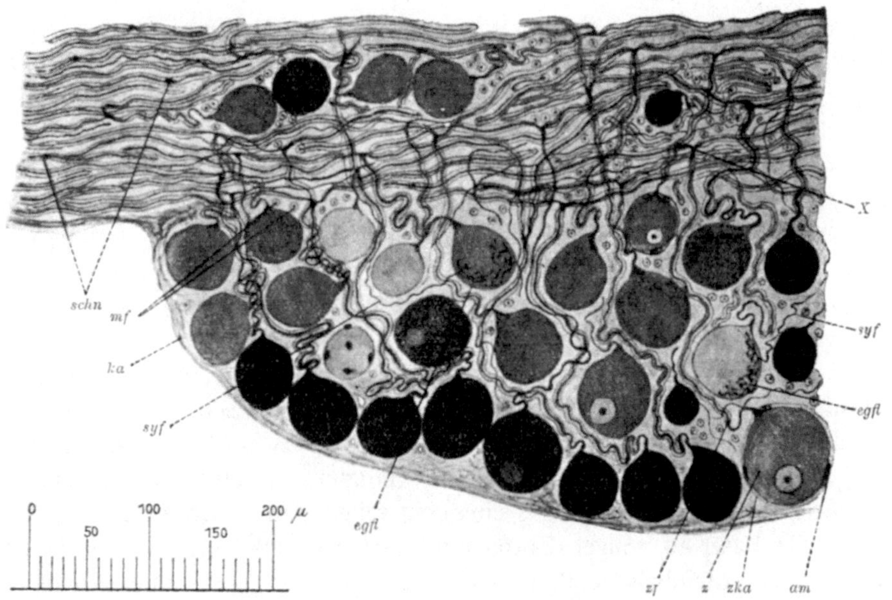

Fig. 256. Frosch. Spinalganglion.
z Spinalganglienzelle, *zka* Zellkapsel, *am* Amphizytenkern, *zf* Zellfortsatz mit dem Anfang der Markscheide, *X* T-förmige Teilung des Zellfortsatzes, *syf* sympathische Faser, *egfl* deren perizelluläres Endgeflecht, *ka* bindegewebige Kapsel des Ganglions, *mf* Querschnitte markhaltiger Fasern, *schn* Schnürringe an den markhaltigen Fasern der hinteren Wurzel.

Objektträger aus und fixieren es nach eingetretener Färbung, die sehr gut unter dem Mikoskrop verfolgt werden kann, in bekannter Weise. Man fertigt auch hier dicke Paraffinschnitte längs zum Nervenverlauf an.

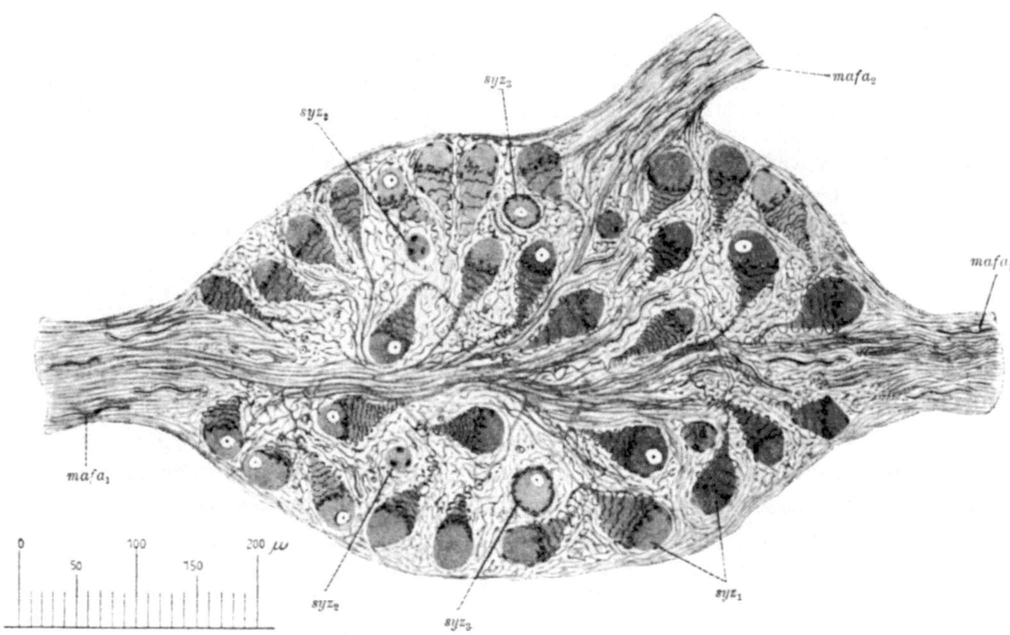

Fig. 257. Frosch. Kleines Ganglion aus der Pars abdominalis des Sympathikus.
trsy Grenzstrang, *raco* Ramus communicans, syz_1 sympathische Zellen längsgetroffen mit Nervenfortsatz und Spiralfaser, syz_2 abgeschnittene Kuppe einer solchen Zelle mit gefärbten Amphizytenkernen, syz_3 sympathische Zellen quergetroffen, $mafa_1$ markhaltige Nervenfaser, $mafa_2$ eine solche sich in eine Spiralfaser fortsetzende Markfaser.

Die kleinen Ganglien des Grenzstranges (Fig. 257) sind von einer derben, bindegewebigen Kapsel umgeben, in der zahlreiche Pigmentzellen sich ausbreiten. Im Innern liegen die Zellen ganz regellos zwischen den Nervenfasern. Sie sind immer birnförmig gestaltet (*syz*$_1$) und erreichen einen größten Durchmesser von 50—60 μ. Der bläschenförmige Kern liegt in der Nähe des stumpfen Zellpols. Die Zellen besitzen eine Kapsel, wie die Spinalganglienzellen und sind wie diese stets unipolar. Der Ausläufer ist aber in unseren Präparaten nur schwer zu erkennen, da er einmal meist sich nur recht blaß färbt und zweitens stark verdeckt wird durch die immer tief blau gefärbte Spiralfaser. Dieses für die sympathische Nervenzelle des Frosches außerordentlich charakteristische Gebilde umgibt den Zellfortsatz in zahlreichen Spiraltouren und bildet um den Zellkörper ein kranzartiges, mit vielen Varikositäten besetztes Endgeflecht, aus dem der runde Zellpol frei hervorsieht. Über die Herkunft der Spiralfaser ist nur schwer etwas Sicheres zu ermitteln. Wir können sie vielfach durch das ganze Ganglion verfolgen und als marklose Faser in den Truncus sympathicus eintreten sehen. In anderen Fällen aber umgibt sich die Faser in einiger Entfernung von der Zelle mit einer Markscheide (*mafa*$_2$). Wahrscheinlich handelt es sich da um Fasern, die dem Rückenmark entstammen. Sie sollen die Neuriten von Ventralhornzellen sein und durch die Ventral- oder auch die Dorsalwurzel und den Ramus communicans dem Ganglion zugeführt werden. Der Ausläufer der sympathischen Nervenzelle selbst verläßt das Ganglion, um entweder mit dem Spinalnerven zu den Drüsen der Haut oder zu den Blutgefäßen zu gelangen oder er gelangt als Faser eines sympathischen Nerven zu den in der Wand der Eingeweide gelegenen sympathischen Ganglien. Hier umspinnt er die sympathischen Zellen, deren Ausläufer dann wieder die motorischen Fasern für die Eingeweidemuskulatur und die sekretorischen für die Drüsen liefern.

Den Bau eines peripherischen Nerven wollen wir an einem Querschnitt durch den N. ischiadicus untersuchen. Man fertigt am besten Querschnitte durch den ganzen Oberschenkel des durch Injektion mit Bouinscher Flüssigkeit fixierten Tieres an (S. 457). Solche mit Eisenhämatoxylin oder Biondilösung gefärbte Schnitte geben auch noch in manch anderer Beziehung instruktive Bilder (Haut, Muskulatur, Blutgefäße).

Wir finden den Nerven zwischen den Querschnitten der Mm. adductor magnus, iliofibularis und semimembranosus, in Begleitung der gleichnamigen Arterie (Fig. 258). Äußerlich wird er umhüllt von der aus mehreren Blättern bestehenden Perineuralscheide (*peneursch*). Zwischen den Blättern finden sich ziemlich zahlreiche verästelte Bindegewebszellen. Der ganze Querschnitt wird von den gleichmäßig dicht liegenden, markhaltigen Nervenfasern (*mafa*) eingenommen, deren Dicke zwischen 2 und 13 μ schwankt. Außer den markhaltigen Nervenfasern treffen wir überall zerstreute, häufig zu kleinen Gruppen zusammenliegende marklose Fasern (*syfa*). Zwischen den Nervenfasern liegen sehr spärliche Bindegewebsfasern. Blutgefäße fehlen im Innern des Nerven.

Der N. ischiadicus bildet bekanntlich ein Lieblingsobjekt für die Untersuchung des Baues der peripheren Nervenfaser. Man findet ihn, wenn man bei dem auf dem Bauche liegenden Tier zunächst die Haut des Oberschenkels und dann die Oberschenkelfaszie gespalten hat, zwischen dem breiten M. semimembranosus und dem schlanken M. iliofibularis. In der Tiefe liegt dann der Nerv auf dem M. adductor magnus unter der A. ischiadica. Man kann ihn in situ durch Auftropfen von 2%iger Osmiumsäure fixieren oder man färbt den herausgeschnittenen Nerven ohne vorherige Fixation in Hämalaun oder Biondilösung, zerzupft in Leitungswasser bzw. in schwach mit Essigsäure angesäuertem Wasser und schließt in Lävulose ein.

Von den Endigungen der peripherischen Nerven wollen wir zunächst die der Hautnerven besprechen. Sie lassen sich sehr gut durch Injektion einer 0,5%igen Methylenblaulösung färben. Breiten wir ein Stück der Rückenhaut,

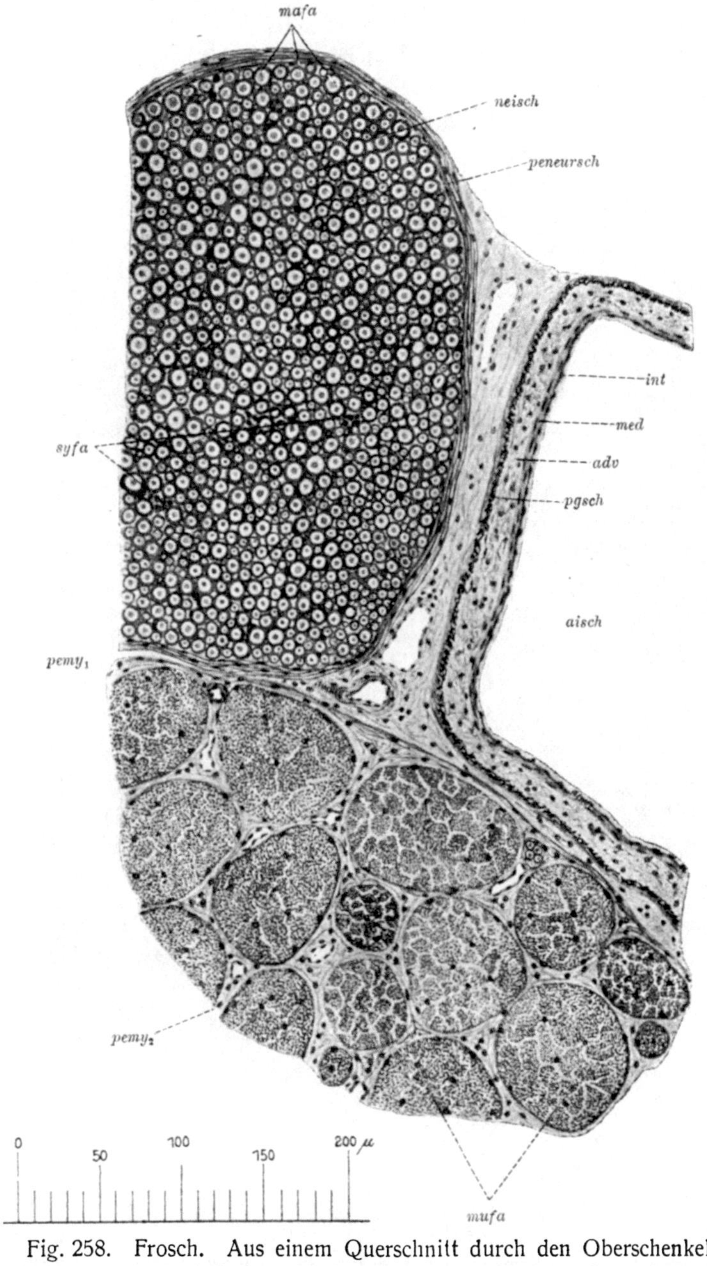

Fig. 258. Frosch. Aus einem Querschnitt durch den Oberschenkel.
neisch N. ischiadicus, *peneursch* Perineuralscheide, *mafa* markhaltige Nervenfasern, *syfa* marklose Nervenfasern, *aisch* A. ischiadica, *int* Intima, *med* Media, *adv* Adventitia, *mufa* Muskelfasern des M. ileofibularis, $pemy_1$ Perimysium externum, $pemy_2$ Perimysium internum, *pgsch* Pigmentscheide.

Epidermis nach unten, auf dem Objektträger aus, so erscheint bei hoher Einstellung ein im subkutanen Gewebe gelegener weitmaschiger tiefer Nervenplexus. Aus ihm dringen zahlreiche feine Faserbündel, meist in etwas schraubigem Verlauf, teils durch die Trichter der Kutis, teils zwischen ihnen in die lockere Kutis und bilden hier einen zweiten oberflächlichen Nervenplexus, aus dem dann die Fasern für die Epidermis und die Hautdrüsen hervorgehen. Die letzteren bilden Geflechte um die Drüsenkörper, die ersteren verzweigen sich vielfach und endigen frei zwischen den Epidermiszellen. Dicke Paraffinschnitte durch die vital gebläute Haut zeigen diese Verhältnisse sehr gut.

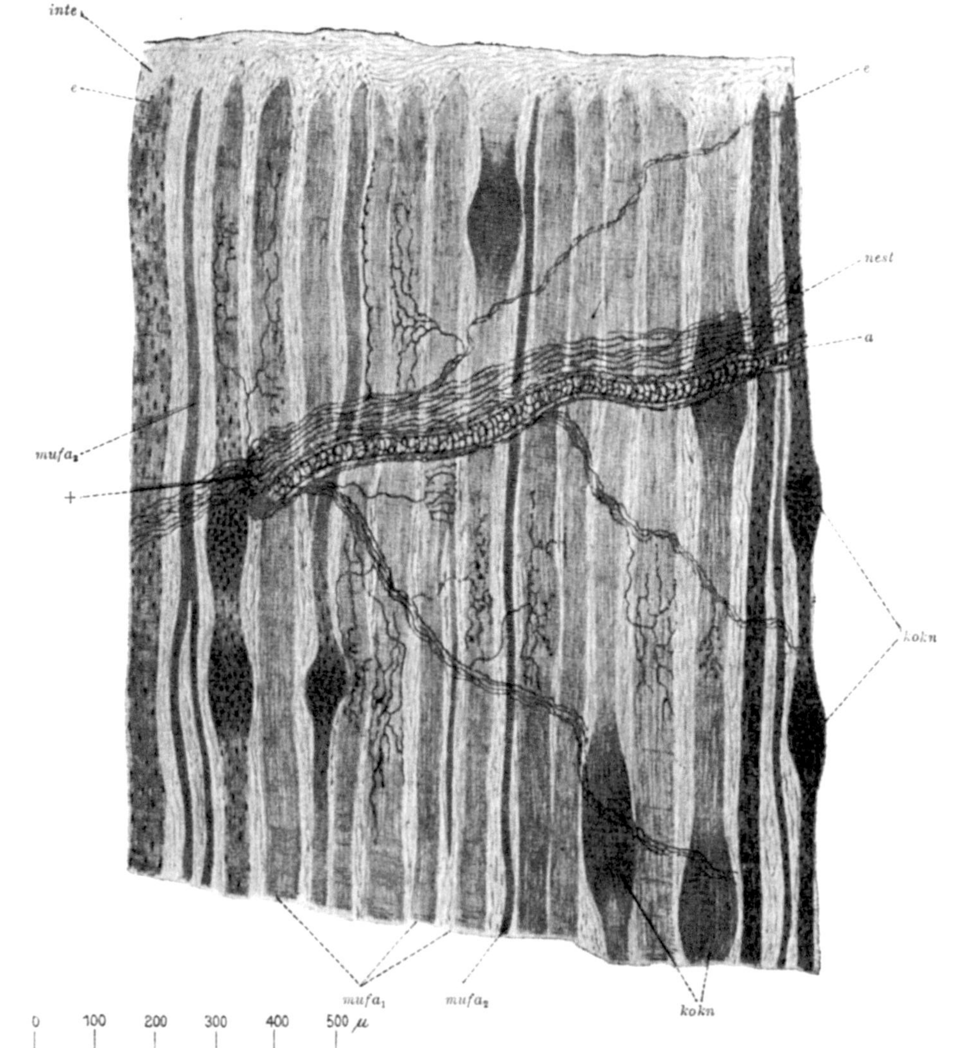

Fig. 259. Frosch. Nervenendigung im M. rectus abdominis.
mufa$_1$ dicke Muskelfasern, *mufa*$_2$ dünne Muskelfaser, *mufa*$_3$ dünne, sich spaltende Muskelfaser, *e* zugespitztes Ende der Muskelfaser, *inte* Inscriptiones tendineae, *kokn* Kontraktionsknoten, *a* kleine Arterie mit gefärbten Muskelfasern und Nervennetz, *nest* Nervenstämmchen, welches bei + aus der Tiefe zwischen den Muskelfasern hervortritt.

Für die Untersuchung der Verbreitung und Endigung der Nervenfasern in den Muskeln bietet der Frosch ein äußerst dankbares Objekt. Wir wählen natürlich möglichst dünne, flächenhaft sich ausbreitende Muskeln. Von solchen gibt der am Mundboden gelegene M. submaxillaris die elegantesten Bilder. Einfacher gestaltet sich die Untersuchung der Bauchmuskeln, an die wir uns deshalb hier halten wollen. Eine halbe Stunde nach Injektion von 5 ccm 0,5$^0/_0$iger Methylenblaulösung in dem Bulbus cordis wird die Bauchhaut abgetragen, der M. rectus abdominis herausgeschnitten und auf einer passend gefensterten Wachsplatte kräftig ausgespannt. Die Färbung erfolgt gewöhnlich schon recht bald. Dann wird das Präparat auf der Platte fixiert, gewaschen und entwässert und die letztere erst im absoluten Alkohol entfernt. Das Deckglas des in toto in Balsam eingeschlossenen Präparats muß mehrere Tage lang mit Bleikugeln tüchtig beschwert werden.

Von der Ventralfläche aus betrachtet, sehen wir (Fig. 259), wie hier und da zwischen den gerade zwischen den Inscriptiones tendineae (*inte*) ausgespannten Muskelfasern (*mufa*) die Nervenstämmchen (*nest*) aus der Tiefe hervordringen, um dann in schrägem Verlauf die Muskelfasern zu überqueren. In ihrer Begleitung findet sich eine kleine Arterie (*a*), deren Ringmuskeln oft in großer Vollständigkeit gefärbt erscheinen. Sie wird umgeben von einem Plexus sympathischer Fäserchen, von dem Zweige zu den Ringmuskeln sich verfolgen lassen, um an den Muskelzellen mit einem einfachen Knötchen zu enden.

Das Nervenstämmchen gibt auf seinem Verlauf fortwährend Seitenzweige und auch einzelne Fasern ab, die an den Muskelfasern ihr Ende finden. Die Art dieser Endigung ist außerordentlich variabel. Im einfachsten Fall legt sich die Nervenfaser der Muskelfaser auf eine längere Strecke nur dicht an. Sie wird dabei stark varikös und verliert ihre Markscheide. Die Nervenfaser kann dabei mehr oder weniger starke Schlängelung zeigen und kann auch die Muskelfaser in unregelmäßigen Spiraltouren umwinden. Sie kann schließlich auf ihrem Wege auch zahlreiche mit Varikositäten besetzte und an derselben Muskelfaser endigende Seitenzweige abgeben. Häufig trifft man bukettartige Bildungen. Die Faser verliert, an der Muskelfaser angekommen, ihre Markscheide und zerfällt nach Art einer Trugdolde, deren einzelne Zweige stark mit Varikositäten besetzt sind und in Knöpfchen enden. Sehr gewöhnlich ist dann das sog. KÜHNEsche Endbüschel. Die Nervenfaser zerfällt nach Verlust ihrer Markscheide in mehrere kurze primäre Äste, von denen sich jeder T-förmig in zwei parallel zur Muskelfaser verlaufende, sekundäre Äste gabelt. Schließlich können die primären marklosen Äste sich wieder netzförmig verbinden. Mit dieser Aufzählung ist die Vielgestaltigkeit der Endigungen bei weitem noch nicht erschöpft. Welche der Endigungen motorisch, welche sensibel sind, ist nicht zu ermitteln.

6. Die Muskulatur.

Zur Untersuchung des Muskelbaues soll uns ein Querschnitt durch den Oberschenkel des Frosches dienen (S. 529). Jeder der hier im Querschnitt getroffenen Muskeln wird umhüllt von einer bindegewebigen, von zahlreichen elastischen Fasern durchsetzten Membran, dem Perimysium externum (Fig. 258, $pemy_1$). Zwischen den Muskeln breiten sich die tiefen Lymphsäcke des Oberschenkels aus und kommunizieren mit dem großen oberflächlichen Lymphsack zwischen Haut und Muskulatur, dem Saccus femoralis. Vom Perimysium externum aus dringen zahlreiche, längsgestellte Septen in die Masse eines jeden Muskels ein und sondern sie in mehrere grobe, sekundäre Bündel, die in gleicher Weise wieder in dünnere primäre Bündel zerlegt werden. In den kleineren Muskeln ist die Anordnung insofern eine einfachere, als hier der ganze Muskel ein primäres Bündel darstellt. Die Elemente des letzteren sind die Muskelfasern. Die Gesamtheit des intramuskulären Bindegewebes wird als Perimysium internum (*pemy*$_2$) bezeichnet. Sein Gehalt an elastischen Fasern nimmt von außen nach innen kontinuierlich ab.

Auf dem Querschnitt erscheinen die die primären Bündel zusammensetzenden Muskelfasern (*mufa*) als Polygone von außerordentlich wechselndem Durchmesser, 50—200 μ und mehr. Die Faser wird nach außen durch eine scharfe Kontur, das Sarkolemm, abgeschlossen und enthält in ihrem Innern die Querschnitte der Myofibrillen, deren gesamte Masse in unregelmäßiger Weise in kleinere und größere Felder zerklüftet erscheint. Ferner enthält jeder Faserquerschnitt noch zahlreiche Kerne von rundlichem Querschnitt. Sie liegen zum größeren Teil unmittelbar unter dem Sarkolemm, zum kleineren Teil allenthalben zwischen den Myofibrillen.

Von Wichtigkeit ist nun festzustellen, inwieweit dieses Querschnittsbild der fixierten Faser mit dem der frischen Faser übereinstimmt. Zu diesem Zweck entnehmen wir einem Oberschenkelmuskel des eben getöteten Tieres ein mehrere Millimeter langes Muskelstreifchen, bringen es mit der Perimysiumseite nach unten auf den Objektträger und zerhacken es quer zur Faserrichtung tüchtig mit dem Rasiermesser. Das ohne jeden Zusatz aufgelegte Deckglas wird unter leichter Kompression mit KRÖNIGschem Lack umrandet. Man hat dann an vielen Stellen gute Querschnittsbilder der Muskelfasern und in ihnen erscheinen mehr oder weniger zahlreiche feine Körnchen, die interstitiellen Körner. Im übrigen erscheint aber der Querschnitt homogen. Setzen wir dem Präparat einige Tropfen 50%iger Essigsäure zu, so ändert sich das Bild und der Faserquerschnitt wird nun durchzogen von einem äußerst regelmäßigen, polygonalen Netzwerk, in dessen Knotenpunkten die interstitiellen Körner liegen. Diese Zeichnung ist unter dem Namen der COHNHEIMschen Felderung bekannt und unter günstigen Bedingungen auch schon ohne jedes Reagens zu erkennen. Das Netzwerk selbst geht kontinuierlich in die äußere Kontur, das Sarkolemm, über und stellt das Sarkoplasma dar, die Netzmaschen werden eingenommen von den Muskelsäulchen, die ihrerseits wieder sich aus den ohne jede Zwischensubstanz nebeneinanderliegenden Myofibrillen zusammensetzen. In dem fixierten Präparat ist von einer COHNHEIMschen Felderung keine Rede mehr, das Sarkoplasma ist hier gequollen und zerstört und die Masse der Myofibrillen erscheint in ganz unregelmäßiger Weise zerklüftet.

Natürlich bietet unser frisches Präparat neben den Querschnittsbildern auch überall die Längsansicht der Muskelfasern. Auch hier treten die interstitiellen Körner, in Längsreihen angeordnet, zwischen den Muskelsäulchen hervor, die ihrerseits die bekannte Querstreifung zeigen.

Die Muskelfasern laufen wahrscheinlich durch die ganze Länge eines jeden Muskels hindurch. Über Anfang und Ende einer solchen Faser orientiert uns sehr gut unser Methylenblaupräparat vom M. rectus abdominis (Fig. 259). Jede Muskelfaser erweist sich am Anfang und Ende (*e*) zugespitzt. An diesem, natürlich auch vom Sarkolemm überzogenem Ende setzen dann die Sehnenfasern an, hier durch die Inscriptiones tendineae (*inte*) dargestellt. Dieses Präparat läßt ferner an zahlreichen Fasern knotenartige Verdickungen (*kokn*) erkennen, die Kontraktionsknoten; sie zeigen uns, wie die Muskelfaser bei der Kontraktion sich verdickt und verkürzt.

Man kann diesen Kontraktionsvorgang auch am lebenden Tier in folgender

Weise direkt beobachten. Das Tier wird durch subkutane Injektion von 0,5—1 ccm einer 10%igen Lösung von Urethan narkotisiert. Zunächst muß die Schnauzenspitze entfernt werden durch zwei Scherenschnitte, welche direkt vor dem Bulbus verlaufen und sich in der Mittellinie ungefähr rechtwinklig treffen. Die nun bloßliegende Zunge wird mit einer Hakenpinzette gefaßt, die Mundhöhlenschleimhaut am Unterkieferrand abgelöst und mit der Zunge zusammen in die Rachenhöhle zurückgeschoben. Wird dann noch die Haut des Unterkiefers in gleicher Weise abgelöst, so hat man den dünnen, plattenförmigen M. submaxillaris frei zur Beobachtung vor sich liegen. Man befestigt das Tier, Bauch nach unten, auf einer entsprechend großen Wachsplatte, schneidet unter dem Unterkiefer ein Fenster in die erstere und bringt das Ganze unter das Mikroskop. Wird das Fenster auf die Objekttischöffnung eingestellt, so kann man dann noch mit stärkeren Objektiven (evtl. Wasserimmersion) die in dünner Schicht ausgebreiteten, zwischen beiden Unterkieferhälften zu einer medianen, bindegewebigen Raphe verlaufenden Muskelfasern studieren und evtl. durch faradische Reizung zur Kontraktion veranlassen. Die Blutzirkulation ist dabei vollkommen intakt, so daß das Präparat auch gleichzeitig zu ihrer Beobachtung erwünschte Gelegenheit bietet.

7. Die Stützsubstanzen.

Das Skelett des Frosches setzt sich zusammen aus Hyalinknorpel, Kalkknorpel und Knochen. Eine gute Übersicht über den Bau dieser drei Komponenten bietet uns der Oberschenkelknochen. Am mazerierten Femur läßt sich die röhrenförmige Diaphyse leicht von den Epiphysen lösen. Beide unterscheiden sich wesentlich in ihrem Aussehen. Die Diaphyse ist gelblich, die Epiphysen sind weißlich, gipsartig, die erstere besteht aus Knochen, die letzteren aus Kalk- und Hyalinknorpel. Ein Längsschnitt durch das rostrale Ende des in BOUINscher Flüssigkeit fixierten und in Salpetersäure entkalkten Femurs wird in Biondilösung gefärbt und läßt dann schon makroskopsich das gegenseitige Verhalten von Knorpel und Knochen erkennen. Die intensiv grün gefärbte knorplige Epiphyse sitzt nicht einfach mützenförmig der rot gefärbten knöchernen Diaphyse auf, sondern die letztere ist etwa wie ein Korkbohrer in den Korken in erstere eingesenkt, so daß sie außen vom Knorpel weiter überzogen wird, als innen.

Wenden wir uns zunächst dem Knochen der Diaphyse zu (Fig. 260 *kn*), so setzt sich derselbe aus konzentrischen, zylindermantelartigen Lamellen zusammen, die ihrerseits wieder aus durch eine verkalkte Kittsubstanz verbundenen Bündeln von Bindegewebsfasern bestehen. Zwischen diesen Grundsubstanzlamellen sind kleine Hohlräume, die Knochenhöhlen, ausgespart, in denen je eine mit mehreren kurzen Fortsätzen versehene Zelle, die Knochenzelle, liegt. Durch diesen Zellgehalt unterscheidet sich der Amphibienknochen und der Knochen aller höheren Wirbeltiere wesentlich von dem Knochen der Fische.

Von den Knochenhöhlen gibt unser Schnitt aber nur ein höchst unvollkommenes Bild, ihre wahre Gestalt kommt erst zum Vorschein nach Behandlung eines Schnittes nach der SCHMORLschen Methode. Dazu bedarf es einmal einer Farblösung, die wir so herstellen, daß wir 10 ccm einer gesättigten Lösung von Thionin in 50%igem Alkohol mit 100 ccm 1%igem Karbolwasser vermischen und ferner einer heiß gesättigten und nach dem Erkalten filtrierten, wäßrigen Pikrinsäurelösung. Wir färben den Schnitt 10—20 Minuten in der Thioninlösung, waschen ihn kurz in Wasser aus und übertragen ihn für 1 Minute in die Pikrinsäure. Dann wird entwässert, in Karbolxylol aufgehellt und durch Xylol in Balsam eingeschlossen.

Die Knochengrundsubstanz ist gelbgrün gefärbt und von ihr heben sich prächtig die tiefrot gefärbten Knochenhöhlen als längliche, beiderseits spitz auslaufende Spalten ab (Fig. 261 *knh*). Sie schicken allseitig durch die Lamellen

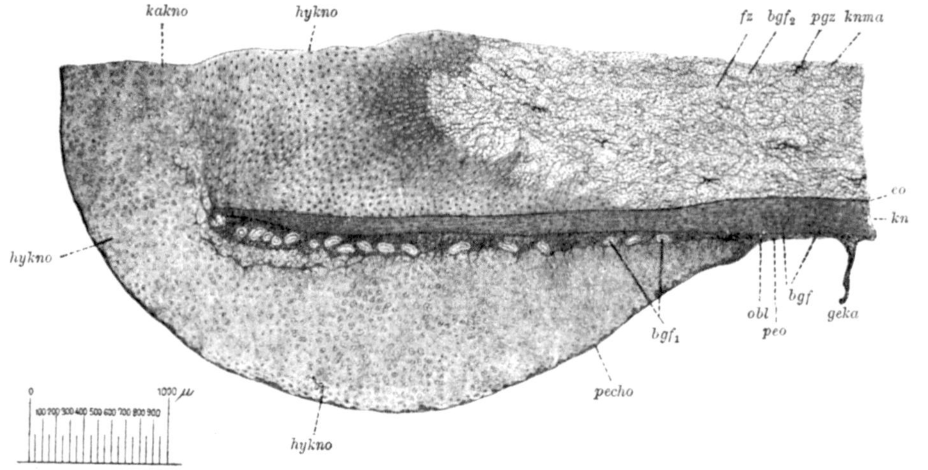

Fig. 260. Frosch. Längsschnitt durch den Oberschenkelkopf.
pecho Perichondrium, bgf_1 Blutgefäße im äußeren Periost (*peo*), *obl* Osteoblastenschicht des letzteren, *bgf* in den Knochen eintretende Blutgefäße, *geka* Gelenkkapsel, *kn* Knochen der Diaphyse, *eo* inneres Periost (Endost), *knma* Knochenmark mit Pigmentzellen (*pgz*), Fettzellen (*fz*) und Bluträumen (bgf_2), *hykno* Hyalinknorpel der Epiphyse, *kakno* Kalkknorpel der Epiphyse.

der Grundsubstanz zahllose, leicht geschlängelte Kanälchen, die Knochenröhrchen. Die Kanälchen benachbarter Höhlen anastomosieren miteinander, so daß ein die ganze Knochensubstanz durchsetzendes Kanalsystem entsteht.

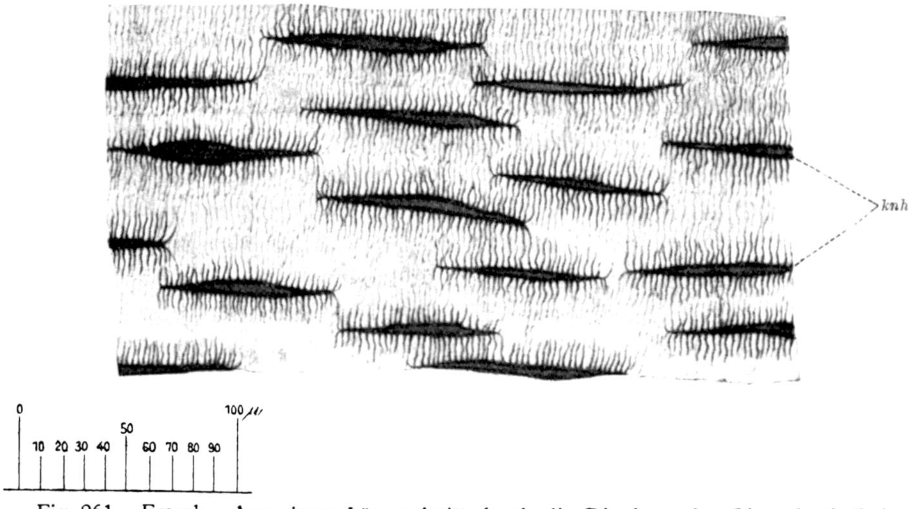

Fig. 261. Frosch. Aus einem Längsschnitt durch die Diaphyse des Oberschenkelbeins. *knh* Knochenhöhlen mit den von ihnen ausgehenden Knochenröhrchen.

In die Knochensubstanz dringen überall da, wo der Knochen eine etwas größere Dicke erreicht, Blutgefäße, sowohl von innen, vom Markraum, als von außen, vom Periost her ein (Fig. 260 *bgf*). Die Kanäle der Grundsubstanz, in denen sie liegen, die HAVERSschen Kanäle, verlaufen im Femur sämtlich längs und zeigen hier und da auch Queranastomosen. Sie sind wieder konzentrisch von mehreren Grundsubstanzlamellen umhüllt, den Speziallamellen, die sich auf Querschnitten deutlich von den übrigen Lamellen, den Grundlamellen, abheben.

Außen wird der Knochen von dem Periost (*peo*), einem zellreichen, blutgefäßführenden Bindegewebe mit zahlreichen elastischen Fasern umhüllt. Direkt auf der äußersten Knochenlamelle ordnen sich die Zellen epithelartig zur Osteoblastenschicht (*obl*), von der das appositionelle Wachstum des Knochens ausgeht. Da, wo die knorplige Epiphyse beginnt, schiebt sich das Periost unter beträchtlicher Verdickung zwischen äußere Knochenperipherie und Knorpel ein. Es treten dabei in ihm große Blutgefäße (bgf_1), umgeben von weiten Lymphscheiden auf. Die Bindegewebsbündel ordnen sich schräg zur Längsrichtung des Knochens an und treten einerseits als perforierende Bündel in die Knochengrundsubstanz, andererseits in die Knorpelgrundsubstanz ein. Durch diese Einrichtung wird natürlich eine äußerst feste Verbindung zwischen Diaphyse und Epiphyse geschaffen.

Auch an seiner inneren Oberfläche ist der Knochenzylinder von einer dünnen Bindegewebsschicht, dem Endost (*eo*), bedeckt. Es schiebt sich ebenfalls zwischen Knochen und Knorpel entlang und vereinigt sich an dem zugeschärften Ende des Knochenzylinders mit dem Periost.

Der Binnenraum der Diaphyse wird ausgefüllt von dem Knochenmark (*knma*). Seinen Grundstock bildet ein von dem Endost ausgehendes, ziemlich dichtes Flechtwerk kollagener Fasern, durchsetzt von einem System anastomosierender Bluträume (bgf_2), dessen zuführende Gefäße von außen in den Knochen eintreten. Der übrig bleibende Raum wird ausgefüllt von Fettzellen (*fz*) und spärlichen Pigmentzellen (*pgz*). Der Gehalt des Knochenmarks an Fett schwankt je nach der Jahreszeit. Er ist im Winter, wie unser Präparat zeigt, am größten, nimmt im Frühjahr allmählich ab und erreicht im Sommer sein Minimum. Dieser Wechsel hängt zusammen mit der Erneuerung der körperlichen Elemente des Blutes, der beim Frosch im Sommer stattfindet und dessen Herd das Knochenmark bildet.

Der Knorpel der Epiphyse ist ein Hyalinknorpel (*hykno*), dessen Grundsubstanz im Biondipräparat tief blaugrün gefärbt ist. Sie enthält zahlreiche Knorpelhöhlen mit je einer oder zwei Knorpelzellen. In der die Diaphyse außen umfassenden Knorpelmasse zeigen die Zellen Zusammenlagerung zu Zellterritorien. Innerhalb des Knochenzylinders sind die Territorien einmal strangförmig zwischen dem äußersten Diaphysenende ausgespannt und verlaufen dann bogig zum Markraum.

An allen den Stellen, wo in die Knorpelgrundsubstanz kollagene Fasern eintreten, also am Periost, am Endost und an der Grenze gegen den Markraum macht die Blaufärbung der Grundsubstanz einer nach innen an Intensität allmählich abnehmenden Rotfärbung Platz. Es wird nämlich das Kollagen dieser Fasern nach innen zu in immer höherem Grade von dem basophilen Chondromukoid verdeckt, maskiert, so daß der Kollagengehalt im Knorpelinnern nicht mehr in die Erscheinung tritt.

Die Knorpelgrundsubstanz enthält in reichlichem Maße Einlagerung von Kalksalzen. Von dieser Tatsache überzeugt uns ein einfacher Rasiermesserschnitt durch den Femurkopf, in Kochsalzlösung untersucht. Der Kalk tritt in Form staubförmiger Partikel auf, die sich nach innen zu groben Konkretionen zusammenlagern und auf Essigsäurezusatz verschwinden. Von der Ausdehnung dieses Kalkknorpels, in den der Hyalinknorpel ohne jede Grenze übergeht, können wir uns durch Behandlung eines Gefrierschnittes nach der Bielschowsky-methode überzeugen. Es wird nämlich durch sie der Hyalinknorpel gebräunt, während der Kalkknorpel ungefärbt bleibt. Der erstere bildet zunächst einen kontinuierlichen äußeren Überzug des ganzen Femurkopfes, der rostral am dünnsten, lateral am dicksten ist. Dann folgt eine Zone von Kalkknorpel, durchsetzt von anastomosierenden Balken unverkalkten Knorpels. Die ganze innerhalb des Knochenzylinders gelegene Knorpelmasse ist wieder unverkalkt.

Außen wird der Knorpel allseitig von einem dünnen Perichondrium (*pecho*) überzogen, das an der Diaphyse in das Periost übergeht. Aus dem letzteren erhebt sich auch die bindegewebige Gelenkkapsel (*geka*).

8. Die Verdauungsorgane.

a) Die Mundrachenhöhle.

An der den ersten Abschnitt des Verdauungskanals bildenden Mundrachenhöhle können wir Dach und Boden unterscheiden. Das Mundhöhlendach wird nach außen abgeschlossen durch die Gaumenfalte. Am Mundwinkel breit und flach beginnend, wird sie rostralwärts höher und schmäler und endet neben der Mittellinie mit einer Verdickung, dem Pulvinar subrostrale. Lateralwärts wird die Gaumenfalte umzogen von der Oberlippe und von ihr getrennt durch eine tiefe Furche, den Sulcus marginalis, in den sich die Unterlippe beim Schluß des Mundes einlegt. Der Sulcus marginalis findet vorn seinen Abschluß dadurch, daß sich das Pulvinar beiderseits zur Oberlippe hinüberbrückt, so daß eine unpaare mediane Grube, die Fossa subrostralis, entsteht. Innerhalb des Sulcus marginalis wird die Oberlippe umzogen von der Reihe der Kieferzähne. Im Mundhöhlendach finden sich jederseits zwei große Öffnungen, vorn die querovale Choane, hinten das schrägovale Ostium pharyngeum der Tuba auditiva. Zwischen den beiden Choanen ragt jederseits der Processus dentalis des Vomer mit seinen kleinen Zähnen in die Mundhöhle.

Der Mundhöhlenboden wird außen umgeben von der durch den MECKELschen Knorpel und die Pars mentalis des Dentale gestützten Unterlippe, die sich in der Medianlinie zu dem Tuberculum praelinguale erhebt. Beim Mundhöhlenschluß legt sich letzteres in die Fossa subrostralis, die Unterlippe in den Sulcus marginalis. Der Mundhöhlenboden wird zum allergrößten Teil bedeckt von der dicht hinter dem Tuberculum praelinguale festgewachsenen Zunge. Sie läuft nach hinten in zwei seitliche Zipfel aus. Ihr hinterer freier Rand bildet einen weiten Bogen mit rostraler Konvexität. Hinter ihm erhebt sich der Boden zur Prominentia laryngea, die auf ihrer Mitte den Längsschlitz des Aditus laryngis trägt, den Eingang zur Stimmlade und den Lungen. Beim Männchen findet sich im seitlichen, von der Zunge nicht bedeckten Teil des Mundhöhlenbodens noch der längsovale Eingang zur Schallblase.

In die Mundhöhle münden die Ausführungsgänge besonderer Mundhöhlendrüsen, von denen der Frosch eine Intermaxillardrüse und eine Rachendrüse besitzt.

Wir wollen nun dem feineren Bau der einzelnen Teile etwas nähertreten und dabei berücksichtigen die Mundhöhlenschleimhaut, die Zähne, die Zunge und die Mundhöhlendrüsen.

Die Schleimhaut der Mundrachenhöhle ist nur an wenigen Stellen, wie an den Kieferrändern, in der Ethmoidalgegend, am Tubeneingang, am Tuberculum praelinguale und einem schmalen lateralen Streifen des Bodens fest mit der Unterlage verwachsen, sonst wird sie durch Lymphsinus von derselben getrennt. Von ihnen haben wir am Dach die Sinus basilaris und subvertebralis, am Boden die unpaaren Sinus basihyoideus und subvertebralis und die paarigen Sinus mandibularis, profundus, ceratohyoideus und parahyoideus. Die Schleimhaut besitzt im rostralen Teil der Mundhöhle eine glatte Oberfläche, kaudalwärts

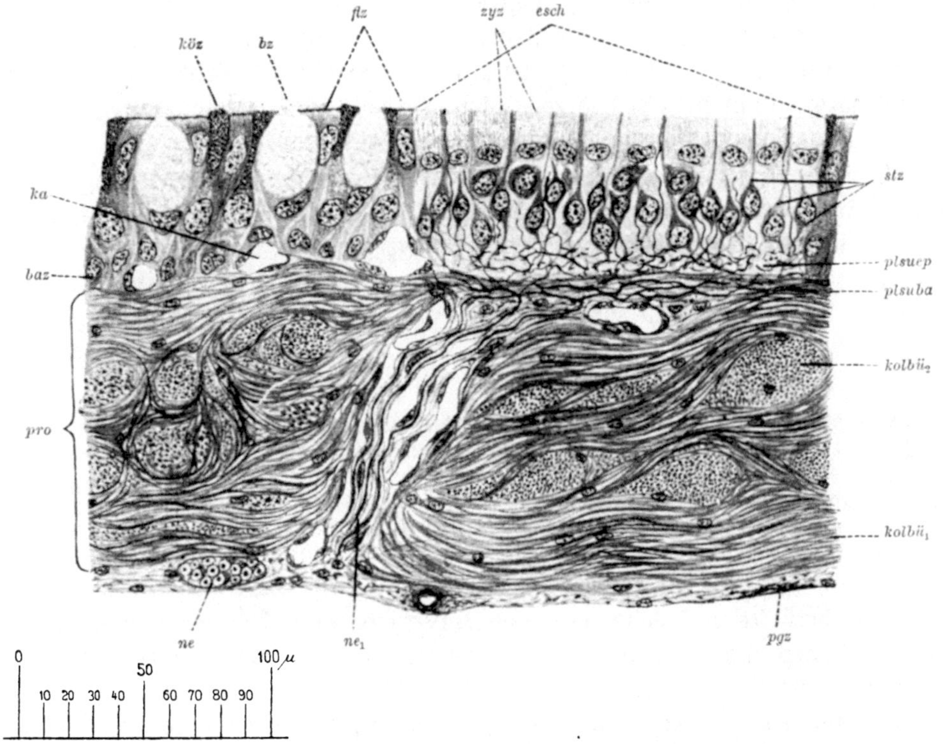

Fig. 262. Frosch. Schleimhaut des Mundhöhlendaches.
baz Basalzellen, *ka* Kapillaren, *köz* Körnerzelle, *bz* Becherzellen, *flz* Flimmerzellen, *zyz* Zylinderzellen, *esch* Endscheibe, *stz* Stäbchenzellen, *plsuep* Plexus subepithelialis, *plsuba* Plexus subbasalis, $kolbü_2$ kollagene Bündel der Propria (*pro*) quergetroffen, $kolbü_1$ kollagene Bündel der Propria längsgetroffen, *pgz* Pigmentzelle der Submukosa, *ne* quergetroffenes Nervenstämmchen, ne_1 Nervenfasern zur Endscheibe aufsteigend.

legt sie sich mehr und mehr in Längsfalten, welche sämtlich gegen den Schlundeingang gerichtet sind (Fig. 235).

Das Epithel ist ein mehrreihiges, flimmerndes Zylinderepithel von 50—100 μ Dicke (Fig. 262). Die Zellen der tiefsten Lage (*baz*) sitzen mit breiter Basis der Propria auf und schicken ihr spitz auslaufendes, distales Ende zwischen die übrigen Zellen, ohne daß dasselbe jedoch den freien Epithelsaum erreicht. Außer diesen Basalzellen können wir im Epithel Flimmerzellen, Becherzellen und Körnerzellen unterscheiden.

Die Flimmerzellen (*flz*) beginnen mit breitem Kopf an der freien Oberfläche, verschmälern sich allmählich proximalwärts und laufen zwischen den Basalzellen an der Epithelpropriagrenze in feiner Spitze aus. Der unregelmäßige, längliche Kern liegt stets weit distalwärts nahe der freien Oberfläche. Auf der letzteren trägt die Zelle einen Saum ungefähr 10 μ langer Flimmern mit deutlichen Basalkörperchen.

Die Becherzellen (*bz*) haben die bekannte Tonnenform mit gut ausgebildeter Theka. Am Grunde der letzteren verjüngt sich der Zellkörper plötzlich und läuft als schmaler Fortsatz zur Propriagrenze.

Die Körnerzellen (*köz*) finden sich in sehr verschiedener Verbreitung zwischen den Flimmerzellen, denen sie in ihrer Form ähneln, jedoch liegt der große, meist ziemlich regelmäßig kuglige Kern stets in der proximalen Epithelhälfte in einer Ausbauchung des Zellkörpers. Distalwärts zeigt der Zellkörper in variabler Ausdehnung Einlagerung von groben, azidophilen Körnern, die sich mit Eisenhämatoxylin intensiv schwärzen. Meist ragt die Zelle mit dem freien, körnerhaltigen Ende kuppenförmig über die freie Epitheloberfläche hervor.

In dieses Flimmerepithel eingelagert, finden wir nun flimmerlose, spezifisch nervöse Endorgane, die Endscheiben (*esch*), die von den einen als Tast-, von den anderen als Geschmacksorgane aufgefaßt werden. Sie treten in der gesamten Mundrachenschleimhaut auf, soweit sie mit Flimmerepithel ausgekleidet ist, fehlen demnach ganz nach außen von der Gaumenleiste und sind in dem prächoanalen Teil des Mundhöhlendaches nur spärlich. Sie treten nicht aus dem Niveau der freien Epitheloberfläche hervor und erreichen einen Durchmesser bis zu 200 μ.

Wenn nun auch mit Biondilösung oder Eisenhämatoxylin gefärbte Paraffinschnitte schon recht brauchbare Übersichtsbilder über den Bau dieser interessanten Endorgane liefern, so enthüllt uns doch erst die vitale Methylenblaufärbung wieder die spezielle Form der sie zusammensetzenden Zellen und ihr Verhältnis zu den zutretenden Nervenfasern. Man injiziere dem durch Urethan (S. 456) narkotisierten Tier von der V. abdominalis aus recht vorsichtig eine 0,2%ige Lösung des Farbstoffs so lange, bis die Mundhöhlenschleimhaut intensiv blau gefärbt erscheint.

Auf ihrer freien Fläche wird die Endscheibe (Fig. 262 *esch*) bedeckt von einer einfachen Lage durch schmale Zwischenräume voneinander getrennter zylindrischer Zellen (*zyz*). Jede Zelle enthält an ihrer Basis einen etwas abgeplatteten Kern. Der Zellkörper wird von einem längsstreifigen, azidophilen Protoplasma durchzogen und gibt im übrigen eine schwach ausgesprochene Schleimfärbung. Proximalwärts senden die Zylinderzellen kurze flügelartige Fortsätze in die Tiefe. Die Hauptmasse der Scheibensubstanz machen dann die Stäbchenzellen aus (*stz*). Ein ovoider oder kugliger, kernhaltiger Zellkörper schickt distalwärts einen dünnen, stäbchenförmigen Fortsatz zwischen den Zylinderzellen zur Epitheloberfläche und proximalwärts einen weiteren häufig verästelten Fortsatz, der mit einem kleinen Knötchen endet. Je kleiner die Scheibe ist, um so dichter gedrängt liegen die Stäbchenzellen, in den großen Scheiben sind sie lockerer gefügt. Zwischen den Stäbchenzellen trifft man schließlich auch noch unregelmäßige, fortsatzlose Zellen.

Zu jeder Endscheibe treten mehrere markhaltige Nervenfasern (ne_1) und bilden unter ihr nach Verlust ihrer Markscheide ein grobmaschiges Geflecht, den Plexus subbasalis (*plsuba*). Ein zweites, feinmaschigeres Geflecht, der Plexus subepithelialis (*plsuep*), liegt bereits innerhalb der Endscheibe und ist mit jenem durch zahlreiche Fasern verbunden. Aus dem subepithelialen Plexus, in den die Endknöpfchen der Stäbchenzellen eingebettet sind, steigen dann die Endfasern hervor, um entweder mit den distalen Fortsätzen der Stäbchenzellen zur

Epitheloberfläche aufzusteigen und hier frei in einer kleinen Endanschwellung auszulaufen oder sich mit einer ähnlichen Anschwellung dem Körper einer Stäbchenzelle anzulagern.

Das oben beschriebene Flimmerepithel kleidet das gesamte Dach der Mundrachenhöhle und auch den von der Zunge freigelassenen Teil des Mundhöhlenbodens aus. Seine äußere Grenze findet es auf letzterem am inneren Rand der Unterlippe, am Dach auf der Gaumenfalte. Hier geht das Flimmerepithel in das geschichtete Epithel der äußeren Haut über, das sich von der Epidermis nur durch den Mangel an Pigment unterscheidet.

Das Epithel sitzt auf einer derben, zellarmen, bindegewebigen Propria (*pro*) von durchschnittlich 100—150 μ Dicke. Ihre aus dicken kollagenen Fasern bestehenden Bündel verlaufen im wesentlichen parallel zur Schleimhautoberfläche, durchkreuzen und durchflechten sich dabei aber vielfach. Elastische Fasern enthält die Propria nur sehr wenig. In der Nähe der Gaumenfalte wird sie dünner und löst sich dann in der letzteren selbst in ein dickes, weitmaschiges Polster auf. Gegen die Unterlage wird dasselbe durch eine dichte, bindegewebige Membran abgeschlossen, aus der dicke Bindegewebsbalken sich loslösen und senkrecht gegen das Epithel aufstreben. Auf ihrem Wege verzweigen sie sich vielfach und anastomosieren zur Bildung eines weitmaschigen Netzwerkes, das sich an der Epithelgrenze wieder zu einer Grenzmembran verdichtet. Dieses grobe Balkenwerk wird durchsetzt von einem zweiten, äußerst feinfädigen, engmaschigen Netzwerk, an dessen Aufbau sich neben feinsten Bindegewebsfibrillen auch sehr zahlreiche verzweigte, anastomosierende Bindegewebszellen beteiligen. Dieses Polster bildet die Hauptmasse der Gaumenfalte und des Pulvinar subrostrale.

An die Propria schließt sich eine dünne, bindegewebig-elastische Submukosa mit einem ausgedehnten Gefäß- und Nervenplexus. Die Blutgefäße durchsetzen in schrägem Verlauf die Propria und bilden dicht unter dem Epithel einen Kapillarplexus. Die Kapillaren (*ka*) sind mit zahlreichen Divertikeln besetzt mit denen sie zwischen die Basalzellen des Epithels hineinragen.

Von Zähnen besitzt der Frosch im Mundhöhlendach jederseits etwa 50 Kieferzähne. Sie sitzen auf dem Proc. dentalis des Maxillare und Intermaxillare in einfacher Reihe auf. Dazu kommen jederseits noch 5—10 Vomerzähne, welche dem Proc. dentalis des Vomer aufsitzen. Der Mundhöhlenboden ist vollkommen zahnfrei.

Um uns zunächst einen Überblick über die Form und Befestigungsweise der Zähne zu verschaffen, entfernen wir an dem frisch abgeschnittenen Oberkopf die äußere Haut und die Schleimhaut und bringen ihn über Nacht in einer kleinen Schale mit Wasser in den Brutschrank. Am nächsten Tag ist die Mazeration so weit vorgeschritten, daß wir Oberkiefer, Zwischenkiefer und Vomer der einen Seite leicht mit der Pinzette entfernen können. Sie werden von anhaftenden Gewebsfetzen befreit und getrocknet. Der Rest des Kopfes wird noch 2—3 Tage weiter mazeriert und in gleicher Weise behandelt. Man erhält so Vergleichspräparate, wie sie uns Fig. 263 vom Oberkiefer zeigt.

An dem kurz mazerierten Knochen sind die Zähne sämtlich in situ geblieben, an dem länger mazerierten dagegen durch den Mazerationsprozeß abgelöst, und stehen geblieben sind nur noch die Zahnsockel, die in einfacher Reihe, teilweise miteinander verwachsen, der Innenfläche des Proc. dentalis des Oberkiefers aufsitzen. Jeder derselben stellt einen kurzen, schräg abgestutzten Kegelmantel dar mit einem hohlen Innenraum und zwei Öffnungen, einer großen unteren (den Zahn aufrecht stehend gedacht) und einer kleineren oberen. Durch die ersten treten Blutgefäße und Nerven mit dem umgebenden Bindegewebe in den Sockel ein, der oberen Öffnung sitzt der Zahn auf. Vor der unteren Sockelöffnung sitzt außerdem immer die hier natürlich abmazerierte Anlage des Ersatzzahns.

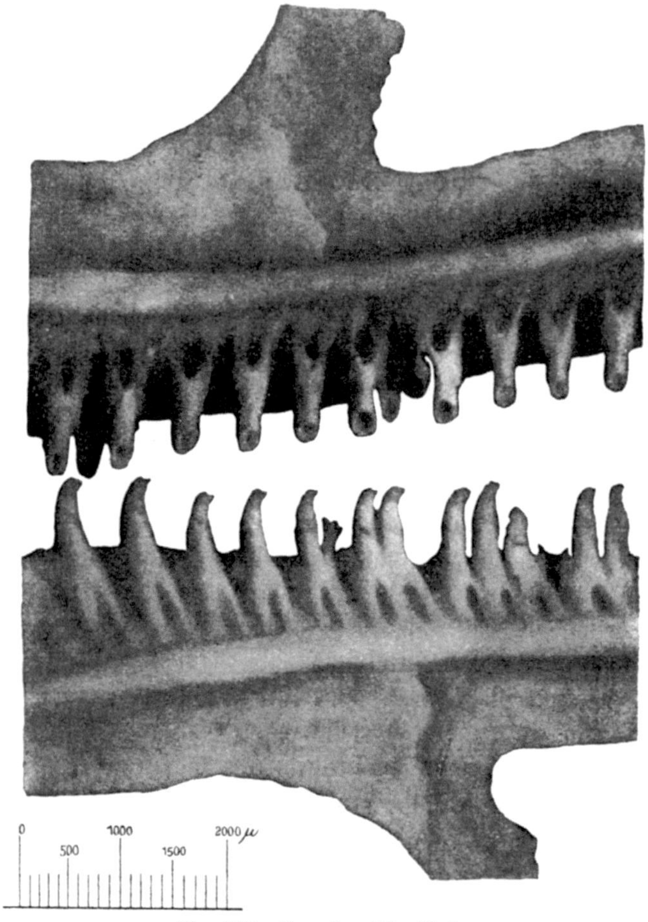

Fig. 263. Frosch. Oberkiefer.
Oben sind durch vollständige Mazeration die Zähne entfernt, unten sind sie erhalten.

Der Zahn setzt sich gegen den Sockel immer durch eine deutliche, schräggestellte Ringfurche ab, erreicht eine Länge von 0,4—0,5 mm und stellt einen nach dem Mundinnern zu abgebogenen, zweispitzigen, seitlich komprimierten Kegel dar. Sein Binnenraum, die Pulpahöhle, bildet die direkte Fortsetzung der Sockelhöhle. Genetisch gehören Zahn und Sockel zusammen. Wenn der letztere auch vollkommen mit dem Proc. dentalis verwachsen ist, so wird er doch stets beim Zahnwechsel mit dem Zahn zusammen erneuert.

Den besten Einblick in den feineren Bau des Zahns ergeben Querschliffe durch den, wie früher ausgeführt wurde, unvollständig mazerierten Ober- oder Zwischenkiefer, die den Zahn der Länge nach treffen. Man stellt sie mit Hilfe einer ganz feinen Uhrmacherfeile her und bettet sie in Könıgschen Lack ein.

Unsere Fig. 264 zeigt den oberen Teil eines solchen Schliffes mit dem Zahn und einem Teil des Sockels (*so*). Die Grenze zwischen beiden (×) wird gebildet durch eine Zone unverkalkter Grundsubstanz, in der dichtgedrängte, sternförmige, anastomosierende Hohlräume liegen. Die Hauptmasse des Zahns macht das Dentin (*de*) aus. Es besitzt, ähnlich wie der Knochen, eine lamellöse Grundsubstanz. Die Lamellen verlaufen parallel zur Oberfläche des Zahns und setzen sich aus Bündeln verkalkter Bindegewebsfasern zusammen. Das Dentin wird durch-

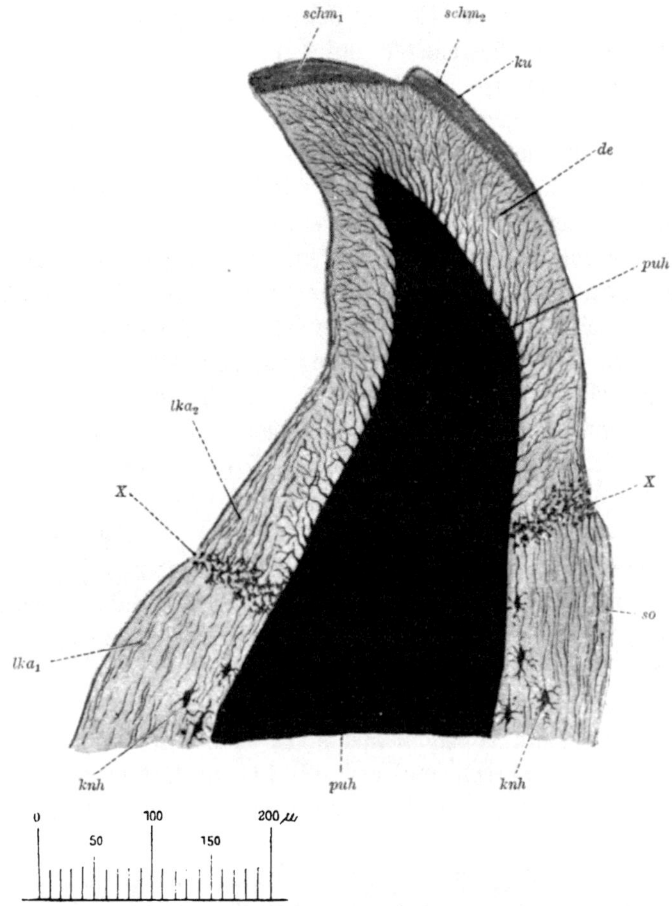

Fig. 264. Frosch. Längsschliff durch einen Zwischenkieferzahn.
schm$_1$ Schmelzkappe der Hauptspitze, *schm*$_2$ Schmelzkappe der Nebenspitze, *ku* Kutikula, *de* Zahnbein, *puh* Pulpahöhle, *X* Zahn-Sockelgrenze, *so* Sockel, *knh* Knochenhöhlen des Sockels, *lka*$_1$ Längskanälchen des Sockels, *lka*$_2$ Längskanälchen des Zahnbeins.

setzt von den Dentinkanälchen, feinen, von der Pulpahöhle (*puh*) ausgehenden Röhrchen, die in den verschiedenen Teilen des Zahns eine verschiedene Neigung zur Zahnachse zeigen. Während in der Zahnspitze die Röhrchen die äußere Zahnbeingrenze erreichen, ja vielfach überschreiten, werden sie gegen den Sockel zu immer kürzer und lassen die äußeren Zahnschichten frei. In diesen letzteren treten an ihre Stelle bündelweise angeordnete Längskanälchen (*lk*$_2$), die von den anastomosierenden Räumen der Zahnsockelgrenze herkommen. Sie steigen an der konkaven Innenfläche des Zahns bedeutend höher, als an der konvexen Außenfläche.

Die Zahnspitze wird auf der letzteren und auf den Seitenflächen überzogen von dem Schmelz in Form zweier schuppenartiger, sich von unten nach oben verdickender Platten. Die eine derselben (*schm*$_1$) überzieht die konvexe Fläche der Hauptspitze, die andere bildet die Hauptmasse der Nebenspitze (*schm*$_2$), beide werden nur durch eine dünne Brücke verbunden. Die konkave Innenfläche des Zahns ist frei von Schmelz. Die beiden Schmelzschuppen zeigen einen starken Glanz und lassen außer einer zur Zahnoberfläche parallelen Schichtung keine Strukturdetails erkennen. In den tiefsten Schmelzlagen enden die letzten Ausläufer der Dentinkanälchen mit allerfeinsten Spitzen.

Die Substanz des Zahnsockels (*so*), das Zement, wird durchsetzt von zahlreichen, mit seitlichen Abzweigungen ausgestatteten Längskanälchen (*lka*$_1$), die sämtlich in die anastomosierenden Räume der Zahnsockelgrenze einstrahlen. Außerdem enthält sie aber auch typische Knochenhöhlen (*knh*). In den oberen Teilen des Sockels finden sie sich nur vereinzelt und ausschließlich in der Umgebung der Sockelhöhle, nach unten werden sie zahlreicher und durchsetzen die ganze Dicke des Sockels, dessen Substanz mehr und mehr die typische Knochenstruktur erkennen läßt. An vielen Stellen läßt sich leicht nachweisen, daß die nach unten immer mehr verschwindenden Längskanälchen nichts anderes als Ausläufer der Knochenhöhlen darstellen.

Zu äußerst wird der ganze Zahn überzogen von der strukturlosen, scharf konturierten Kutikula (*ku*). Sie fehlt an der Zahnsockelgrenze, läßt sich aber auf dem Sockel wieder nachweisen.

Zur Untersuchung der Weichteile des Zahns suchen wir einen passenden Schnitt aus unserer Sagittalserie durch den Froschkopf aus (Fig. 253 z_1). Nur die äußerste Spitze eines jeden Zahns ragt frei in den Sulcus marginalis, alles übrige liegt in der Propria verborgen (Fig. 265). Der Sulkus wird ausgekleidet von geschichtetem Epithel (*ep*). Er schickt einen langen Fortsatz (*epsch*$_1$) auf die Konvexfläche des Zahns bis über die Zahnsockelgrenze hinaus. Auch auf seiner Konkavfläche ist der Zahn von dem hier stark verdünnten Epithel bekleidet, so daß er fast völlig in einer Epithelscheide steckt. Im Gebiet des Zahnsockels (*so*) schiebt sich zwischen Epithel und Zahn die bindegewebige Propria mit ihren Gefäßen ein.

Von der Zahnstruktur ist in solchen Präparaten nur wenig zu erkennen, tritt aber sehr prägnant hervor, wenn wir einen Schnitt nach der SCHMORLschen Thionin-Pikrinsäuremethode behandeln (S. 533).

Die Zahnsockelgrenze (×) markiert sich sehr deutlich durch ihre hellere Färbung. Die Pulpahöhle ist ausgefüllt mit der Zahnpulpa (*pu*), die an der unteren großen Sockelöffnung kontinuierlich in die Propria übergeht. Die Pulpa besteht der Hauptsache nach aus einem Netzwerk verzweigter, anastomosierender Zellen mit zahlreichen feinen, längsverlaufenden Bindegewebsfasern. An der Pulpaoberfläche ordnen sich diese Zellen zu einer epithelartigen Schicht, der Odontoblastenschicht (*obl*$_1$) an. Jede Zelle schickt einen Fortsatz, eine Zahnfaser, in ein Dentinkanälchen hinein. Die Pulpa ist durchzogen von zahlreichen, in der Zahnspitze schlingenförmig umbiegenden Blutkapillaren. Die Blutgefäße gelangen in die Pulpahöhle teils durch die große Sockelöffnung, teils zwischen Proc. dentalis und Zahnsockel hindurch. Außen ist der Zahn auf seiner Konvexfläche, abgesehen von der Epithelscheide, noch von einem längsfaserigen Bindegewebe bekleidet, an welches eine Schicht parallel zum Kieferrand angeordneter, glatter Muskelfasern (*mu*) grenzt. Dann folgt das subkutane Gewebe und die Kutis mit den mächtigen Drüsen der Oberlippe.

In der unteren Sockelöffnung findet sich immer die Anlage des in unserem Falle schon ziemlich weit fortgeschrittenen Ersatzzahns (*ez*). Es kann auch noch eine zweite Anlage weiter unten an der Abgangsstelle des Proc. palatinus (*propa*) zur Ausbildung gelangt sein, die dann bereits der übernächsten Zahngeneration zugehört. Der Ersatzzahn ist mit dem Epithel des Sulcus marginalis durch eine Epithelbrücke, die Zahnleiste (*zl*) verbunden, von der die Bil-

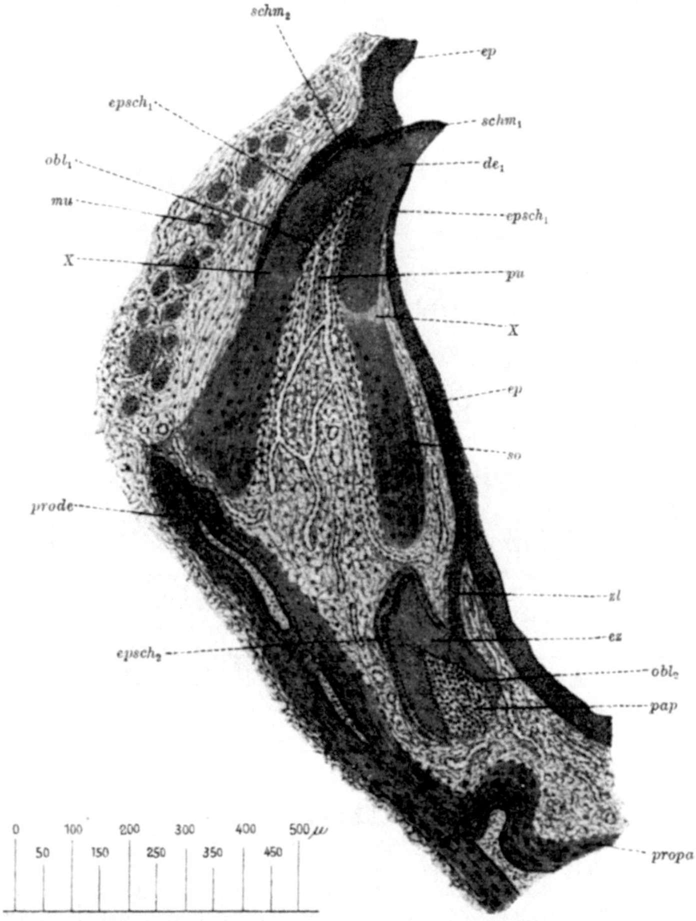

Fig. 265. Frosch. Längsschnitt durch einen Kieferzahn.
ep Epithel des Sulcus marginalis, $schm_1$ Schmelzkappe der Hauptspitze, de_1 Zahnbein, $epsch_1$ Epithelscheide, *pu* Pulpa, *X* Zahn-Sockelgrenze, *so* Zahnsockel, $schm_2$ Schmelzkappe der Nebenspitze, obl_1 Odontenblastenschicht, *mu* glatte Muskelbündel, *prode* Proc. dentalis des Oberkiefers, *zl* Zahnleiste, *ez* Ersatzzahn, obl_2 Odontoblastenschicht des Ersatzzahns, *pap* Papille des Ersatzzahns, $epsch_1$ Epithelscheide des Ersatzzahns, *propa* Proc. palatinus des Oberkiefers.

dung des Zahns ausgeht. Auf die Einzelheiten dieses Prozesses kann hier nicht näher eingegangen werden, nur so viel sei bemerkt, daß an derselben Bindegewebe und Epithel beteiligt sind. Das erstere bildet die zellreiche Zahnpapille (*pap*), deren oberflächlichste Zellen Zylinderform annehmen und als Odontoblasten (obl_2) die Bildung des Dentins übernehmen. Die Zahnpapille wird bis auf ihre Basis allseitig umgeben von einer vom Epithel der Zahnleiste gelieferten Epithelscheide ($epsch_2$), deren tiefste, dem jungen Zahnbein aufsitzende Zellschicht im Gebiet der Zahnspitze den Schmelz liefern.

Hat der Zahnkeim eine gewisse Größe erreicht, so stellen sich an dem zugehörigen Zahn und Sockel regressive Erscheinungen ein. An Stelle der Odontoblastenschicht treffen wir dann große, unregelmäßige, vielkernige Zellen, die Odontoklasten. Durch ihre Tätigkeit wird die Zahnbein- und Sockelsubstanz zerstört, gleichsam angenagt, so daß die Zahninnenfläche sich mit tiefen Ausbuchtungen bedeckt. Mit der fortschreitenden Zerstörung rückt der Ersatzzahn immer höher und verwächst schließlich mit dem Proc. dentalis. Wir können die Einzelheiten dieses Prozesses an unseren Präparaten leicht verfolgen.

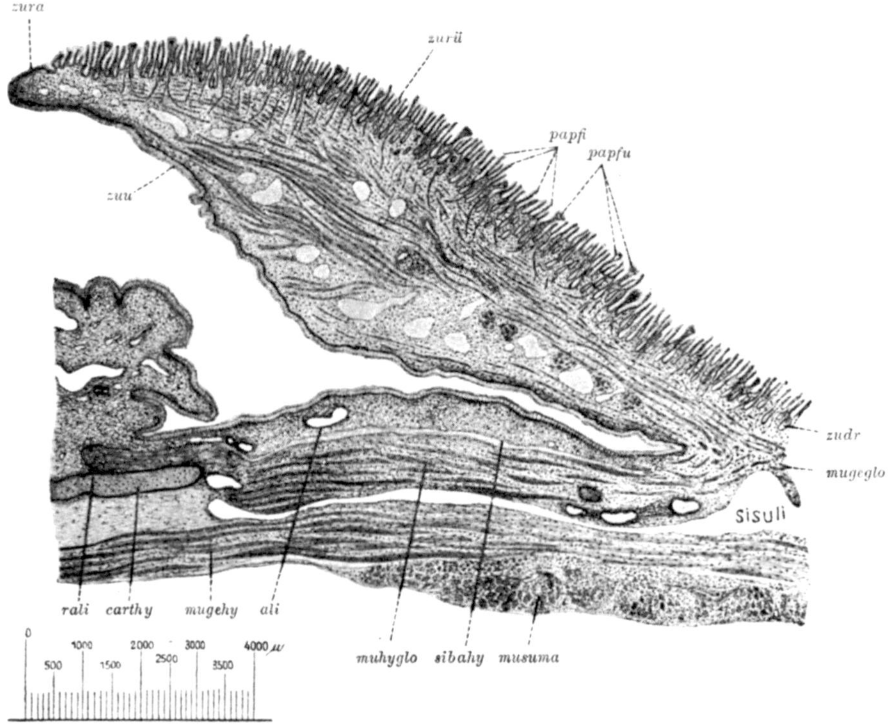

Fig. 266. Frosch. Längsschnitt der Zunge.
zuu Zungenunterfläche, *zura* Zungenrand, *zurü* Zungenrücken, *papfi* Papillae filiformes, *papfu* Papillae fungiformes, *zudr* Zungendrüsen, *mugeglo* M. genioglossus, *sisuli* Sinus sublingualis, *musuma* M. submaxillaris, *sibahy* Sinus basihyoideus, *muhyglo* M. hyoglossus, *ali* A. lingualis, *mugehy* M. geniohyoideus, *carthy* Cartilago hyoidea, *rali* Ramus lingualis n. glossopharyngei.

Die breite, ungefähr viereckige Zunge bedeckt den größten Teil des Mundhöhlenbodens, nur die seitlichen Randpartien freilassend. Die rostrale dicke, verschmälerte Basis ist dicht hinter dem Tuberculum praelinguale mit dem Mundhöhlenboden fest verwachsen. Kaudalwärts verbreitert und verdünnt sich die nun vom Boden sich loslösende Zunge und läuft in zwei schmale dünne, die Prominentia laryngea seitlich umfassende Zipfel aus.

Der Frosch klappt bekanntlich beim Erhaschen der Insekten seine Zunge aus der Mundhöhle heraus und besitzt dafür eine ausgiebige Muskulatur. Als Hervorzieher der Zunge kommt der M. genioglossus, als Zurückzieher der M. hyoglossus in Betracht. Der erstere entspringt im wesentlichen vom Tuberculum praelinguale, der letztere von der Cartilago hyoidea; beide strahlen in die Zunge ein, deren Hauptmasse sie neben den eigentlichen Binnenmuskeln bilden.

Zur Untersuchung des feineren Baues der Zunge wählen wir einen medianen Sagittalschnitt durch den Kopf des vom Herzen aus mit BOUINscher Flüssigkeit injizierten Tieres (Fig. 266). Schon bei makroskopischer Betrachtung gewährt die Zungenoberfläche einen wesentlich anderen Anblick als die umgebende Mundschleimhaut. Die letztere sieht sich gleichmäßig glänzend an, bei ersterer treten aus einem matten, sammetartigen Grund zahlreiche kleine Prominenzen hervor. Unser Schnitt lehrt, daß dieses sammetartige Aussehen dadurch hervorgerufen wird, daß der ganze Zungenrücken gleichmäßig mit fadenartigen Erhebungen, den Papillen, besetzt ist. Zwischen den spitzen Papillae filiformes (*papfi*) sitzen die zerstreuten, keulenartigen Papillae fungiformes (*papfu*). In die Tiefe buchtet sich dann die Schleimhaut zwischen den Papillen in Form der Zungendrüsen (*zudr*) ein.

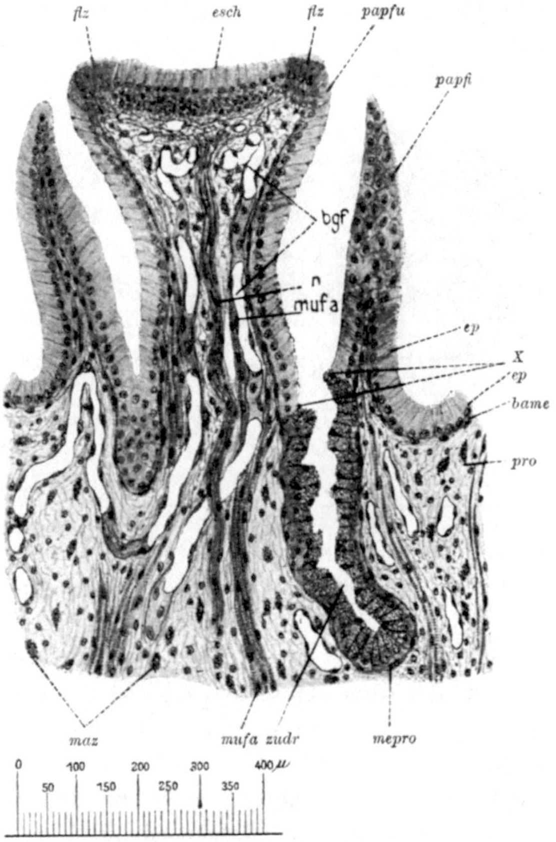

Fig. 267. Frosch. Zungenpapillen.
ep Epithel des Zungenrückens, *X* Grenze zwischen Oberflächen- und Drüsenepithel, *bame* Basalmembran, *pro* Propria, *mufa* quergestreifte Muskelfasern, *maz* Mastzellen, *papfu* Papilla fungiformis mit Endscheibe (*esch*) und Flimmerkranz (*flz*), *bgf* Blutgefäße der Papille, *n* Nervenstämmchen, *papfi* Papilla filiformis, *zudr* Zungendrüse, *mepro* Membrana propria.

Die Zungenpapillen sind, wie stärkere Vergrößerung (Fig. 267) erkennen läßt, Erhebungen der Zungenschleimhaut, an deren Aufbau sich Propria und Epithel beteiligen. Die erstere (*pro*) bildet den Grundstock der Papille, das Epithel (*ep*) den deckenden Überzug. Die Papillae filiformes (*papfi*) sind bis 500 μ lange, dünne fadenförmige, in feiner Spitze auslaufende Gebilde. Der bindegewebige Grundstock ist außerordentlich dünn und wird bedeckt von einem einschichtigen, niedrig zylindrischen Epithel. Der kuglige Kern liegt immer basal, der Zellkörper färbt sich in Biondilösung blaßrot mit einem leichten Stich ins Bläuliche. Nach der Papillenspitze zu wird diese Blaufärbung etwas ausgesprochener. Die Papillae fungiformes (*papfu*) haben ungefähr die gleiche Länge. Sie erheben sich mit mehr oder weniger dünnem Stiel aus der Schleimhaut und verbreitern sich distalwärts zu einer runden Scheibe. Dementsprechend ist auch der bindegewebige Grundstock wesentlich stärker als bei den Papillae filiformes und enthält immer eine distalwärts sich aufknäuelnde Kapillarschlinge. Das Epithel ist auf dem Papillenstiel das gleiche, wie bei den Papillae filiformes und geht am Rande der Papillenscheibe in einen drei- bis vierfachen Kranz von Flimmerzellen über. Der zentrale Teil der Papillenscheibe stellt eine Endscheibe (*esch*) dar, von ganz dem gleichen Bau, wie wir sie im Mundhöhlendach kennen gelernt haben.

Die Zungendrüsen (*zudr*) sind einfache oder zweigeteilte, schlauchförmige Einstülpungen der Schleimhaut. Sie münden in der Tiefe zwischen den Papillen und finden sich auch nur so weit, als die Zungenoberfläche Papillen führt. Sie sind ausgekleidet mit einem einschichtigen, kubischen oder zylindrischen Epithel, das sich am Papillengrund (×) scharf gegen das Oberflächenepithel absetzt. An jeder Zelle kann man eine proximale, protoplasmatische und eine distale, granulierte Zone unterscheiden. An der Grenze beider liegt der unregelmäßig kuglige Kern. Die Granula der Innenzone sind recht fein und intensiv azidophil. Außerdem findet man aber auch zwischen den Zellen stets dicht dem Lumen anliegende Kerne, die besonders an den Stellen schön hervortreten, wo das Drüsenepithel flach getroffen ist (Fig. 268). Wahrscheinlich gehören sie Zellen an, die durch Ausstoßen ihres Sekretes kollabiert sind. Jede Drüse wird umhüllt von einer zellhaltigen Membrana propria (Fig. 267 *mepro*), die als Basalmembran (*bame*) sich auf jede Papille fortsetzt.

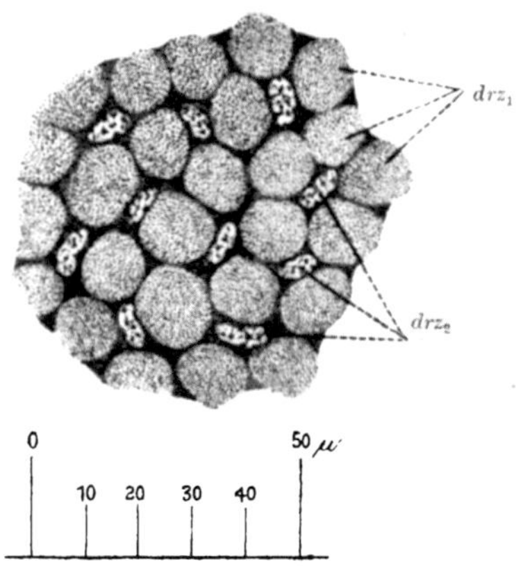

Fig. 268. Frosch. Epithel der Zungendrüsen in Flächenschnitt. drz_1 distale Kuppen der sekretgefüllten Drüsenzellen, drz_2 sekretleere Drüsenzellen mit Kern.

Je mehr wir uns dem Rand des Zungenrückens nähern, um so kürzer werden die Papillen; der Rand selbst ist ganz frei von ihnen und hier geht das einschichtige, flimmerlose Epithel der Papillen über in ein mehrreihiges Flimmerepithel (Fig. 266 *zura*). Dasselbe schlägt sich auch auf die Zungenunterfläche (*zuu*) über; dabei treten immer mehr Becherzellen in ihm auf, es wird niedriger und geht schließlich in das typische Mundhöhlenepithel über.

Die Hauptmasse der Zungensubstanz macht die Muskulatur aus, bestehend aus quergestreiften, zu Bündeln vereinigten Muskelfasern, die an ihren Enden sich vielfach gabelförmig aufspalten. Die Muskelfasern dringen teils von außen in die Zunge ein, M. genioglossus und M. hyoglossus, teils handelt es sich um endogene Muskelfasern, welche den Zungenkörper in longitudinaler und transversaler Richtung durchsetzen und sich an beiden Enden aufspalten. Sämtliche Fasern finden in der Propria der Zunge ihr Ende. Auf dem Zungenrücken dringen sie in die Papillen ein. In den Papillae filiformes enden sie schon in der Papillenbasis, in den Papillae fungiformes dringen sie dagegen hoch hinauf, wobei sie immer ganz peripher liegen (Fig. 267 *mufa*).

Die Muskelbündel werden umhüllt von einem zellreichen Bindegewebe, das ohne jede Grenze in die Propria übergeht. Das Zungenbindegewebe zeichnet sich durch das massenhafte Vorkommen von Mastzellen aus (Fig. 267 *maz*). Auch ganz vereinzelte Pigmentzellen finden sich in ihm. Ferner führt es Blutgefäße und Nerven. Die ersteren stammen aus dem Ramus lingualis der A. carotis externa und zeigen in ihrem Verlauf eine starke Schlängelung. Die Zweige umflechten die Muskelbündel und dringen mit Kapillarschlingen in sämtliche Papillen ein. Jede Papilla fungiformis erhält ein Arterienstämmchen, es dringt bis in den Papillenkopf vor, um sich dort stark aufzuknäueln und in die abführende Vene überzugehen (Fig. 267 *bgf*). Außerdem verläuft zu jeder Papilla fungiformis ein kräftiges Nervenstämmchen (*n*), das immer die Papillenachse einnimmt und von den Blutgefäßen umgeben wird.

Von großen Mundhöhlendrüsen besitzt der Frosch zwei, die Intermaxillar- und die Rachendrüse. Die Intermaxillardrüse (Fig. 238 *imadr*) liegt, wie ihr Name sagt, mit ihrer Hauptmasse im Gebiet des Zwischenkiefers, und zwar in dem Winkel zwischen Proc. palatinus und Proc. facialis. Von hier dringt sie einmal zwischen den beiderseitigen Proc. faciales der Zwischenkiefer und zwischen diesen und dem Proc. facialis des Oberkiefers unter die äußere Haut vor und schiebt sich auch zwischen Proc. facialis und Proc. palatinus des Oberkiefers ein Stück weit kaudalwärts vor. Der kaudale, konkave Rand des Drüsenkörpers entspricht ungefähr dem kaudalen Rand des Pulvinar subrostrale. Von hier aus ziehen die Ausführungsgänge, 20—25 an Zahl, in geradem Verlauf zwischen der Schleimhaut des Mundhöhlendaches und dem knorpligen Solum nasi kaudalwärts und münden ungefähr in der Mitte zwischen Pulvinar subrostrale und Vomer (Fig. 238 $imadr_1$).

Die Intermaxillardrüse stellt einen Komplex von 20—25 verzweigt tubulösen Einzeldrüsen dar. Der mit einem zweizeiligen, flimmernden Zylinderepithel ausgekleidete Ausführungsgang erweitert sich bei seiner Ankunft im Drüsenkörper etwas und schickt dann seine vielfach verzweigten Äste radienartig aus. In den letzteren findet sich ein ziemlich weites Lumen, ausgekleidet von einem einfachen Zylinderepithel. Der Kern liegt immer basal, der Zelleib ist angefüllt mit feinen azidophilen Körnchen. Schleimreaktion findet sich in keinem Abschnitt der Drüse.

Die viel unansehnlichere Rachendrüse stellt ebenfalls einen Komplex zahlreicher tubulöser Einzeldrüsen dar, welche die Choanen umgeben. In ihrem histologischen Aufbau gleicht sie der Intermaxillardrüse.

b) Der Schlund.

Eine feste Grenze zwischen Rachenhöhle und Schlund läßt sich nicht geben. Gewöhnlich verlegt man sie an das kaudale Ende des Kehlkopfeingangs. Hier verengert sich der Kopfdarm trichterartig und die zahlreichen, niedrigen Falten der Rachenschleimhaut fließen zu mehreren hohen Schlundfalten zusammen. Der Schlund wendet sich dann von der Mittellinie etwas nach links herüber und geht nach einem Verlauf von ungefähr 20 mm in den Magen über. An die Dorsal- und Lateralfläche des Schlundes heftet sich der M. transversus abdominis an, so daß der größere, kaudale Abschnitt des Organs schon innerhalb der Leibeshöhle zu liegen kommt. Er wird dabei von der Serosa durch den bis zum Magen reichenden Sinus perioesophageus getrennt.

Über den Bau des Schlundes orientieren uns Quer- oder Längsschnitte. Letztere empfehlen sich insofern mehr, als sie uns gleichzeitig den Übergang in den Magen demonstrieren können. Das die Schlundschleimhaut überziehende Epithel (Fig. 269 *ep*) unterscheidet sich in nichts von dem Mundhöhlenepithel und enthält wie dieses Flimmerzellen, Körnerzellen, Becherzellen und Basalzellen. Es sitzt auf einer lockeren, bindegewebigen Propria (*pro*), welche die Ösophagusdrüsen (*oedr*) umschließt. Sie treten schon bald hinter dem Kehlkopfeingang, aber zunächst noch ziemlich vereinzelt auf. Später bilden sie ein vollkommen geschlossenes Drüsenlager, das die Propria in eine distale (pro_1) und eine proximale Lage (pro_2) zerlegt. In dieses Drüsenlager treten in ziemlich weiten Abständen und mit meist etwas schrägem Verlauf die Ausführungsgänge (*aufg*) ein. Das Oberflächenepithel verliert in dem Gang bald seine Flimmern und wird einschichtig, dann zerfällt der Gang in mehrere, sich flächenhaft ausbreitende Äste, aus deren Teilung die stark gewundenen, sezernierenden Tubuli hervorgehen.

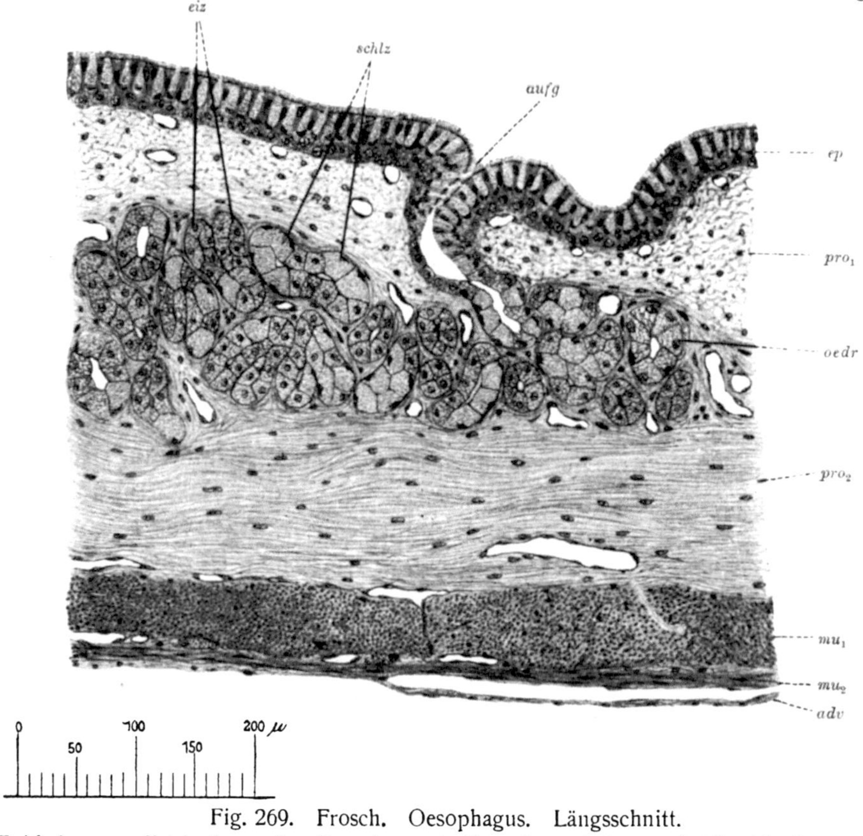

Fig. 269. Frosch. Oesophagus. Längsschnitt.
ep Epithel, pro_1 distale Lage der Propria, *oedr* Oesophagusdrüsen mit Eiweißzellen (*eiz*) und Schleimzellen (*schlz*), pro_2 proximale Lage der Propria, mu_1 Zirkulärmuskulatur, mu_2 Längsmuskulatur, *adv* Adventitia, *aufg* Ausführungsgang einer Oesophagusdrüse.

Wir haben es also mit zusammengesetzten, verzweigt tubulösen Drüsen zu tun. Das die sezernierenden Tubuli auskleidende Epithel setzt sich aus großen Schleimzellen (*schlz*) und etwas kleineren Eiweißzellen (*eiz*) zusammen. Das Mengenverhältnis zwischen beiden wechselt, manche Röhrchen bestehen ausschließlich aus Schleim-, andere aus Eiweißzellen. In anderen Fällen sitzen die letzteren einem Schleimtubulus kappenartig auf (sog. Halbmonde). Die Drüsenröhrchen sind umgeben von einer zellhaltigen Membrana propria, welche sich auf den Ausführungsgängen allmählich verliert.

Die Muskularis des Schlundes läßt eine dicke innere Ring- (mu_1) und eine dünne äußere Längsmuskulatur (mu_2) erkennen. Beide bestehen aus glatten Muskelfasern und nehmen nach dem Magen zu an Dicke fortwährend zu. Außen wird die Muskularis gegen den Sinus perioesophageus durch eine dünne, bindegewebige Adventitia (*adv*) abgeschlossen.

c) Der Magen.

Der Magen des Frosches stellt eine im Maximum ungefähr 40 mm lange, spindlige Erweiterung des Verdauungskanals dar und ist gegen den Schlund durch eine deutliche Ringfurche abgesetzt. Sein Anfangsteil, die Kardia, knickt sich gegen den letzteren fast rechtwinklig nach links ab, biegt dann als Fundus knieförmig kaudal ab, läuft dabei ungefähr parallel mit der Medianlinie, um sich in seinem Endabschnitt, dem Pylorus, der letzteren zu nähern und in rostraler, spitzwinkliger Abknickung in das Duodenum überzugehen. In leerem Zustand ist das Organ an seiner knieförmigen Umbiegung in den Fundus am weitesten und verengert sich von hier aus kaudalwärts ziemlich gleichmäßig. Sein linker Rand, die große Kurvatur, ist stärker gekrümmt, als der rechte, mehr gestreckt verlaufende Rand, die kleine Kurvatur. Dem Gesagten zufolge liegt der Magen in der linken Bauchhälfte. Bei Eröffnung der Bauchhöhle ist nur der Pylorusteil direkt sichtbar und stößt kaudalwärts an die gefüllte Harnblase, alles übrige wird bis auf einen Teil der großen Kurvatur vom linken Leberlappen verdeckt.

Schneiden wir den Magen der Länge nach auf, so sezten sich Fundus- und Pylorusteil deutlich voneinander ab. In dem ersteren legt sich die Schleimhaut in stark vorspringende Längsfalten, im Pylorusteil erscheint sie durch Verstreichen der Falten mehr glatt. Der Fundusteil, der ungefähr drei Viertel der gesamten Magenlänge ausmacht, hebt sich außerdem durch seine mehr rötliche Färbung vom Pylorusteil ab.

Zur Untersuchung des feineren Baues der Magenwandung injiziere man die Tiere vom Bulbus cordis aus mit Bouinscher Flüssigkeit oder mit 10%igem Formalin. Nach der ersteren Fixation bettet man das Organ in Paraffin ein, nachdem es im absoluten Alkohol in eine rostrale und eine kaudale Hälfte durch einen queren Rasiermesserschnitt zerlegt ist. Die Schnitte werden durch beide Abteilungen quer zur Längsachse geführt. Die besten Resultate gibt unstreitig die Formalinfixation, wenn man ganz auf die Einbettung verzichtet und das Gefriermikrotom verwendet. Die 10—20 μ dicken Schnitte werden mit Biondilösung oder mit Eisenhämatoxylin oder mit einer dünnen Kresylviolettlösung gefärbt.

Ein solcher Schnitt durch die Fundusgegend (Fig. 270) läßt in der Magenwandung Schleimhaut, Muscularis mucosae, Submukosa, Muskularis, Subserosa und Serosa unterscheiden. An der Faltenbildung sind nur die drei ersten beteiligt; die Muskularis tritt nicht mehr in die Falten ein. Auf der Oberfläche der Falten und zwischen ihnen buchtet sich die Schleimhaut in Form der Magengruben (*magr*) ein. Sie sind sehr verschieden weit und tief. In sie münden die Magendrüsen (*madr*), einfache oder gegabelte, höchstens 150 μ lange Schläuche mit relativ engem Lumen. In jede Magengrube mündet meist nur eine Magendrüse, seltener zwei oder mehr. Der Raum zwischen den Drüsen wird bis zum Oberflächenepithel ausgefüllt von der Propria (*pro*), die auch in ganz dünner Schicht noch den Drüsengrund deckt.

Das Oberflächenepithel des Magens (Fig. 271 *ep*) besteht aus einer einfachen Schicht von Zylinderzellen, deren proximales, der Propria aufsitzendes Ende in eine feine Spitze ausläuft. Nahe dem letzteren liegt der ovoide oder kuglige Kern inmitten eines dichten, stark färbbaren Protoplasmas, das sich scharf mit konkavem Rand gegen den distalen verschleimten Zellabschnitt absetzt. Sein Inhalt zeigt aber nicht die gewöhnlichen Schleimreaktionen, sondern verhält sich Biondilösung gegenüber schwach azidophil. Das Oberflächenepithel setzt sich auch in die Magengruben (*magr*) hinein fort, wobei die Zellen niedriger, die Kerne kuglig werden. Die Stelle, wo die Magengrube in die Magendrüse übergeht, markiert sich charakteristischerweise immer dadurch, daß an die Stelle der Oberflächenzellen mehrere große, basophile, typische Schleimzellen (*schlz*) treten. Dann folgt das Drüsenepithel (*drz*). Es sind ziemlich große Zellen mit kugligem Kern, vollgepfropft mit feinen stark azidophilen Granulis. Vorzüglich heben sie sich bei Kresylviolettfärbung durch ihre reinblaue Färbung von den roten Schleimzellen des Drüseneingangs ab. Die Zellen gleichen in ihrem morphologischen

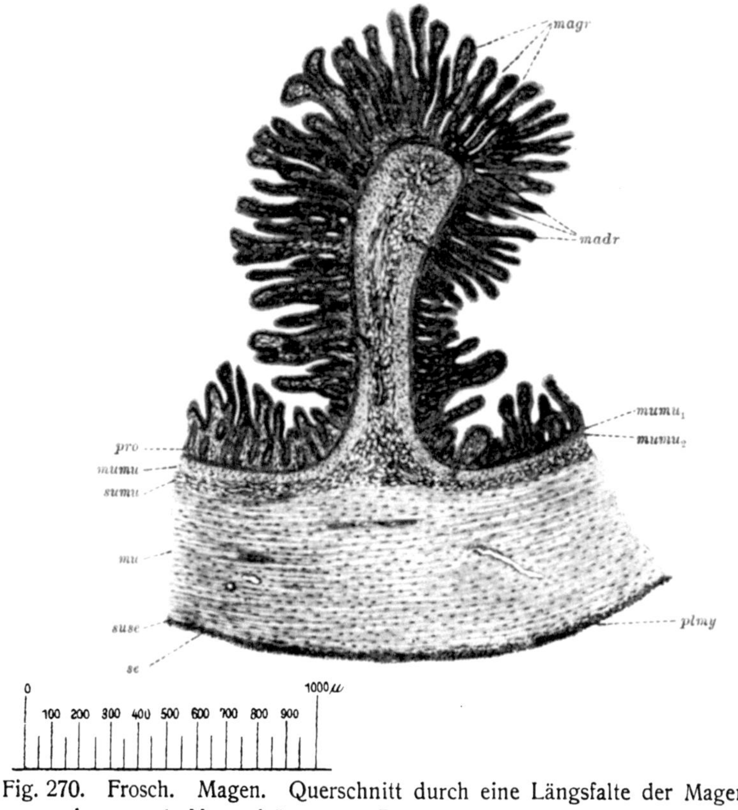

Fig. 270. Frosch. Magen. Querschnitt durch eine Längsfalte der Magenmitte. *magr* Magengruben, *madr* Magendrüsen, *pro* Propria, *mumu* Muscularis mucosae mit zirkulärer ($mumu_1$) und longitudinaler Lage ($mumu_2$), *sumu* Submukosa, *mu* Muskularis, *suse* Subserosa, *se* Serosa, *plmy* Plexus myentericus.

Verhalten und ihren färberischen Eigenschaften ganz den sog. Belegzellen in den Fundusdrüsen der Säugetiere, denen die Absonderung der Salzsäure zugeschrieben wird. Wie diese, enthalten sie auch immer kanalartige Bildungen, sog. Korbkapillaren, die den Zellkörper durchsetzen und wohl Sekretstraßen darstellen. Sie lassen sich durch Färbung mit Eisenhämatoxylin ganz gut darstellen.

Die Magendrüsen werden umhüllt von einer zelligen Membrana propria (*mepro*), welche sich am Drüsenhals allmählich verliert. Die Propria (*pro*) bildet unterhalb der Drüsen eine dünne Lage, füllt von hier aus die Drüsenzwischenräume aus und steigt bis unter das Oberflächenepithel hinauf. Sie enthält zahlreiche verästelte Bindegewebszellen, spärliche Bindegewebsfasern, ferner die Drüsen umspinnende Blutkapillaren und die gleich zu erwähnenden Muskelfasern.

Eine recht ansehnliche Schicht der Magenwandung stellt die Muscularis mucosae dar (Figg. 270 u. 271 *mumu*). Sie läßt sich als dünne Schicht longitudinaler, glatter Muskelfasern bereits im letzten Viertel des Schlundes nachweisen. In der Kardia verdickt sie sich allmählich und es treten nach innen von ihr zunächst vereinzelte Bündel zirkulärer Muskelfasern auf, die sich später zu einer kontinuierlichen Schicht zusammenschließen. So erreicht sie in der Magenmitte zwischen den Falten eine Dicke von 30—40 μ, wovon mindestens drei Viertel auf die äußere Längsmuskelschicht (Fig. 270 $mumu_1$) und nur ein Viertel auf die innere Ringmuskelschicht kommen ($mumu_2$). In den Falten verdickt sich die Muscularis mucosae ganz beträchtlich und schickt aus ihrer inneren Ringmuskelschicht fortwährend Fasern aus, welche zwischen den Drüsen bis zum Oberflächenepithel hinaufsteigen (Fig. 271 *mufa*).

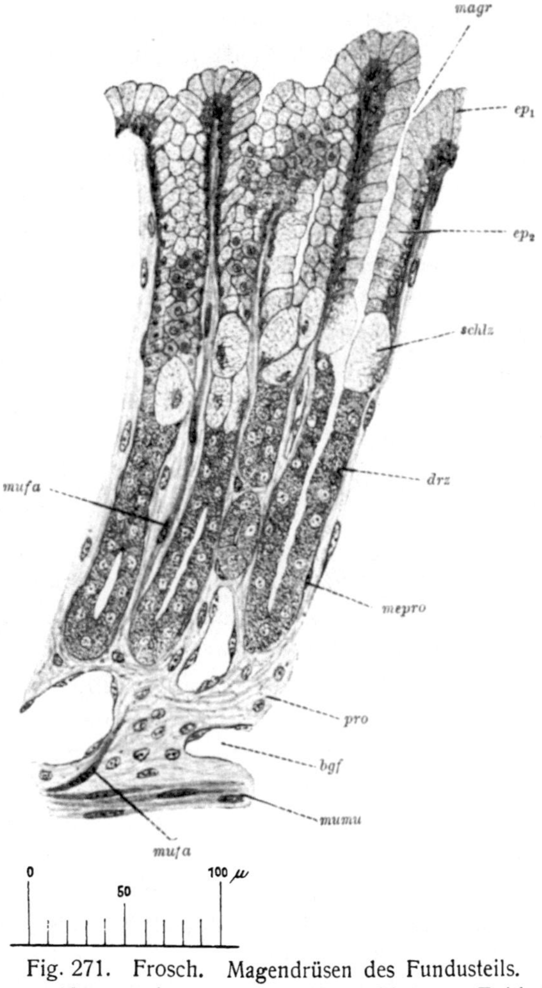

Fig. 271. Frosch. Magendrüsen des Fundusteils. *magr* Magengrube, ep_1 Oberflächenepithel, ep_2 Epithel der Magengrube, *schlz* Schleimzellen des Drüsenhalses, *drz* granulierte Zellen der Magendrüse, *mepro* Membrana propria der Magendrüse, *pro* Propria der Magenschleimhaut, *bgf* Blutgefäße, *mumu* zirkulare Lage der Muscularis mucosae, *mufa* glatte Muskelfasern, die aus der letzteren abzweigen und zwischen den Drüsen aufsteigen.

Die Submukosa (Fig. 270 *sumu*) ist nur 50—100 μ dick und wird von zahlreichen Blutgefäßen durchsetzt.

Die Muskularis (*mu*) ist die direkte Fortsetzung der Ringmuskulatur des Schlundes, sie hat am Mageneingang eine Dicke von 100 μ und verdickt sich dann ganz plötzlich auf 500 μ. Äußerlich wird die Ringmuskulatur des Schlundes, wie wir früher sahen, noch von einer dünnen Längsmuskulatur bedeckt. Sie setzt sich zunächst noch auf die Magenwand fort, verdickt sich dabei nicht unerheblich, verliert sich aber ungefähr 2 mm vom Mageneingang vollständig, so daß nun die Magenmuskulatur bis zum Pylorus herab ausschließlich aus Ringmuskulatur besteht.

Die Subserosa (Fig. 270 *suse*) läßt sich fast bis zum Mageneingang hinauf nachweisen, wo sie noch einen kleinen Teil der Längsmuskelschicht deckt. Sie ist ungefähr 50 μ dick und besteht aus ziemlich groben Bindegewebsbündeln. Zwischen ihnen finden sich zahlreiche, sternförmige Bindegewebszellen, mit ihren Ausläufern jene Bündel umscheidend. Außen liegt der Subserosa das einfache, platte Serosaepithel (Fig. 270 *se*) auf.

An elastischen Fasern ist die Magenwand relativ arm. Wir können da einmal verschiedene elastische Grenzmenbranen unterscheiden, bestehend aus feinen, längsverlaufenden, netzförmig miteinander verbundenen Fasern. Solche Grenzmembranen finden sich zwischen dem Serosaepithel und der Subserosa, dann zwischen letzterer und der Muskularis und zwischen dieser und der Submukosa. Die Submukosa ist im übrigen frei von elastischen Fasern und in der Muskularis sind nur spärliche Längsfasern nachweisbar. Ansehnlichere Mengen dagegen enthält die Subserosa. Sie verlaufen hier ebenfalls in der Längsrichtung und treten in radiärem Verlauf in die Falten ein. Auch die Muscularis mucosae enthält in ihrer äußeren Längslage zahlreiche elastische Fasern.

Die aus den Aa. gastricae und der A. intestinalis prima stammenden Blutgefäße der Magenwand bilden zunächst einen weitmaschigen Plexus zwischen Subserosa und Muskularis. Aus ihm durchsetzen die Äste in schrägem Verlauf die Muskularis und gelangen in die Submukosa, wo sie einen zweiten, engmaschigeren Plexus bilden. Von diesem Plexus submucosus dringen die Zweige durch die Muscularis mucosae in die Propria ,umspinnen die Magendrüsen und bilden arkadenartige Gefäßbogen dicht unter dem Oberflächenepithel. Von den die Muskularis durchsetzenden Ästen wird die letztere selbst mit Kapillaren versorgt, die im allgemeinen eine zirkuläre Verlaufsrichtung einhalten.

Es erübrigt nun noch kurz auf die Veränderungen hinzuweisen, welche der hier beschriebene Bau der Magenwand am Mageneingang und im Pylorusteil erleidet. Der Übergang des Flimmerepithels der Schlundschleimhaut in das flimmerlose, zylindrische Magenepithel ist ein ganz plötzlicher und entspricht fast immer genau der Stelle, wo sich die Schlundmuskulatur zur Magenmuskulatur verdickt. Wie schon früher erwähnt, ist hier die Muscularis mucosae schon deutlich entwickelt und die Schleimhautoberfläche von Magengruben durchsetzt. Spezifische Magendrüsen aber fehlen oder sind doch nur andeutungsweise vorhanden, so daß die Propria hier fast ganz drüsenlos erscheint. Dagegen finden sich in der mächtigen Submukosa noch vereinzelte Schlunddrüsen, deren Ausführungsgänge sich in die Magengruben öffnen und nicht selten starke zystische Erweiterung erfahren. Die typischen Fundusdrüsen treten in geschlossener Schicht innerhalb der Propria erst ungefähr 3 mm von der Epithelgrenze auf.

Die Veränderungen, welche das Schleimhautbild im Pylorus erfährt, sind auf den ersten Blick nur wenig bedeutend. Die Magengruben erscheinen weniger tief, die Magendrüsen sind kürzer und mehr geschlängelt. Ihre Epithelzellen lassen zweierlei Formen erkennen, die besonders deutlich nach Färbung in Kresylviolett hervortreten. Im Drüsenhals vermissen wir zunächst die großen Schleimzellen, es schließen sich also die granulierten, azidophilen Drüsenzellen direkt an das Magengrubenepithel an. Der Drüsengrund wird ausgekleidet von mittelgroßen, etwas bauchigen Zellen, die nicht mehr die azidophilen Körner enthalten, sondern sich mehr gleichmäßig rötlich färben. In ihrem Aussehen sind sie nicht von Schleimzellen zu unterscheiden und es ist kein Grund vorhanden, diese Zellen, wie das vielfach geschieht, mit den Hauptzellen der Magendrüsen der Säugetiere zu identifizieren. Ihre Zahl nimmt kaudalwärts immer mehr zu, so daß sie schließlich die granulierten Zellen vollständig verdrängen.

d) Der Darm.

Der Froschdarm stellt ein im Maximum 200—220 mm langes, zylindrisches Rohr dar, dessen Durchmesser in den verschiedenen Abschnitten zwischen 1 und 5 mm schwankt. Von dem ungefähr in der Mittellinie gelegenen Pylorus wendet sich der Darm zunächst schräg rostral und nach rechts, um dann in der rechten Bauchhälfte in spitzem Winkel kaudalwärts umzubiegen. Es entsteht so eine

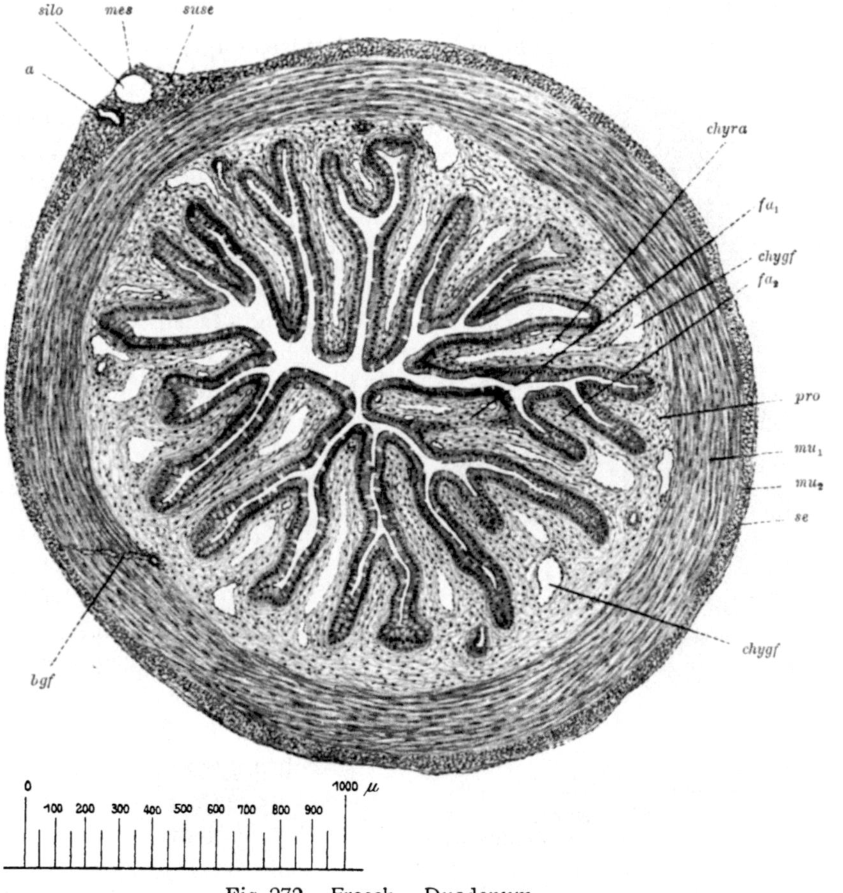

Fig. 272. Frosch. Duodenum.

fa_1 primäre Darmfalten, *fa_2* sekundäre Darmfalten, *chyra* zentraler Chylusraum, *pro* Propria, *chygf* Chylusgefäß der Propria, *mu_1* zirkuläre Muskulatur, *mu_2* longitudinale Muskulatur, *se* Serosa, *bgf* Blutgefäß, *a* Mesenterialarterie, *silo* Sinus longitudinalis im Mesenterialansatz (*mes*), *suse* Subserosa.

kaudalwärts offene U-förmige Schlinge mit einem aufsteigenden und einem absteigenden Schenkel, welche gewöhnlich als Duodenum bezeichnet wird. Dann legt sich das Darmrohr in zahlreiche unregelmäßig verschlungene Windungen, aus denen es wieder aus der rechten Bauchhälfte in die Mittellinie herübertritt und hier in den kurzen Enddarm übertritt. Gegen den sehr engen Pylorus setzt sich das Duodenum sehr scharf ab; seine Dicke beträgt leer 2—3 mm und nimmt dann im absteigenden Schenkel und in den Dünndarmschlingen etwas ab. Beim Übergang des Dünndarms in den Enddarm findet eine ganz plötzliche Erweiterung auf 5 mm statt, dann verengt sich der Enddarm wieder und geht in die Kloake über.

Der Darm wird mit Ausnahme eines kurzen Anfangsstückes durch ein langes Mesenterium nur sehr locker in seiner Lage fixiert. Etwas fester fixiert ist der Enddarm durch das Mesorektum, das sich kaudalwärts stark verkürzt. Ventral ist der Enddarm durch das Lig. rectovesicale mit der Harnblase verbunden.

Spalten wir das Darmrohr der Länge nach mit der Schere und stecken es mit Nadeln auf eine Wachsplatte auf, so erscheint die Schleimhautoberfläche mit einem komplizierten Faltensystem bedeckt. An den Pylorus schließt sich zunächst ein etwa 15 mm langer Abschnitt niedriger, netzförmiger Falten; sie werden bald höher und machen einer doppelten Reihe querer Taschenfalten Platz, die so gestellt sind, daß sie ein Zurücktreten des Darminhaltes verhindern. Die hohen Taschenfalten sind mit sekundären Falten besetzt und durch niedrige Längsfalten netzartig miteinander verbunden. Je tiefer wir kommen, um so niedriger werden die Taschenfalten und gehen schließlich im Enddarm in reine durch schmale Schrägfalten miteinander verbundene Längsfalten über.

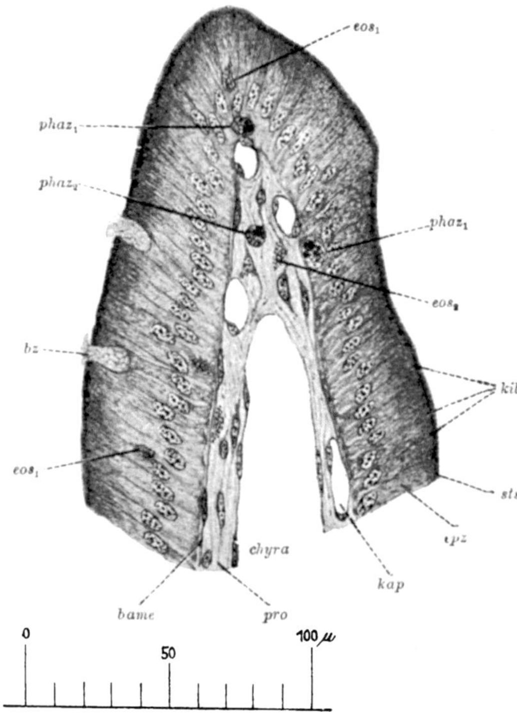

Fig. 273. Frosch.
Querschnitt durch eine Duodenalfalte.
epz Epithelzellen mit Stäbchensaum (*stsa*), *kil* Kittleisten, *bame* Basalmembran, *pro* Propria, *kap* Blutkapillaren, *chyra* zentraler Chylusraum, *bz* Becherzellen, eos_1 eosinophile Zelle im Epithel, eos_2 eosinophile Zelle in der Propria, $phaz_1$ Phagozyt im Epithel, $phaz_2$ Phagozyt in der Propria.

Den feineren Bau wollen wir an einem Querschnitt durch das Duodenum untersuchen (Fig. 272). Er zeigt uns recht einfache Verhältnisse. Bei leerem Darm ist das Lumen nur sehr eng. In dasselbe ragen hinein die Darmfalten, deren Firsten im Zentrum fast zur Berührung kommen. Die Darmfalten, primäre (fa_1) sowohl als sekundäre (fa_2), enthalten in ihrer Achse einen mehr oder weniger weiten Hohlraum, den zentralen Chylusraum (*chyra*), umgeben von der bindegewebigen Propria (*pro*), die sich unterhalb der Falten noch in ziemlich dicker, zusammenhängender Schicht ausbreitet. Darmdrüsen fehlen dem Frosch ebenso, wie eine Muscularis mucosae, so daß eine Trennung von Propria und Submukosa nicht durchführbar ist. Auf die Propria folgt die hier 200—300 μ dicke Muskularis mit einer dicken, inneren Ringmuskelschicht (mu_1) und einer dünnen, äußeren Längsmuskelschicht (mu_2). Die Subserosa (*suse*) zeigt nur in der Gegend des Mesenterialansatzes (*mes*) eine größere Mächtigkeit. Ihr liegt außen das Epithel der Pleuraperitonealhöhle (*se*) auf.

Das Darmepithel (Fig. 273 *epz*) besteht aus einer einfachen Lage schmaler, bis 50 μ langer Zylinderzellen, deren ovoider Kern im basalen Drittel gelegen ist. Die Zellen lassen stets eine deutliche Längsstreifung ihres Protoplasmas erkennen und tragen auf ihrer freien Fläche einen dichten Saum kurzer, feiner Stäbchen (*stae*). Zwischen den durch deutliche Kittleisten (*kil*) getrennten Zylinderzellen stehen typische Becherzellen (*bz*), deren Zahl auf der Faltenhöhe geringer ist als in den Faltentälern.

Die Propria (*pro*) besteht unterhalb der Falten aus längsverlaufenden Bindegewebsbündeln, welche in den Falten einen radiären Verlauf einschlagen. Sie ist ziemlich reich an sternförmigen Bindegewebszellen. Dieselben schließen sich direkt unter dem Epithel zu einer zelligen Basalmembran (*bame*) zusammen. Das Faltenbindegewebe enthält ferner zahlreiche eosinophile Leukozyten (eos_2), sie wandern aus der Propria in das Darmepithel (eos_1) und gelangen durch dasselbe hindurch in das Darmlumen. Ihre Zahl nimmt kaudalwärts immer mehr ab; in den Dünndarmschlingen verschwinden sie ganz. Neben ihnen treten sowohl in der Propria, als im Epithel noch die sog. Phagozyten ($phaz_1$ u. $_2$) auf, kuglige Zellen, deren Körper größere oder kleinere Klumpen enthält, die sich durch ihr färberisches Verhalten, orange in Biondilösung, gelb in Kresylviolett, als Trümmer roter Blutkörperchen charakterisieren.

Von der Muskularis, Subserosa und Serosa ist nichts Besonderes zu berichten. An elastischem Gewebe ist die Darmwand sehr arm. Vereinzelte Fasern trifft man in der Muskularis, eine zusammenhängende Schicht längsverlaufender, netzförmig miteinander verbundener elastischer Fasern läßt sich an der Grenze von Propria und Muskularis nachweisen.

In der Achse einer jeden Darmfalte verläuft der bald weitere, bald engere, mit platten Epithelzellen in einfacher Schicht ausgekleidete und häufig vielfach gekammerte zentrale Chylusraum (*chyra*). Die zentralen Chylusräume münden in ein in der Propria gelegenes Netzwerk von Lymphgefäßen, den Plexus submucosus (Fig. 272 *chygef*). Ein zweiter, aber viel engerer Chylusplexus, Plexus subserosus, findet sich in der Subserosa. Beide Plexus stehen durch zahlreiche Anastomosen miteinander in Verbindung und ergießen sich in den im Mesenterialansatz verlaufenden Sinus longitudinalis (*silo*), der wieder durch die zwischen den Blättern des Mesenteriums verlaufenden Chylusgefäße mit dem Sinus subvertebralis verbunden ist.

Die Blutgefäße des Darms verhalten sich ganz ähnlich wie die Lymphgefäße und lassen sich vom Bulbus cordis aus sehr leicht injizieren. Auf einem injizierten Darmquerschnitt sehen wir zunächst einen ausgedehnten subserösen Gefäßplexus. Von ihm aus dringen ziemlich kräftige Stämmchen (Fig. 272 bgf_1) meist schief durch die Muskularis durch und treten in die Propria ein, um hier einen zweiten Plexus zu bilden. Vielfach wenden sich diese Gefäße auch direkt ohne Plexusbildung in die Falten und treten hier in den dicht unter dem Epithel gelegenen Kapillarplexus ein (Fig. 273 *kapl*), aus dem die Venen in gleicher Weise zurückführen.

Da die Nervenversorgung in Magen und Darm in allen wesentlichen Dingen die gleiche ist, soll sie hier im Zusammenhang behandelt werden. Wir bedienen uns zu ihrer Untersuchung der vitalen Methylenblaufärbung so, daß wir dem durch Chloroform oder Urethan (S. 456) narkotisierten Tier in die V. abdominalis (S. 456) eine 0,5%ige Methylenblaulösung injizieren und dem Herzen die Weiterbeförderung überlassen. Geht man recht vorsichtig vor, so kann man 3—5 ccm einfließen lassen, bevor es zum Herzstillstand kommt. Eine halbe Stunde nach der Injektion wird der Magendarmkanal herausgenommen, der Länge nach geschlitzt und die Schleimhaut durch vorsichtiges Schaben mit dem Skalpell entfernt. Das günstigste Objekt für die Untersuchung liefert wegen seiner dünnen Muskularis der Enddarm, den wir auch im wesentlichen unserer Schilderung zugrunde legen. Man steckt ihn auf eine Wachsplatte auf, fenstert dieselbe und läßt das Präparat bis zur vollständigen Färbung (1—2 Stunden) in der feuchten Kammer liegen. Für Schnittpräparate hängt man den aufgeschnittenen Darm frei in der feuchten Kammer auf.

Die Nerven des Darmes entstammen im wesentlichen dem sympathischen Grenzstrang, Nn. splanchnici, dazu kommen für Magen und Duodenum noch

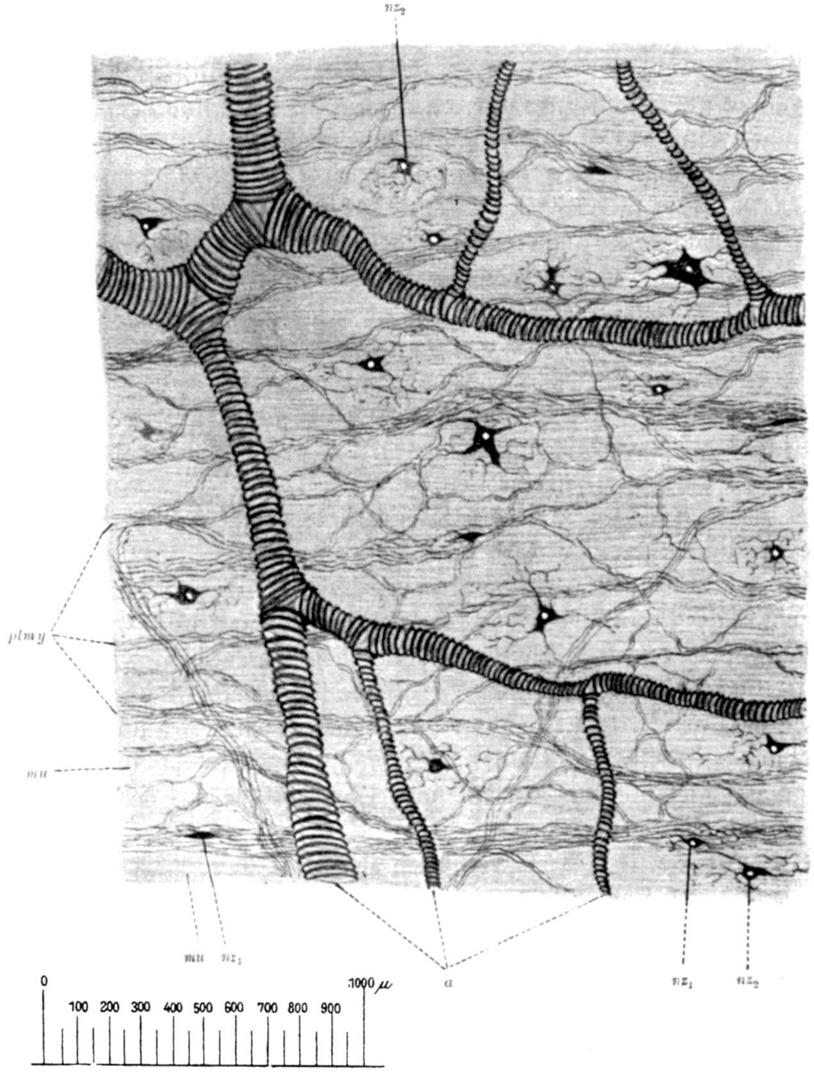

Fig. 274. Frosch. Plexus myentericus des Enddarms.
a Arterienzweige der Subserosa, *plmy* Plexus myentericus, *mu* glatte Muskulatur, nz_1 Nervenzellen in den Balken des Plexus, nz_2 Nervenzellen in den Maschen des Plexus.

Äste des N. vagus, für Dünn- und Enddarm Fasern aus dem 5. bis 8. Spinalnerven. Die Nerven bilden zunächst ein als Auerbachscher Plexus oder Plexus myentericus bekanntes Geflecht. Am Magen liegt dasselbe zwischen Muskularis und Subserosa (Fig. 270 *plmy*), am Darm zwischen Längs- und Ringmuskulatur. Fig. 274 zeigt uns diesen Plexus im Flächenbild. Es ist ein dichtes Geflecht markloser Nervenfasern, in dem markhaltige Fasern nur ganz vereinzelt auftreten.

Außer den Fasern finden sich zahlreiche Nervenzellen, die zum größten Teil in den Maschen (*nz*), zum kleineren Teil in den Balken des Plexus (nz_1) lagern. Es handelt sich um mittelgroße und große, multipolare Zellen mit meist nicht sehr langen, aber stark verzweigten Dendriten. Jede Zelle schickt einen Neuriten aus, der sich als marklose Faser dem Plexus zugesellt. Von dem letzteren zweigen einmal zahlreiche Fasern in die Muskularis ab, um an den glatten Muskelfasern mit kleinen Anschwellungen zu enden. Ein anderer Teil durchsetzt die Ringmuskulatur, tritt in die Propria ein und bildet hier einen zweiten Plexus, den MEISSNERschen Plexus oder Plexus submucosus. Er ist weniger dicht als der Plexus myentericus und enthält keine Nervenzellen. Von ihm zweigen dann die Schleimhautäste ab, umspinnen im Magen die Magendrüsen und bilden unter dem Epithel der Magendarmschleimhaut ein drittes Geflecht, den Plexus subepithelialis. In das Epithel selbst lassen sich die Nervenfasern nicht verfolgen.

e) Die Leber.

Die Leber des Frosches ist ein massiges Organ von gelbbrauner Farbe, welches einen großen Teil der Pleuroperitonealhöhle ausfüllt. Wir können an ihr einen rechten und linken Lappen und einen Mittellappen unterscheiden. Die beiden

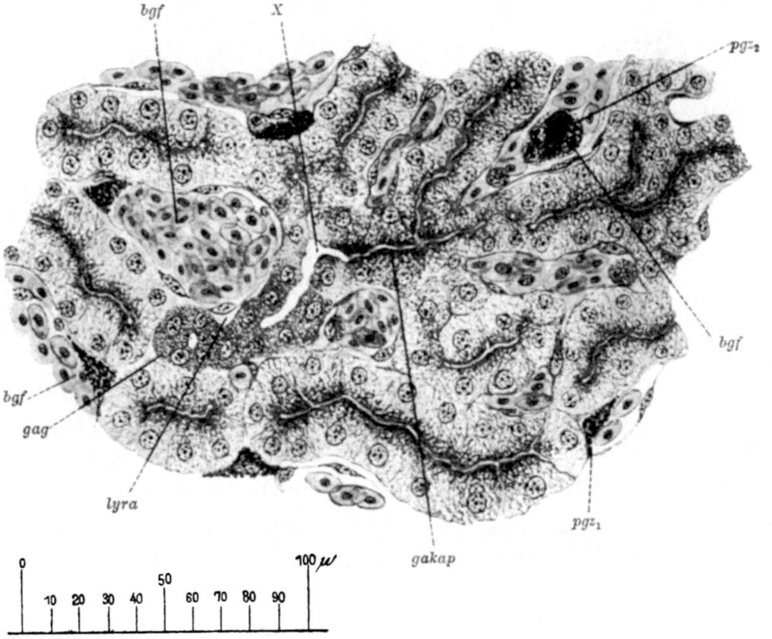

Fig. 275. Frosch. Leber.
bgf Blutgefäße mit Blutkörperchen gefüllt, *lyra* Lymphraum, pgz_1 Pigmentzelle innerhalb eines Lymphraums, pgz_2 Pigmentzelle innerhalb eines Blutgefäßes, *gag* kleiner Gallengang, *X* Übergang des letzteren in die Gallenkapillaren (*gakap*).

ersteren sind nach Abtragung der ventralen Bauchwand sofort sichtbar. Der linke ist wesentlich größer als der rechte und wird durch die Incisura intralobaris in eine vordere und hintere Partie getrennt, die rostralwärts durch eine gemeinsame Substanzbrücke zusammenhängen. Rechter und linker Lappen sind verbunden durch den Mittellappen, der vom Herzbeutel vollständig verdeckt wird. In seine als Lobus descendens bezeichnete kaudale Fortsetzung tritt die V. cava posterior ein und durchsetzt ihn der ganzen Länge nach, um an seinem rostralen Rande wieder auszutreten. Auf seiner Ventralfläche liegt die kuglige, dunkelgrüne Gallenblase. Ihr rostrales, etwas spitz ausgezogenes Ende gabelt sich in zwei Gänge, Ductus cystici. Der rechte tritt zum rechten Lappen, der linke mündet in den Ductus choledochus, der durch den Zusammenfluß der aus dem rechten, mittleren und einem Teil des linken Lappens kommenden Ductus hepatici entsteht, sich dann sofort in die Substanz des Pankreas einsenkt und dieses Organ fast seiner ganzen Länge nach durchsetzt. Er nimmt auf diesem Wege zunächst noch einige Ductus hepatici aus dem linken Leberlappen, dann die Ausführungsgänge des Pankreas auf und mündet, nachdem er das letztere verlassen, in den Anfangsteil des Duodenums, und zwar auf der rechten Seite ein.

Um sich zunächst einen Überblick über den Bau der Froschleber zu verschaffen, fixiert man ein Stück des frischen Organs in BOUINscher oder ZENKERscher Flüssigkeit. Die dünnen Paraffinschnitte werden mit Eisenhämatoxylin oder Biondilösung gefärbt. Noch bessere Resultate liefern Gefrierschnitte von Formalinmaterial.

Die Leber des Frosches ist eine zusammengesetzte, verzweigt tubulöse Drüse, deren Tubuli sich netzförmig miteinander verbinden. Der netzförmige Bau des Leberparenchyms tritt besonders dann schön zutage, wenn die die Maschen des Netzwerks einnehmenden Blutgefäße prall mit Blut gefüllt sind. Das erreicht man sehr einfach so, daß man dem durch Chloroform getöteten Tier die Bauchhöhle unter Schonung der V. abdominalis eröffnet und das ganze Tier in 10%iges Formalin einlegt. Es heben sich dann bei Biondifärbung der Schnitte die prall mit Erythrozyten gefüllten Kapillaren in ihrer Orangefärbung scharf von dem lichtrot gefärbten Parenchym ab.

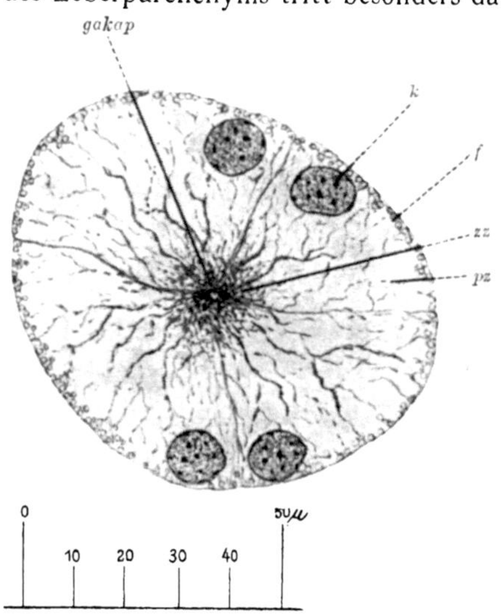

Fig. 276 Frosch. Querschnitt durch einen Lebertubulus.
gakap Gallenkapillare, *zz* zentrale dichte Zone, *pz* periphere helle Zone des Zellkörpers, *k* Kern, *f* Fettröpfchen.

Die im Quer-, Schräg- und Längsschnitt getroffenen Tubuli oder Leberzellbalken haben eine durchschnittliche Dicke von 30—50 μ. Am vorteilhaftesten stellen wir uns zunächst eine Stelle in der unmittelbaren Umgebung eines größeren Blutraumes ein (Fig. 275). Hier finden sich stets kleine Gallengänge (*gag*). Das enge Lumen ist auf dem Querschnitt von 4—5 kubischen Epithelzellen umstellt. Nach einigem Suchen wird man auch bald den Zusammenhang dieser kleinen Gallengänge mit den Leberzellbalken finden. Der Gallengang erweitert sich etwas und teilt sich (×), und in den Teilästen treten einfach an die Stelle der Gangzellen die Leberzellen, der Gallengang spaltet sich in mehrere Lebertubuli, sein Lumen verzweigt sich in die Gallenkapillaren (*gaka*). Die letzteren sind in der Froschleber nicht immer leicht zu sehen, einmal wegen ihrer geringen Weite und zweitens deshalb, weil der die Kapillarwand bildende Teil der Leberzelle ein außerordentlich dichtes Protoplasma besitzt.

Auf einem Querschnitt durch die Leberzellbalken (Fig. 276) wird das enge Gallenkapillarlumen gewöhnlich von 4—5, seltener von 3 oder nur 2 Leberzellen umgeben. Der mehr oder weniger regelmäßig kuglige Kern (*k*) liegt immer an der der Gallenkapillare abgewandten Zellbasis. Der Zellkörper wird durchzogen von einem Netzwerk gröberer und feinerer Protoplasmastränge und -fäden, welche außerordentlich weite Maschen umschließen, so daß der größte Teil der Zelle (*pz*) hell und leer erscheint. Nur in der Nähe der Gallenkapillare erfolgt eine starke Verdichtung des Protoplasmanetzwerks (*zz*), so daß das Kapillarlumen von einem dichten Protoplasmamantel umhüllt ist. In ihm erkennt man mit stärksten Systemen kleine kuglige, stark umrandete Vakuolen, die durch feine Protoplasmafäden mit der Gallenkapillare in Verbindung stehen, die KUPFFERschen Vakuolen.

Intra vitam sind die weiten Protoplasmamaschen ausgefüllt mit Glykogen, welches die Leber bekanntlich aus dem ihr vom Darm her zugeführten Zucker bildet und aufspeichert. Von der Anwesenheit dieses wichtigen Körpers können wir uns leicht auf folgende Weise überzeugen. Eine Froschleber wird 24 Stunden mit einigemal gewechseltem absoluten Alkohol behandelt. Man fertigt dann möglichst dünne Rasiermesserschnitte an und überträgt sie auf den Objektträger in einen Tropfen LUGOLscher Jodjodkaliumlösung. Der Zellkörper erscheint dann durchsetzt von tiefmahagonibraunen, scholligen Glykogenmassen, die sich scharf von dem gelbgefärbten Kern und Protoplasma abheben.

Das Fett, das in der Leberzelle der Fische eine so dominierende Rolle spielt, tritt in der Froschleber nur in ganz verschwindender Menge auf. Färben wir einen Gefrierschnitt mit Sudan, so erscheint das Präparat bei schwacher Vergrößerung zunächst ganz fettfrei. Erst starke Vergrößerungen lassen die feinsten der Zellbasis anliegenden Fettröpfchen erkennen (Fig. 276).

Während bei geschwänzten Amphibien, vor allem bei Salamandra und beim Axolotl die Gallenkapillaren sehr weit sind, sind sie beim Frosch sehr eng. Zu ihrer Sichtbarmachung kann man sich einmal der Färbung und zweitens der Injektion bedienen. Die Färbemethoden (Eisenhämatoxylin, Biondi, WEIGERTsche Gliafärbung, Golgimethode) versagen leider sehr häufig oder geben unzulängliche Resultate. Von den Injektionsmethoden steht uns einmal die physiologische Injektion und zweitens die künstliche Injektion zur Verfügung. Um die Gallenkapillaren auf natürlichem Wege mit Farbstoff zu füllen, bringen wir einem frisch eingefangenen Frosch durch eine kleine Inzision der Rückenhaut eine Messerspitze Indigkarmin (noch besser ist das chemisch reine indigschwefelsaure Natron) in den großen dorsalen Lymphsack. Die kleine Wunde wird durch einige Nähte geschlossen, das Tier nach 24 Stunden getötet und die Leber in mehrmals gewechselten absoluten Alkohol eingelegt. Man fertigt dicke Paraffinschnitte an und färbt sie in einer schwachen Lösung von Eosin in absolutem Alkohol. Dünner Alkohol oder gar Wasser darf mit den Schnitten nicht in Berührung kommen. Auf diese Weise erhält man stets eine ausgezeichnete Füllung des Gallenkapillarnetzes, nicht aber der gröberen Gallengänge.

Die künstliche Injektion wird von der Gallenblase aus ausgeführt. Man nehme möglichst männliche Tiere, bei denen die Blasenwand resistenter ist als bei weiblichen Tieren, lasse nach Eröffnung der Wand die Galle abfließen und binde eine möglichst weite, mit Berlinerblau gefüllte und mit Ansatzschlauch montierte Glaskanüle ein. Vor der Injektion wird eine Ligatur um die Mitte des aufsteigenden Duodenalschenkels gelegt, welche den Ductus choledochus gegen das Darmlumen abschließt. Man steigert den Injektionsdruck so lange, bis die blaue Masse an einzelnen Stellen der Leberoberfläche zutage tritt. Extravasate sind dabei unvermeidlich, manchmal liefern dieselben sogar insofern ganz interessante Bilder, als die Masse in die Blutgefäße durchbricht und man dann Blutgefäß- und Gallenweginjektion nebeneinander hat.

Aus der Verzweigung des Ductus hepatici gehen die gröberen Gallengänge (Fig. 277 gag_1) hervor, verlaufen in der Begleitung der Blutgefäße und umgeben sie mit einem weitmaschigen Netzwerk, aus dem sich die feineren Gallengänge (gag_2) ablösen und in die Gallenkapillaren (*gaka*) übergehen. Die letzteren bilden ein mehr oder weniger regelmäßiges Netzwerk mit blind endigenden Seitenzweigen und sind besetzt mit feinen Knöpfchen, den KUPFFERschen Vakuolen, deren Existenz uns ja schon der gefärbte Schnitt demonstrierte. An den gröberen

Gallengängen dringt infolge des beträchtlichen Injektionsdruckes die Masse auch zwischen die Epithelzellen ein (gag_1).

Die Leber empfängt ihr Blut aus drei Quellen, der A. hepatica, der V. portae und der V. abdominalis. Alle drei treten auf der Dorsalfläche ein, die Ernährungsblut führende A. hepatica dicht neben der Gallenblase. Die V. portae führt der Leber funktionelles Blut aus Magen und Darm zu. Ihr Stamm verläuft mit dem Ductus choledochus durch das Pankreas und senkt sich in den linken Leberlappen

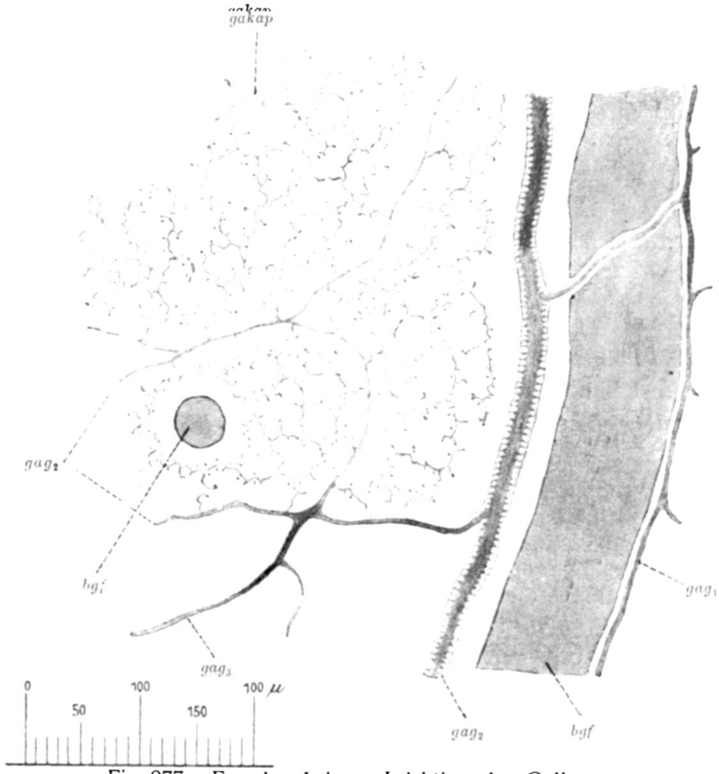

Fig. 277. Frosch. Leber. Injektion der Gallenwege.
gag_1 gröberer Gallengang, gag_2 ein solcher mit Extravasaten zwischen den Epithelzellen, gag_3 feinere Gallengänge, *gakap* Gallenkapillaren, *bgf* Blutgefäße.

ein, nachdem sie einen Ast an die V. abdominalis abgegeben hat. Die letztere sammelt das Blut aus der ganzen hinteren Körperhälfte und zerfällt in der Höhe der Gallenblase in zwei Äste, die in den rechten und linken Leberlappen eintreten. Abgeführt wird das gesamte Leberblut durch die V. hepatica in die V. cava posterior.

Um die Blutgefäßverteilung, wenigstens die venöse innerhalb der Leber kennen zu lernen, injiziert man am besten bei dem durch Chloroform getöteten, blutgefüllten Tier Berlinerblau von der V. abdominalis aus. Sobald die Leberoberfläche blau wird, bricht man die Injektion ab, unterbindet das Gefäß und legt das ganze Tier in Formalin ein. Bei der Injektion treibt der Farbstoff das Blut vor sich her und man findet dann an günstigen Stellen nur die Portalgefäße mit ersterem, die abführenden Venen dagegen mit Blut gefüllt.

Unsere Fig. 278 zeigt einen durch die Injektion stark ausgedehnten Portalast (*vpo*), beiderseits flankiert von den wesentlich dünneren, blutgefüllten Ästen der V. hepatica (*vhe*). Beide senden ihre Zweige in das Leberparenchym, wo sie sich in das Netzwerk der Blutkapillaren (*ka*) auflösen. Blutgefäßkapillaren und Gallenkapillaren bilden zwei Netzwerke, die sich in ihrer Maschenweite ungefähr gleichkommen und so angeordnet sind, daß sie sich nirgends berühren, sondern überall durch die Substanz der Leberzellen voneinander getrennt werden.

In den Blutkapillaren der Leber trifft man stets gelbes oder braunes Pigment, entweder in feinen Tröpfchen oder in groben Schollen. Es liegt in entweder scharf begrenzten oder zu mehreren zusammenfließenden Zellen. Es dürfte sich dabei wohl um Zerfallsprodukte roter Blutkörperchen handeln, die von lympho-

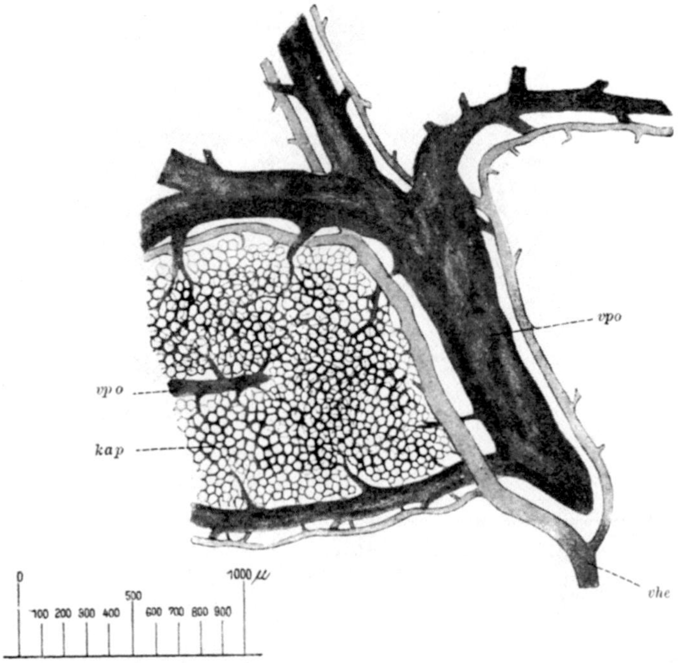

Fig. 278. Frosch. Leber. Injektion der Blutgefäße von der V. abdominalis aus. *vpo* Portalgefäße, *vhe* Zweige der V. hepatica, *kap* Blutkapillaren des Leberparenchyms.

zytären Elementen nach Art der Phagozyten aufgenommen werden. Die Pigmentmenge der Leber wechselt je nach der Jahreszeit.

Das Bindegewebe ist in der Froschleber nur recht spärlich entwickelt. Wir finden es hauptsächlich um die gröberen Gallengänge und Blutgefäße herum. Von hier aus dringen die durch die Bielschowskymethode leicht darstellbaren Gitterfasern mit den Blutkapillaren vor und umgeben sie mit einem lockeren Flechtwerk.

Was die gallenabführenden Wege anlangt, so erhält man Querschnitte des Ductus choledochus gelegentlich der Untersuchung des Pankreas. Er wird ausgekleidet von einer einfachen Schicht langer, schmaler Zylinderzellen (Fig. 279 *epz*), deren distales, freies Ende in verschiedenem Grade verschleimt ist. Der lange, meist etwas unregelmäßig walzenförmige Kern liegt im proximalen Drittel der Zelle, das gegen die Propria (*pro*) in mehreren Zipfeln vorspringt. Zwischen diesen letzteren sind unregelmäßige, kommunizierende Hohlräume ausgespart, in denen man immer eosinophile Zellen (*eoz*) und Lymphozyten (*lyz*) antrifft. Die Zellausläufer senken sich direkt in die gegen das Epithel nirgends scharf abgegrenzte Propria ein. Muskuläre Elemente fehlen der Wand des Gallengangs vollkommen. Zwischen die verschleimten Zylinderzellen schieben sich hier und da breitere Flimmerzellen (*flz*). Sie sind so spärlich vorhanden, daß man auf einem Querschnitt selten mehr als 4 oder 5 zählt.

Die Schleimhaut der Gallenblase legt sich in zahlreiche, niedrige Falten und besteht aus Epithel und Propria. Das erstere ist ein einfaches Zylinder-

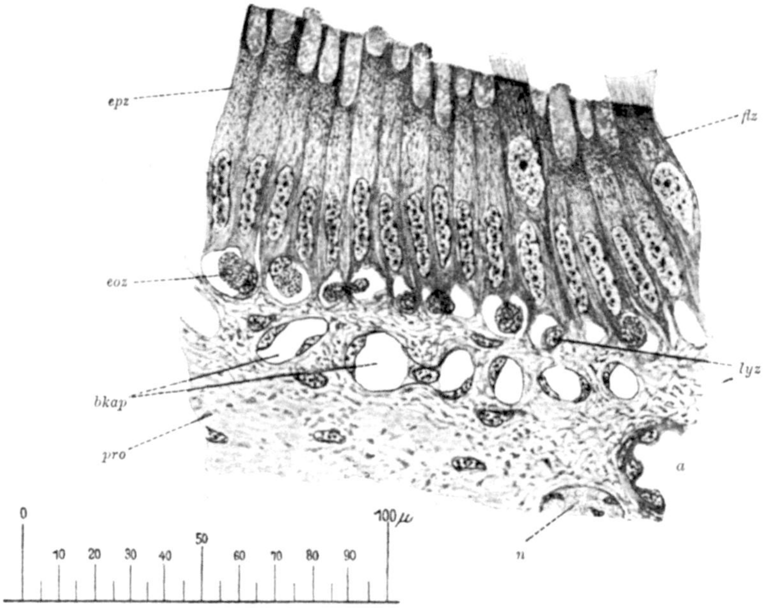

Fig. 279. Frosch. Ductus choledochus.
epz verschleimte Zylinderzellen, *flz* Flimmerzellen, *eoz* eosinophile Zellen, *lyz* Lymphozyten, *pro* Propria, *bkap* Blutkapillaren, *a* Arterie, *n* Nerv.

epithel. Die Zellen zeigen weder Verschleimung noch Flimmerbesatz, sondern nur einen undeutlichen, homogenen Kutikularsaum. Die Propria ist bindegewebig, muskulöse Elemente führt die Gallenblasenwand nirgends. In den Ductus cystici und den Ductus hepatici ist das Epithel ebenfalls zylindrisch und wird beim Eintritt in die Lebersubstanz immer niedriger. Schleimzellen und Flimmerzellen treten erst im Ductus choledochus auf.

f) Das Pankreas.

Die Bauchspeicheldrüse des Frosches, ein dünnes, langgestrecktes, mit zahlreichen lappigen Fortsätzen versehenes Organ von graugelber Farbe, liegt zwischen Magen und aufsteigendem Schenkel des Duodenums und wird vom linken Leberlappen vollständig verdeckt. Von der breitesten Stelle, dem Körper erstreckt, sich rostralwärts der Proc. hepaticus bis zur Gallenblase, kaudalwärts teilt sich der Körper in zwei schmale Zipfel, den dicht sich dem Duodenum anschmiegenden Proc. duodenalis und den sichelförmigen Proc. liber, der weiter kaudalwärts reicht als ersterer.

Das Pankreas wird durchsetzt von dem Ductus choledochus. Er tritt in das rostrale Ende des Proc. hepaticus ein, durchsetzt diesen, den Körper und den größten Teil des Proc. duodenalis, um dann, aus letzterem ausgetreten, in das Duodenum einzumünden. In den Ductus choledochus münden die Ausführungsgänge des Pankreas in wechselnder Zahl, so daß also Galle und Pankreassaft gemeinschaftlich in das Darmlumen abgeführt werden.

Das Pankreas ist eine zusammengesetzte, verzweigt alveoläre Drüse. Wir können uns von dieser Tatsache leicht durch Injektion überzeugen. Man klappt zu diesem Zweck den Magen mit dem aufsteigenden Duodenalschenkel rostralwärts um und sieht dann sofort die Einmündungsstelle des Ductus choledochus in letzteren vor sich. Die Stelle wird mit der Schere geschlitzt und eine zur Kapillare ausgezogene, mit Schlauch und Klemme armierte und mit Berlinerblau gefüllte Glaskanüle eingeführt. Man bläst dann nach Öffnung der Klemme mit dem Mund die Masse in die Drüse so lange, bis sie auf der Oberfläche des Organs erscheint. Nach Fixation in Formalin oder absolutem Alkohol werden dicke Gefrier- oder Rasiermesserschnitte angefertigt.

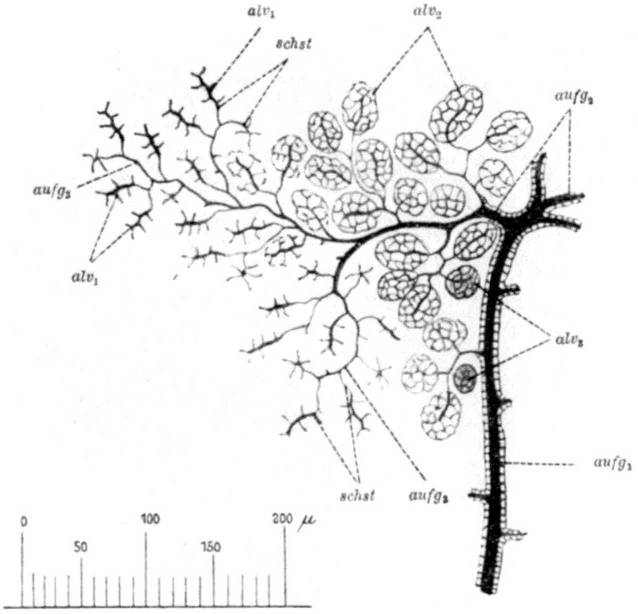

Fig. 280. Frosch. Pankreas. Injektion vom Ductus choledochus aus.
aufg$_1$ grober Ausführungsgang, *aufg*$_2$ feinere Ausführungsgänge, *aufg*$_3$ deren feinste Endzweige, *schst* Schaltstücke, *alv*$_1$ Alveolen, bei denen die Injektionsmasse nur zwischen die Alveolarzellen gedrungen ist, *alv*$_2$ Alveolen mit netzförmig sich ausbreitender Injektionsmasse, *alv*$_3$ Alveolen mit totaler Extravasierung der Injektionsmasse.

Fig. 280 stellt ein solches Präparat dar. Während die groben Ausführungsgänge sämtlich gefüllt erscheinen, injizieren sich immer nur relativ wenige feinere Gänge, diese aber dann auch bis in ihre feinsten Ausläufer. Von den groben Gängen (*aufg*$_1$) gehen unter rechtem oder spitzem Winkel die feineren Gänge (*aufg*$_2$) ab, sich vielfach baumförmig verzweigend. Die feinsten Zweige (*aufg*$_3$) geben schließlich die kurzen, engen Schaltstücke (*schst*) ab, an deren jedem eine rundliche oder länglich walzenförmige Alveole (*alv*$_2$) hängt, wie die Beere am Stiel. Während die Alveole den Durchmesser des Schaltstückes um ein Mehrfaches übertrifft, erweitert sich das Schaltstücklumen beim Übergang in das Alveolarlumen nur ganz unwesentlich, so daß die Volumenzunahme wesentlich auf Rechnung des sezernierenden Epithels erfolgt. Ähnlich wie wir das bei der Injektion der Gallenkapillaren gesehen haben, dringt auch hier infolge des starken Injektionsdruckes die Masse in den gröberen Gängen vielfach zwischen die auskleidenden Epithelzellen ein. In den feineren Gängen kommt das selten vor, in den Alveolen aber recht häufig und diesem Umstand verdanken wir, daß an solchen

Präparaten auch die Alveolenform sehr gut erkannt werden kann. Die Masse dringt einmal zwischen die Alveolarepithelien ein (alv_1), breitet sich dann aber auch an deren äußerer Oberfläche aus, so daß jede Alveole von einem Netzwerk blauer Fäden durch- und überzogen erscheint (alv_2).

Zur Untersuchung des feineren Baues wollen wir uns zunächst ein frisches Präparat anfertigen. Ein kleines, mit der Schere ausgeschnittenes Stückchen des Organs wird grob zerzupft und das aufgelegte Deckglas unter leichtem Druck mit KRÖNIGschem Lack umrandet.

Die Alveolen erscheinen dann bei mittelstarker Vergrößerung angefüllt mit ziemlich groben, dunklen Körnern, den Zymogenkörnern. Bei starker Ver-

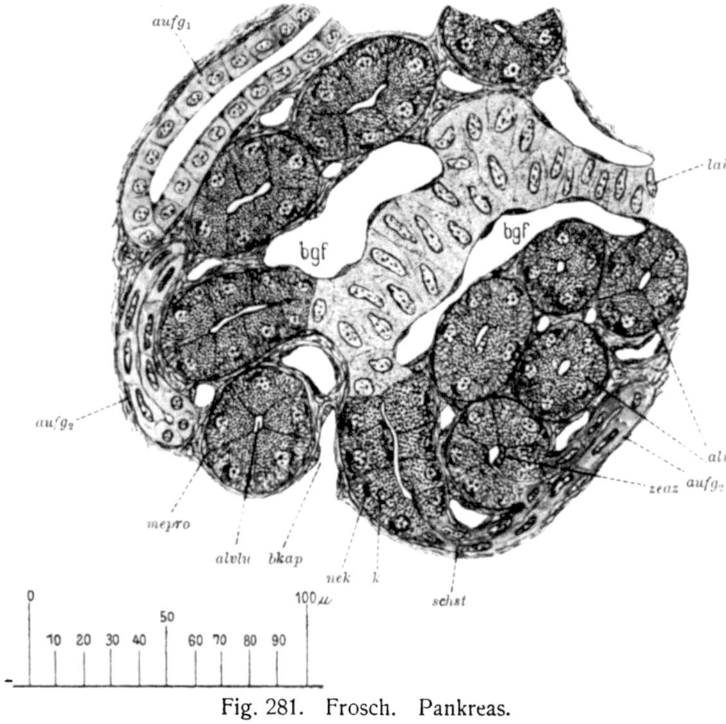

Fig. 281. Frosch. Pankreas.
*aufg*₁ mittlerer Ausführungsgang, *aufg*₂ feinerer Ausführungsgang, *schst* Schaltstück, *alv* Alveolen, *alvlu* Alveolarlumen, *zeaz* zentroazinäre Zellen, *k* Kern der Alveolarzelle, *nek* Nebenkern, *mepro* Membrana propria, *lai* Langerhanssche Insel, *bgf* Blutgefäße, *bkap* Blutkapillaren.

größerung treten die Konturen der Alveolarzellen, wenn auch ziemlich undeutlich, hervor und wir erkennen, daß nicht die ganze Zelle von den Körnern erfüllt ist, sondern nur der dem Lumen benachbarte Abschnitt, der allerdings häufig mehr als die Hälfte der Zelle ausmacht. Der proximale Zellabschnitt hebt sich hell von der dunklen Körnermasse ab und enthält ein dichtes Protoplasmanetz. An der Grenze beider Abschnitte liegt der kuglige, meist etwas unregelmäßige Kern.

Zur Fixation der Drüse, die man am besten mit dem aufsteigenden Duodenalschenkel in Verbindung läßt, eignen sich vor allem Formalin und Formalingemische, welche die Zymogenkörner vorzüglich erhalten. Wir wählen die BOUINsche Flüssigkeit und färben die dünnen Paraffinschnitte mit Eisenhämatoxylin oder mit Biondilösung.

Unser Schnitt (Fig. 281) fällt etwas kaudal von der Mitte des Organs, da, wo sich der Körper in den Proc. duodenalis und den Proc. liber spaltet. Wir finden hier in die Substanz des ersteren eingeschlossen den Ductus choledochus, neben ihm den Querschnitt der V. portae und etwas außerhalb der Drüsensubstanz die A. coeliaca. Die Alveolen liegen sehr dicht, Bindegewebe in erheblichen Mengen treffen wir nur um die großen Ausführungsgänge und Gefäße herum. Von einer deutlichen Läppchenbildung kann deshalb beim Froschpankreas nicht die Rede sein. Die die Alveolen (*alv*) auskleidenden Zellen, auf dem Alveolenquerschnitt sind es meist 5—6, auf dem Längsschnitt 8—12, sind von kubischer oder konischer Form und begrenzen ein enges Lumen (*alvlu*), dem an vielen Stellen noch längliche Kerne anliegen (*zeaz*). Sie gehören den uns ja schon bekannten zentroazinären Zellen an. Der dem Lumen anliegende Teil der Alveolarzellen ist dicht erfüllt von den stark azidophilen Zymogenkörnern (*zykö*), der schmale, proximale Zellabschnitt enthält ein dichtes, grobfädiges Protoplasma. Der auf der Grenze beider Abschnitte gelegene Kern (*k*) läßt neben zahlreichen Chromatinbrocken stets ein großes, oft vakuolisiertes, unregelmäßiges Kernkörperchen erkennen. Immer schmiegt sich dem Kern an seiner proximalen Fläche ein meist sichelförmiger, azidophiler Körper an, der Nebenkern (*nek*), der wohl eine wichtige Rolle bei der Sekretion spielt. Die Alveolen sind umgeben von einer zelligen Membrana propria (*mepro*) und werden voneinander getrennt durch spärliches Bindegewebe und zahlreiche Blutkapillaren (*bka*), Allenthalben erscheinen zwischen den Alveolen Quer- und Längsschnitte der Ausführgänge ($aufg_1$ und $aufg_2$), ausgekleidet mit kubischem Epithel. Der Übergang der dünnen Schaltstücke (*schst*) in die Alveolen ist immer sehr leicht zu erkennen.

Auch das Pankreas des Frosches enthält zahlreiche LANGERHANSsche Inseln (*lai*), die sich durch ihre hellere Färbung gut von den dunklen Alveolen abheben. Es sind solide, verzweigte Zellbalken, umgeben von weiten Blutgefäßen (*bgf*). Ihre Zellen haben Zylinderform, enthalten ein feinkörniges Protoplasma und einen den Alveolarzellenkern an Größe wesentlich übertreffenden Kern. Die Inseln sind gegen die umgebenden Alveolen nicht scharf abgesetzt. An vielen Stellen läßt sich ein direkter Zusammenhang zwischen beiden beobachten. Das Alveolarlumen erscheint dann blindgeschlossen und an die Stelle der dunklen Alveolenzellen treten die lichten Inselzellen.

9. Die Atmungsorgane.

Als Atmungsorgane fungieren beim erwachsenen Frosch, wenn wir von der Nasenhöhle und der respiratorischen Tätigkeit der äußeren Haut und der Schleimhaut der Mundrachenhöhle absehen, die als ventrale Ausstülpung des Kopfdarms entstandenen Lungen, zwei paarige, umfangreiche Säcke, welche durch ein unpaares Stück, die Stimmlade, auf der Prominentia laryngea im Aditus laryngis in die Rachenhöhle münden.

a) Die Stimmlade.

Die Stimmlade dient neben der Atmung vor allem der Stimmerzeugung und liegt zwischen den knöchernen Proc. thyreodei des Zungenbeins in Form eines kurzen Rohres, aus dessen ventrokaudalem Umfang je ein Aditus pulmonis in einen Lungenhals führt. Sie wird gestützt erstens jederseits durch die paarige, muschelschalenförmige Cartilago arytaenoidea und zweitens durch die spangenförmige, unpaare Cartilago cricotrachealis, die sich einmal dem ventralen Rand des Arytaenoidknorpels anlagert (Pars cricoidea) und dann um jeden Aditus pulmonalis sich ringförmig herumlegt (Pars trachealis). Die Wand der Stimmlade wird dorsal und lateral von jenen beiden Knorpeln gebildet, ventralwärts von der häutigen Membrana obturatoria, verstärkt von dem in sie eingelagerten Proc. obturatorius der Cartilago cricotrochealis.

Für die Untersuchung der Stimmlade fixiert man am besten das ganze Tier durch Injektion vom Bulbus cordis aus mit BOUINscher Flüssigkeit. Am nächsten Tag entfernt man nach gründlichem Auswaschen zunächst die Bauchdecken in Verbindung mit dem Schultergürtel, dann das Herz, umschneidet die Rachenschleimhaut um den Aditus laryngis herum und kann nun die Stimmlade zusammen mit den Lungen herauslösen. Wird nun die erstere durch einen medianen Sagittalschnitt halbiert, so erhält man einen guten Einblick in ihren Binnenraum (Fig. 282).

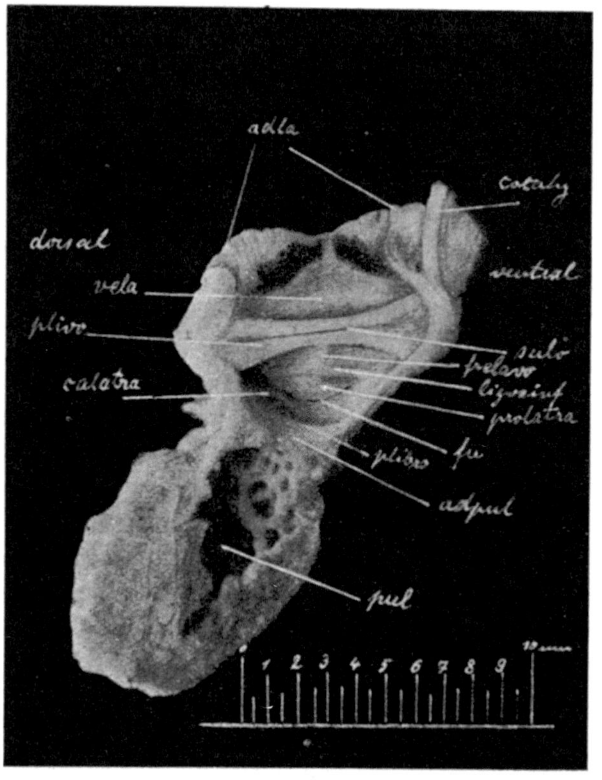

Fig. 282. Frosch. Stimmlade und Lunge im sagittalen Medianschnitt.
adla Aditus laryngis, *cocahy* Corpus cartilaginis hyoideae, *sulo* Sulcus longitudinalis, *frelavo* Frenulum labii vocalis, *ligvoinf* Ligamentum vocale inferius, *prolatra* Prominentia laryngotrachealis, *fu* Furche, *plibro* Plica bronchialis, *adpul* Aditus pulmonum, *pul* Lunge, *calatra* Cavum laryngotracheale, *plivo* Stimmfalte, *vela* Ventriculus laryngis.

Der Binnenraum der Stimmlade wird durch die Stimmfalte (*plivo*) in zwei ungleiche, übereinander gelegene Abschnitte zerlegt, das Vestibulum laryngis (*vela*) oben und das Cavum laryngotracheale unten. Das erstere ragt als Prominentia laryngea in die Rachenhöhle hinein, das Cavum laryngotracheale stößt kaudal an den rechten Vorhof des Herzens.

Die Stimmfalte stellt eine sich aus der Stimmladenschleimhaut erhebende Falte dar, deren Längsdurchmesser dem größten Sagittaldurchmesser der Stimmlade entspricht. Wir unterscheiden an ihr eine Pars basalis und eine frei in das Lumen vorspringende Pars marginalis. Die letztere bildet die Begrenzung der Stimmritze und ist in ihr schmäler als an beiden Enden. Über die freie Fläche der Pars marginalis verläuft der Länge nach der Sulcus longitudinalis (*sulo*) und zerlegt sie in eine rostrale und eine kaudale Lippe.

Das rostral von der Stimmfalte gelegene Vestibulum laryngis (*vela*) ist nur von geringer Tiefe und öffnet sich durch den schmalen Aditus laryngis in die Rachenhöhle.

Geräumiger ist das Cavum laryngotracheale. Es kommuniziert rostral durch die Stimmritze mit dem Vetibulum, kaudalwärts öffnet es sich jederseits durch den rundlichen Aditus pulmonis in die Lungen. Die Grenze gegen die letzteren bildet jederseits die Plica bronchialis (*plibro*). Unmittelbar vor der letzteren erreicht das Cavum laryngotracheale seine größte Tiefe, weiter rostral erhebt sich aus seiner Lateralwand eine rundliche Hervorragung, die Prominentia laryngotrachealis (*prolatra*). Von ihr verläuft schräg rostral zur Mitte des freien kaudalen Stimmlippenrandes eine schmale Schleimhautfalte, das Frenulum plicae vocalis.

Kaudalwärts wird die Prominentia laryngotrachealis abgegrenzt durch eine bogenförmige Furche (*fu*), die in eine enge, zwischen der Pars cricoidea und der Cartilago cricotrachealis gelegenen Tasche führt, die Laryngotrachealdrüse.

Außerdem verläuft noch quer über die Prominentia laryngotrachealis, parallel zur Stimmfalte, eine nicht immer sehr deutlich entwickelte Schleimhautfalte, das Lig. vocale infimum.

Im Vestibulum ist die Schleimhautoberfläche vollkommen glatt, im Cavum laryngotracheale legt sie sich dagegen in Falten, die von der Prominentia laryngotrachealis zum Aditus pulmonis mehr und mehr verstreichen.

Über die histologischen Details unterrichten uns am besten Schnitte, die senkrecht auf die Stimmlippe durch die eine Hälfte unseres Präparates nach Einbettung in Paraffin geführt werden. Man färbt sie entweder in Biondilösung oder zunächst in Hämalaun, dann in WEIGERTS Resorzinfuchsin und schließlich in Pikrofuchsin.

Fig. 283 zeigt uns den Hauptteil eines solchen Schnittes. Von dem Knorpelgerüst der Stimmlade treffen wir einmal den langen Querschnitt der Cartilago arytaenoidea (*caaryt*) und lateral von seinem ventralen Ende den kleinen runden Querschnitt der Pars cricoidea der Cartilago cricotrachealis (*pacri*). Noch weiter lateral folgt der Querschnitt des knöchernen Proc. posteromedianus (*propome*) des Zungenbeins mit seinem weiten Markraum. Aus der Schleimhaut der Stimmlade erhebt sich die schmale Stimmfalte mit schmaler Basis (*stiba*), dann sich hammerartig zu den Stimmlippen verbreiternd. Die freie Oberfläche der letzteren wird durch eine, auch schon bei makroskopischer Besichtigung (Fig. 282) deutlich hervortretende Längsfurche, Sulcus longitudinalis (*sulo*), in eine plumpe dorsale ($plivo_1$) und eine zugeschärfte, etwas eingerollte ventrale Hälfte ($plivo_2$) zerlegt. Ein in das Cavum laryngotracheale (*calatra*) vorspringender Schleimhautwulst (*fre*) stellt den Längsschnitt des Frenulum plicae vocalis dar. Ventral von ihm öffnet sich der Eingang zur Laryngotrachealdrüse (*latrdr*), dann folgt der Aditus pulmonis.

Das die Stimmladenschleimhaut überziehende Epithel zeigt in den verschiedenen Teilen ein recht verschiedenes Aussehen. Am Aditus laryngis verliert das Epithel der Rachenhöhle zunächst völlig seine Becherzellen und wir haben so im dorsalen Abschnitt des Vestibulum laryngis (*vela*) ein dickes, mehrrreihiges, flimmerndes Zylinderepithel (ep_1). Ventralwärts wird es bis zur Stimmfaltenbasis immer niedriger und zwischen den nun kubischen Flimmerzellen treten wieder zahlreiche Becherzellen auf (ep_2). An der Stimmfaltenbasis schreitet die Verdünnung noch weiter fort, die Flimmern verlieren sich und die dorsale Fläche der Stimmfalte wird von einem einschichtigen Plattenepithel überzogen (ep_3). Auf der die Stimmritze begrenzenden Oberfläche der Stimmlippe verdickt sich das Epithel und wird zweischichtig, bleibt aber flimmerlos (ep_4), um an der ventralen

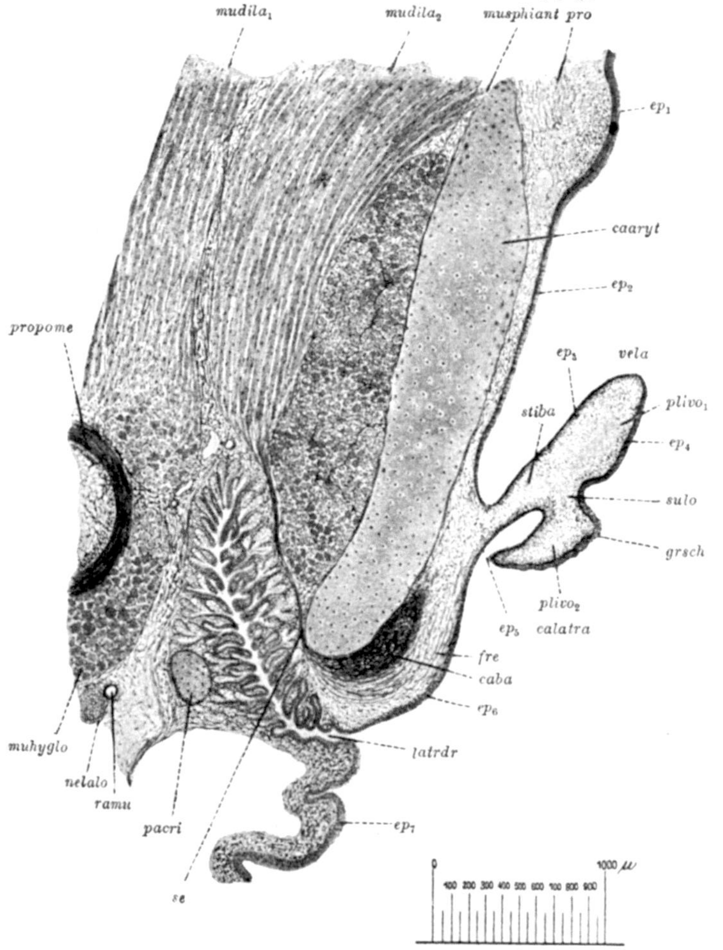

Fig. 283. Frosch. Stimmlade.

mudila$_1$ oberflächliche, *mudila*$_2$ tiefe Portion des M. dilatator laryngis, *musphiant* M. sphincter anterior laryngis, *pro* Propria, *ep*$_1$ Epithel des Aditus laryngis, *caaryt* Cartilago arytaenoidea, *ep*$_2$ Epithel des Vestibulum laryngis (*vela*), *stiba* Pars basalis der Stimmfalte, *ep*$_3$ deren rostrales Epithel, *plivo*$_1$ rostrale Lippe der Stimmfalte, *ep*$_4$ deren Epithel, *sulo* Sulcus longitudinalis, *grsch* elastische Grenzschicht, *plivo*$_2$ kaudale Lippe der Stimmfalte, *ep*$_5$ Epithel der Kaudalfläche der Stimmfalte, *fre* längs geschnittenes Frenulum, *caba* Cartilago basalis, *ep*$_6$ Epithel des Cavum laryngotracheale (*calatra*), *latrdr* Eingang zur Laryngotrachealdrüse, *ep*$_7$ Epithel des Aditus pulmonis, *se* Sehne der tiefen Portion der M. dilatator laryngis, *pacri* Pars cricoidea der Cartilago cricotrachealis, *ramu* Ramus muscularis der A. carotis externa, *nelalo* N. laryngeus longus, *muhyglo* M. hyoglossus, *propome* Proc. posteromedianus des Zungenbeins.

Fläche der Stimmfalte wieder einschichtig zu werden (ep_5). Im Cavum laryngotracheale legt sich die Schleimhaut in niedrige Falten und ist hier mit einem einfachen Zylinderepithel bedeckt (ep_6), das sich in die epitheliale Auskleidung der Laryngotrachealdrüse fortsetzt, um erst wieder im Aditus pulmonis einem becherzellenhaltigen, flimmernden Zylinderepithel Platz zu machen (ep_7).

Die Grundlage der Stimmladenschleimhaut bildet die an elastischen Fasern ungemein reiche Propria (*pro*). Eine Basalmembran fehlt. An ihrer Stelle liegt unmittelbar unter dem Epithel eine elastische Grenzschicht, aus feinen, dicht miteinander verfilzten elastischen Fasern bestehend, die auf der kaudalen Stimmlippe ihre größte Dicke erreicht (*gesch*).

Die Propria der Stimmlippen besteht aus Bindegewebsbündeln, welche fast sämtlich der Längsrichtung der Stimmfalte folgen, also in unserem Schnitt quergetroffen sind. Ihnen beigemischt sind zahlreiche elastische Fasern und bilden in der Stimmlippe ein mächtiges, dichtes Lager, vor allem direkt unter der Grenzschicht. Im Innern der Stimmlippe treten sie dagegen nur spärlich auf, hier herrscht das kollagene Gewebe vor und es verdickt sich in der kaudalen Lippe zu dem sog. Stimmstab. Er ist nur in der ventralen und dorsalen Hälfte der kaudalen Lippe entwickelt, fehlt daher in unserem Medianschnitt und heftet sich an dem Pulvinar ventrale bzw. dorsale an, zwei dem Arytaenoid kappenartig aufliegenden Netzknorpeln. Die Propria ist im Vestibulum reich an Blutgefäßen, in der Stimmlippe und im Cavum laryngotracheale gefäßarm.

Dem ventralen Ende der Cartilago arytaenoidea erscheint ferner medianwärts ein elastischer Knorpel angelagert (*caba*), der Querschnitt der Cartilago basalis, er geht kaudal in die Sehne der tiefen Portion des M. dilatator laryngis (*se*) über, rostral setzt sich die Masse seiner elastischen Fasern in die Basis der Stimmfalte fort.

Die Laryngotrachealdrüse (*latrdr*) stellt eine taschenförmige Einstülpung der Schleimhaut der Stimmlade dar, die sich lateral und dorsal zwischen dem ventralen Rand des Arytaenoidknorpels und der Pars cricoidea der Cartilago cricotrachealis hindurch in die umgebende Muskulatur gegen den medialen Umfang des Proc. posteromedianus erstreckt. Von dem taschenförmigen Hohlraum gehen zahlreiche, sich gabelnde und in etwas erweiterten Alveolen endende Drüsenschläuche aus. Der Drüseneingang und der gemeinsame Hohlraum sind ausgekleidet mit einer einfachen Schicht mäßig hoher Zylinderzellen mit basal gelagertem Kern und stark granuliertem Protoplasma. In den Schläuchen hellt sich das Epithel allmählich auf, die Zellen werden größer und zeigen in den Alveolen ein deutlich netzmaschiges Protoplasma. Die Maschen enthalten in wechselnder Menge feine azidophile Körnchen. Es handelt sich also um eine seröse, schleimfreie Drüse.

Zur Öffnung und Schließung des Aditus laryngis und zur Spannung und Entspannung der Stimmlippen besitzt die Stimmlade schließlich noch drei quergestreifte Muskeln, die Mm. dilatator laryngis, hyolaryngeus und sphincter laryngis. Der Sphinkter (*musphiant*), von dem wir eine vordere und hintere Portion unterscheiden können, liegt dem Arytaenoidknorpel direkt auf; seine Fasern erscheinen im Querschnitt. Die Fasern des Dilatator ($mudila_1$ und $mudila_2$) sind im Längsschnitt getroffen. Aus der tiefen Portion dieses Muskels ($mudila_2$), entwickelt sich eine Sehne (*se*), welche sich um den ventralen Rand des Arytaenoidknorpels herumschlingt. Die Sehnenfasern gehen zum Teil in die Cartilago basalis über, zum Teil strahlen sie in das Frenulum und in die Basis der Stimmfalte ein.

b) Die Lungen.

Aus dem Cavum laryngotracheale gelangt man jederseits durch den rundlichen Aditus pulmonis in den kurzen Lungenhals, der sich bald zur Lunge erweitert. Jede Lunge stellt bei mittelgroßen Fröschen in ausgedehntem Zustand einen ungefähr 30—40 mm langen und 20 mm breiten Sack dar, der sich kaudalwärts verengt und in stumpfer Spitze ausläuft. Während der Lungenhals retroperitoneal im Sinus pulmonalis gelegen ist, ragen die Lungen selbst in die Pleuraperitonealhöhle; die Serosa schlägt sich auf sie über und bekleidet den größten Teil der äußeren Lungenoberfläche.

Zur histologischen Untersuchung tötet man den Frosch durch Abschneiden des Oberkopfs und Zerstörung des Rückenmarks. Dann trägt man die ventrale Bauchwand mit dem Schultergürtel ab, hängt das Tier am Unterkieferwinkel auf und füllt die Lungen vom Aditus laryngis mit 10%igem Formalin, bis sie sich prall vorwölben. Nach ungefähr 15 Minuten ist die Lungenwand so hart geworden, daß sie nicht mehr zusammenfällt und man überträgt das ganze Tier nach Abtrennung des Hinterkörpers in die gleiche Lösung. Am nächsten Tag wird die Lunge aufgeschnitten, die Konfiguration ihrer Innenfläche studiert und dann in Paraffin eingebettet. Die senkrecht auf die Lungenoberfläche geführten Schnitte färbt man wieder zunächst in Hämalaun, dann in Resorzinfuchsin und schließlich in Pikrofuchsin. Injektionen der Lungengefäße lassen sich leicht vom Bulbus cordis ausführen. Nach der Injektion werden die Lungen in gleicher Weise mit Formalin gefüllt.

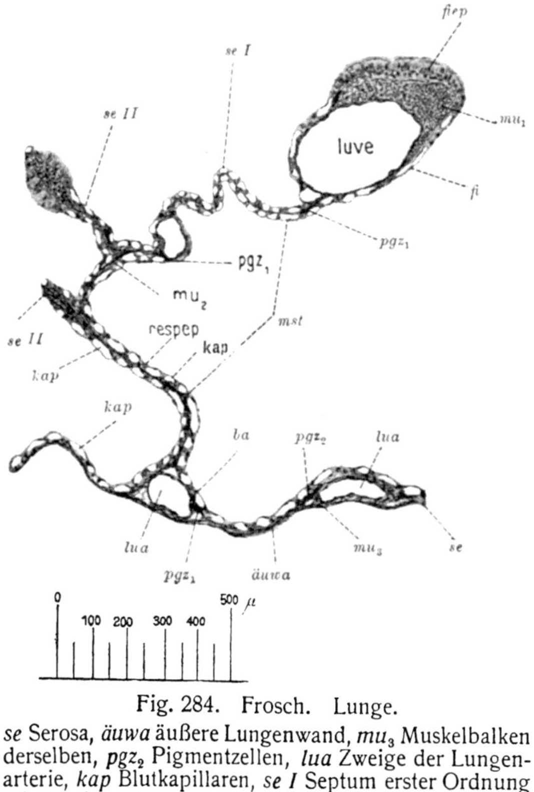

Fig. 284. Frosch. Lunge.
se Serosa, *äuwa* äußere Lungenwand, mu_3 Muskelbalken derselben, pgz_2 Pigmentzellen, *lua* Zweige der Lungenarterie, *kap* Blutkapillaren, *se I* Septum erster Ordnung mit Basis (*ba*), *mst* Mittelstück und Firste (*fi*), *fiep* Flimmerepithel der Firste, mu_1 Muskelbalken der Firste, pgz_1 Pigmentzellen des Septums, mu_2 Muskelbalken des Mittelstückes, *respep* respiratorisches Epithel, *se II* Septum zweiter Ordnung.

Wir wollen uns zunächst die Innenfläche der aufgeschnittenen Lunge bei Lupenvergrößerung ansehen. Von der äußeren Lungenwand ragt in das Innere des Lungensackes ein System von im Mittel 1—2 mm hohen Septen (Fig. 282) vor, welche, netzförmig miteinander verbunden, eine Anzahl breit ins Lungeninnere sich öffnender Buchten umgrenzen, welche wir als Lungenalveolen erster Ordnung bezeichnen und deren Konturen auch schon deutlich sich auf der äußeren Lungenoberfläche markieren. Von diesen Septen erster Ordnung gehen wieder niedrigere, ebenfalls netzförmig verbundene Septen zweiter Ordnung und von diesen wieder noch niedrigere Septen dritter Ordnung aus, so daß die Alveolen erster Ordnung in kleinere Alveolen zweiter Ordnung und diese wieder in noch kleinere Alveolen dritter Ordnung aufgeteilt werden. Sie alle stehen in weit offener Kommunikation mit der Lungenhöhle und stellen nichts anderes als eine starke Vergrößerung der respiratorischen Lungenoberfläche dar. Im Lungenhals werden die Septen niedriger und verstreichen gegen den Aditus pulmonis hin.

Auf einem senkrecht zur Längsachse geführten Querschnitt durch das Organ (Fig. 284) erheben sich die primären Septen (*se* I) mit etwas verbreiterter Basis aus der Lungenwand; dann verdünnt sich das Septum und läuft in einen dem freien Innenrand entsprechenden Kolben aus. Wir können demnach an einem solchen Septum Basis (*ba*), Mittelstück (*mist*) und Firste (*fi*) unterscheiden. Die Verbreiterung der Basis rührt her von der Einlagerung eines Blutgefäßes, in dessen Wandung eine einfache Lage zirkulärer Muskelfasern zu erkennen ist. Es ist ein Zweig der Lungenarterie (*lua*). Diese Zweige folgen im übrigen nicht ausschließlich dem Lauf der Septen erster Ordnung, sondern erscheinen auch vielfach zwischen ihnen. Die Firste enthält den Querschnitt eines mächtigen Gefäßes, in dessen Wand keinerlei muskuläre Elemente nachweisbar sind. Es sind das die Zweige der Lungenvenen (*luve*), die also entsprechend der Anordnung der Septen ein weitmaschiges Netzwerk bilden. Zwischen Venenquerschnitt und dem die freie Oberfläche der Firste überziehenden Epithel (*f.ep*) schiebt sich eine mächtige Masse glatter Muskelfasern (mu_1). Diese Muskelbalken bilden natürlich ebenfalls wieder ein Netzwerk und werden bei ihrer Kontraktion die Zugänge zu den Alveolen erster Ordnung stark verengern. Das Mittelstück des Septums ist eine dünne Platte, deren Achse im wesentlichen bindegewebig ist, daneben aber auch zu Bündeln vereinigte glatte Muskelfasern enthält (mu_2). Die Bündel verzweigen sich und anastomosieren zu einem Netzwerk, dem die Verengerung und Erweiterung des Alveolarlumens zufällt. Auf dieser bindegewebig muskulösen Grundplatte liegt beiderseits das Blutkapillarnetz (*ka*), überzogen von dem respiratorischen Lungenepithel (*respep*). Unser Schnitt zeigt uns, daß zwischen je zwei Kapillarquerschnitten immer ein oder mehrere Kerne liegen, während auf der Kapillaroberfläche die Kerne fehlen. Auf der First geht das respiratorische Epithel in das Firstepithel (*fiep*) über, ein zweizeiliges, flimmerndes Zylinderepithel mit eingestreuten Becherzellen.

Der Bau der Septen zweiter und dritter Ordnung zeigt, abgesehen von dem viel kleineren Venenlumen und der dünneren Firstmuskulatur, keine erwähnenswerten Besonderheiten. Die äußere Lungenwand (*äuwa*) hat natürlich nur auf ihrer Innenfläche Blutkapillaren und respiratorisches Epithel. Auch sie enthält ein muskulöses Netzwerk, das mit dem der Septen in Verbindung steht. Nach außen liegt ihr die Serosa der Pleuraperitonealhöhle auf (*se*).

Bezüglich des feineren Baues der Alveolarwand wären nun noch einige spezielle Punkte etwas näher zu erörtern. Was zunächst das respiratorische Lungenepithel anlangt, so liefert uns die Versilberung von ihm die besten Bilder. Dem eben getöteten Tier wird die eine Lunge entfernt, der Länge nach aufgeschnitten und unter möglichster Dehnung rasch mit Igelstacheln auf eine Wachsplatte ausgespannt. Man übergießt dann das Präparat mehrfach mit 0,5%iger Höllensteinlösung, wäscht kurz in destilliertem Wasser und setzt es in letzterem dem Licht aus. In direktem Sonnenlicht tritt die Reduktion fast momentan ein, sonst läßt man über Nacht liegen, färbt schwach in Hämalaun, entwässert und bettet in Balsam ein.

Schon bei schwacher Vergrößerung treten in der Alveolenwand die Blutkapillaren als ein Netzwerk mit dicken, hellen Balken und engen dunklen Maschen hervor. Bei stärkerer Vergrößerung (Fig. 285) erscheint außerdem ein die ganze Alveolarwand überziehendes Netzwerk feinster Silberlinien, die geschwärzte Kittsubstanz zwischen den Zellen des respiratorischen Epithels. Die Zellen sind unregelmäßig polygonal und so angeordnet, daß immer in den interkapillären Maschen mindestens drei Zellen zusammenstoßen. Der in dieser Masche gelegene kleine und, wie uns der Querschnitt zeigte, relativ dicke Zellabschnitt enthält den Kern, während der größere, aber außerordentlich dünne Zellabschnitt sich über die Kapillarwand herüberschlägt. Durch den letzteren hindurch erfolgt dann der Austausch zwischen der die Alveolen erfüllenden atmosphärischen Luft und den Blutgasen.

Eine zweite, noch näher zu erörternde Frage wäre die nach dem feineren Bau des Stützgerüstes der Lunge. Auch hier geben uns Flächenpräparate die beste Auskunft. Wir färben ein Stück der mit Formalin gefüllten Lunge mit WEIGERTs Resorzinfuchsin, dann tritt in der äußeren Lungenwand und in den Septen einmal ein weitmaschiges Netzwerk feinster elastischer Fäserchen auf, das dicht unter der Kapillarwand gelegen ist. Außerdem umspinnen stärkere, unverzweigte elastische Fasern die Muskelbalken und die sie zusammensetzenden Fasern. Sie liegen natürlich da am dichtesten, wo die Muskulatur am stärksten entwickelt ist, also in der Firste der Septen. Dem elastischen Gewebe kommt mithin ein wesentlicher Anteil an dem Aufbau der Alveolarwand zu. Daneben finden sich auch kollagene Fasern, in den Septen aber nur recht spärlich, in größerer Masse in der äußeren Lungenwand, wo sie eine zusammenhängende subseröse Schicht bilden.

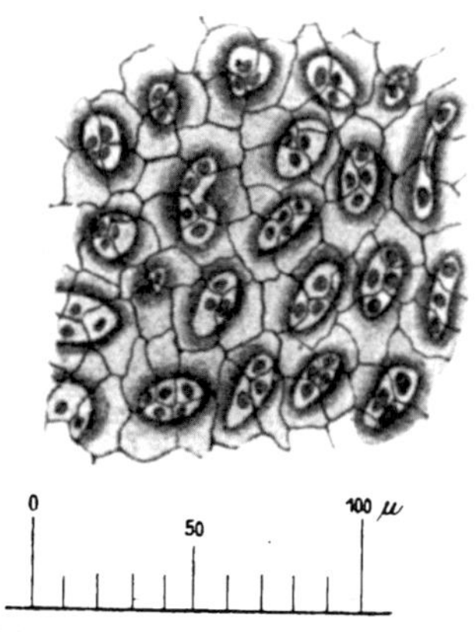

Fig. 285. Frosch. Respiratorisches Epithel der Lunge.

Schließlich hätten wir uns noch mit der Gefäß- und Nervenversorgung der Lunge zu beschäftigen. Die A. pulmonalis, ein Ast der A. pulmocutanea, spaltet sich in drei Äste, einen dorsalen, lateralen und medialen, die an den entsprechenden Flächen einer jeden Lunge kaudalwärts verlaufen und sich dabei in immer feinere Zweige spalten. Sie liegen stets dicht unter der Serosa. Aus ihren Zweigen geht das Kapillarnetz der Lunge hervor mit ziemlich weitem Lumen und engen Maschen. Es liegt in der äußeren Wand und in den Septen unmittelbar unter dem respiratorischen Epithel, so daß die Kapillarwand von der Alveolarhöhle nur durch die dünnen, kernlosen Platten jener Zellen getrennt wird. Aus den Kapillaren sammeln sich kleine Venen, die zu den Fisten der Septen streben und sich hier zu den großen Firstenvenen vereinigen. Aus dem Netzwerk der letzteren entsteht an der medialen Fläche eines jeden Lungenhalses eine V. pulmonalis. Beide Pulmonalvenen vereinigen sich zu einem kurzen, unpaaren Stamm, der V. pulmonalis communis, die sich in den linken Vorhof des Herzens ergießt.

Die vom N. vagus abstammenden Nerven der Lunge lassen sich sehr leicht supravital mit Methylenblau färben. Die dem eben getöteten Tier entnommene, der Länge nach gespaltene Lunge wird unter möglichster Dehnung auf eine Wachsplatte aufgesteckt und in 0,05%ige Methylenblaulösung eingelegt, die man sich so herstellt, daß man 1 ccm 1%iger Methylenblaulösung mit 20 ccm 0,6%iger Kochsalzlösung vermischt. Von Zeit zu Zeit spült man in Kochsalzlösung ab und untersucht den Fortschritt der Färbung, die schon nach 10 bis 15 Minuten einsetzt. Das Präparat wird in Ammoniummolybdat fixiert, gewaschen, entwässert und in toto in Kanadabalsam eingeschlossen.

Die an den Lungenhals herantretenden Nervenstämmchen bestehen aus marklosen und markhaltigen Fasern. Die ersteren bilden einen die äußere Lungenwand und die Septen durchsetzenden Plexus, in welchen an zahlreichen Stellen kleine Ganglien und einzelne unipolare Zellen mit Spiralfaser eingeschaltet sind. Aus diesem marklosen Plexus lösen sich die Fasern für die Lungenmuskulatur ab, die an den glatten Muskelfasern mit feinen Knöpfchen enden. Die markhaltigen Fasern bilden einen zweiten Plexus, er gibt wieder Fasern ab, die zwischen den Kapillaren und der Muskulatur in längliche Endkörperchen auslaufen. In denselben verzweigt sich die nun nackt gewordene Faser und ihre Endzweige knäueln sich auf innerhalb einer zelligen Masse, von der nur die Kerne deutlich hervortreten.

10. Die Harnorgane.

Die Niere des Frosches, Urniere, wie bei allen Anamniern, stellt ein paariges, zu beiden Seiten der drei letzten Wirbel und des Steißbeins gelagertes, langgestrecktes Organ von platt dreieckiger Form dar. Ihr Längsdurchmesser beträgt höchstens 20 mm, ihr transversaler Durchmesser in der Mitte höchstens 6 mm. Die medialen, ziemlich gerade verlaufenden Ränder beider Nieren lassen nur einen geringen Zwischenraum zwischen sich, der laterale Rand ist konvex und mehrfach eingebuchtet. Die konvexe Dorsalfläche ragt in den Sinus subvertebralis; auf ihrer lateralen Zirkumferenz verläuft die V. Jacobsonii, von der die Vv. renales advehentes in das Organ abzweigen. Der flachen Ventralfläche der Niere liegt die Nebenniere auf, sie ist mit Ausnahme des kaudalsten Fünftels und eines schmalen, medianen Längsstreifens von Peritoneum überzogen. In die Ventralfläche treten 4—6 Aa. renales ein und aus ihr heraus treten ebensoviel Vv. renales revehentes, die Wurzeln der zwischen beiden Nieren aufsteigenden V. cava posterior bildend. Auf der Ventralfläche der Niere liegt ferner beim Männchen der Hode, beim Weibchen der Eierstock.

Der Ausführungsgang der Niere, der Harnleiter, ist der WOLFFsche Gang. Er tritt aus der Dorsalfläche hervor, verläuft an der lateralen Kante und wendet sich dann vom kaudalen Nierenpol an schräg medianwärts, um in das gemeinsame Endstück von Verdauungs-, Harn- und Geschlechtsorganen, die Kloake, einzutreten. Die Harnleiter von Männchen und Weibchen sind funktionell verschieden. Bei ersterem münden nämlich, wie wir später sehen werden, die Ausfuhrwege der Hoden in die Nieren ein und das Kanalsystem der letzteren muß neben dem Harn auch die Abfuhr der Geschlechtsprodukte, der Samenfäden, übernehmen. Es ist also der Harnleiter des Männchens ein Harnsamenleiter und zeigt auch eine deutliche, als Samenblase dienende Erweiterung. Bei Rana fusca kommt es sogar zur Brunstzeit zur Ausbildung einer voluminösen Aussackung, einer gekammerten Samenblase. Beim Weibchen liegen die Verhältnisse anders, hier besorgt der Harnleiter ausschließlich die Abführung des Harns.

Außerdem besitzt der Frosch noch eine voluminöse Harnblase, eine Ausstülpung der ventralen Kloakenwand.

a) Die Niere.

Die beste Orientierung über das Kanalsystem der Niere geben uns Injektionspräparate. Die Injektion läßt sich vor allem bei männlichen Tieren sehr leicht ausführen. Man schlitzt hier den Harnleiter an seiner spindlig erweiterten Stelle führt den kapillar ausgezogenen Teil einer mit einem Gummischlauch armierten und mit Berlinerblau gefüllten Glaskanüle ein und bläst die Masse so lange in die Niere hinein, bis sie an deren Oberfläche erscheint. Durch das in Formalin oder Alkohol fixierte Organ werden dann dicke Querschnitte gelegt.

Ein Stück eines solchen Querschnittes stellt Fig. 286 dar. Die MALPIGHIschen Körperchen (*glo*), die auch hier die Anfangsstationen des Nierenkanalsystems bilden, sind nur zum Teil mit Farbmasse gefüllt, treten aber auch ungefüllt recht gut hervor. Sie liegen sämtlich in der Nähe der ventralen Nierenoberfläche und aus ihrer dorsalen Peripherie geht ein dünnes Rohr hervor, der erste Abschnitt oder Hals des Harnkanälchens (hak_1). Er ist nur sehr kurz und ver-

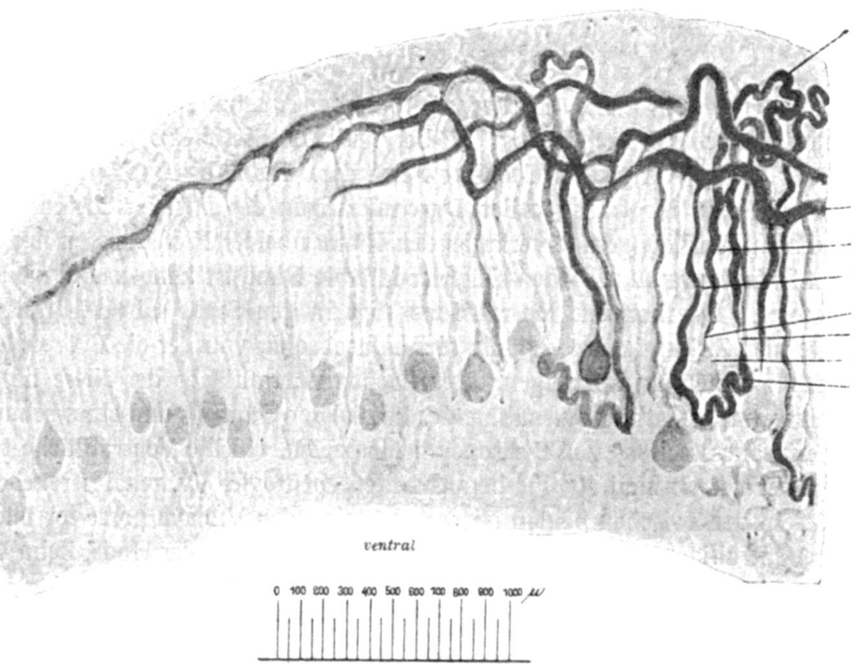

Fig. 286. Frosch. Niere. Injektion vom Harnleiter aus.
makö Malpighische Körperchen, hak_1—hak_5 die fünf Abschnitte des Harnkanälchens, *sak* Sammelkanal.

dickt sich bald zum zweiten Abschnitt (hak_2), welcher zunächst in leicht geschlängeltem Verlauf gegen die dorsale Nierenoberfläche vordringt, hier mehrere Schlingen bildet, um sich dann wieder ventralwärts zu wenden und in der Gegend der Körperchenzone sich zu dem kurzen dritten Abschnitt (hak_3) zu verengern. Der vierte, wieder erweiterte Abschnitt (hak_4) bildet ähnlich wie der zweite, in der Nähe der ventralen Nierenoberfläche mehrere Windungen und geht dann in den fünften Abschnitt (hak_5) über, der in leichter Schlängelung wieder dorsalwärts strebt, um in einen der großen Quer- oder Sammelkanäle (*sak*) einzumünden. Diese letzteren verlaufen in der Nähe der dorsalen Nierenfläche von der medialen zur lateralen Nierenkante und münden hier in den Harnleiter ein.

Nach dieser ersten Orientierung über Ursprung und Verlauf der Harnkanälchen schreiten wir zur Untersuchung des feineren Baues ihrer einzelnen Abschnitte. Da, wie wir gesehen haben, wichtige Beziehungen der männlichen Keimdrüse zu dem Kanalsystem der Niere bestehen, fixieren wir bei einem männlichen Exemplar nach Entfernung des ganzen Verdauungstraktes Nieren und Hoden in situ entweder in BOUINscher oder in ZENKERscher oder in CARNOYscher Flüssigkeit. Die durch Niere und Hode der einen Seite gelegten Schnitte werden mit Hämalauneosin oder mit Eisenhämatoxylin gefärbt.

Die Niere (Fig. 287) wird äußerlich überzogen von einer dünnen, bindegewebigen Kapsel (*ka*), in die auf der Dorsalseite zahlreiche Pigmentzellen (*pgz*) eingelagert sind. Dicht unter ihr erscheinen dorsal die großen Querschnitte der Vv. renales advehentes (*vadv*), ventral die der Vv. renales revehentes (*vrv*). Außerdem wird ein großer Teil der Ventralfläche der Niere eingenommen von der Nebenniere (*neni*), deren Balken in das Lumen der Vv. revehentes hineinragen und von dem Nierenparenchym nirgends scharf gesondert sind. Die in unserer Abbildung noch getroffene laterale Nierenkante beherbergt den Harnleiter (*halei*), umgeben von einer starken Bindegewebsmasse.

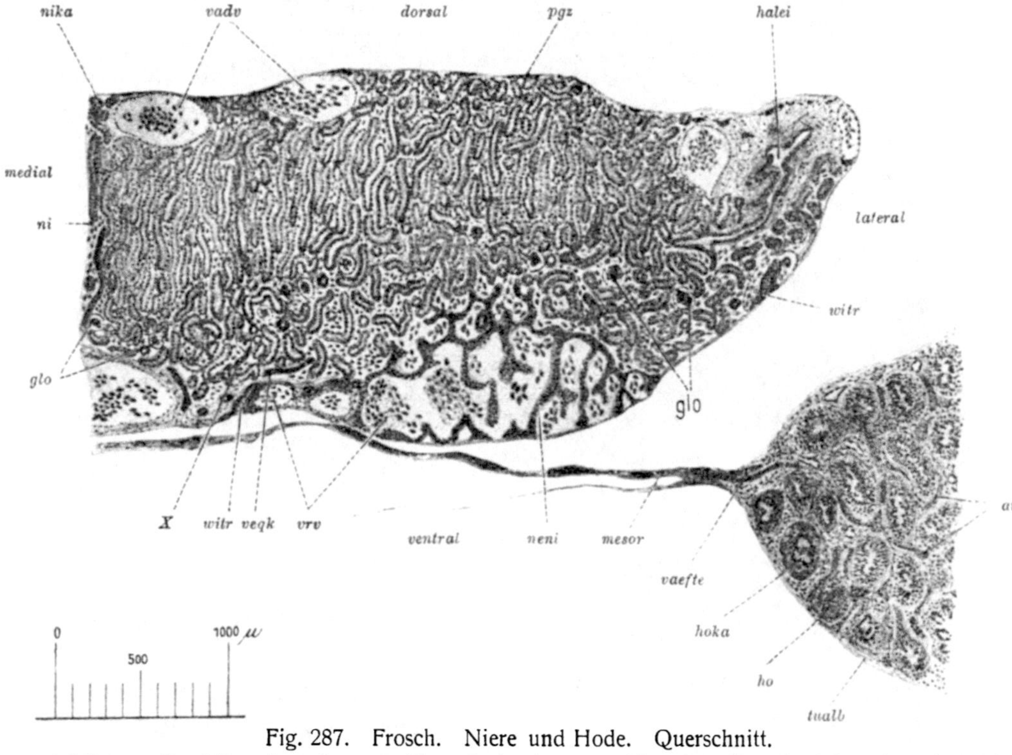

Fig. 287. Frosch. Niere und Hode. Querschnitt.
ni Niere, *nika* Nierenkapsel, *vadv* Vv. advehentes, *pgz* Pigmentzellen der Nierenkapsel, *halei* Harnleiter, *witr* Wimpertrichter, *glo* Malpighische Körperchen, *neni* Nebenniere, *vrv* Vv. revehentes, *veqk* ventraler Querkanal, *X* Mündung eines Zweiges des letzteren in ein Malpighisches Körperchen, *ho* Hode, *tualb* Tunica albuginea, *hoka* Hodenkanälchen, *aufg* Ausführungsgang, *vaefte* Vas efferens testis, *mesor* laterales Blatt des Mesorchimus.

Wir wollen nun an unserem Schnitt die einzelnen Teile des harnbereitenden und harnabführenden Kanalsystems der Niere bei stärkerer Vergrößerung näher studieren und uns zunächst ein MALPIGHIsches Körperchen (Fig. 288) einstellen. Es sind kuglige oder birnförmige Gebilde mit einem größten Durchmesser von 100—150 μ und sie setzen sich zusammen aus der MÜLLERschen Kapsel und dem Gefäßknäuel oder Glomerulus. Die Kapsel (*ka*) hat als Grundlage eine sehr dünne, strukturlose Membrana propria (*mepro*), der nach innen die platten Zellen des Kapselepithels (*kaep*) in einfacher Schicht aufliegen. In die Kapsel dringt entweder seitlich oder am ventralen Pol des Körperchens das Vas afferens (*vaa*), ein Zweig der A. renalis ein und bildet in ihrem Binnenraum durch Aufknäuelung den Gefäßknäuel (*glo*), der den ersteren mehr oder minder vollständig ausfüllt. Aus dem Knäuel tritt das Vas efferens dicht neben dem Vas afferens heraus. Die Gefäßschlingen bestehen aus der strukturlosen Grundmembran und dem ihr innen aufliegenden Gefäßepithel (*gfep*), dessen spärliche Kerne meist stark im Gefäßlumen prominieren. Außen wird der Knäuel von dem Glomerulusepithel (*gloep*) überzogen, einem Zellsynzytium, das an der Eintrittsstelle von Vas afferens und efferens, dem sog. Gefäßstiel des Körperchens kontinuierlich in das Kapselepithel übergeht. Der zwischen dem letzteren und dem Glomerulusepithel verbleibende Spaltraum (*serau*) stellt den Sekretionsraum des Körperchens dar, in ihn wird die Harnflüssigkeit vom Gefäßknäuel her sezerniert. Er öffnet sich am dorsalen Pol des Körperchens in den Hals des Harnkanälchens (*hak_1*).

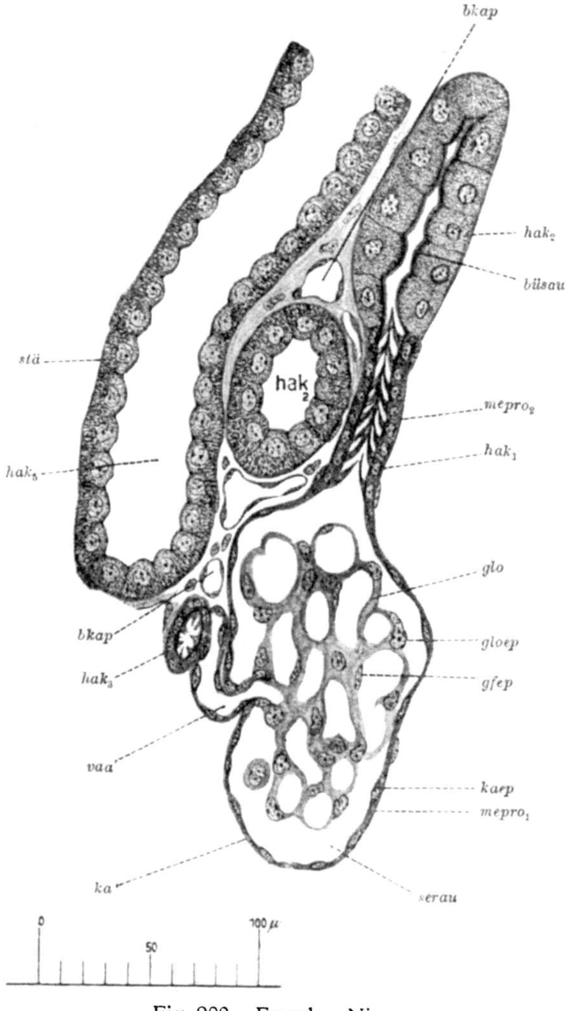

Fig. 288. Frosch. Niere.
ka Kapsel des Malpighischen Körperchens, *kaep* Kapselepithel, *$mepro_1$* Membrana propria, *serau* Sekretionsraum, *glo* Glomerulus, *gloep* dessen Epithel, *vaa* Vas afferens, *gfep* Gefäßepithel, *$haka_1$* erster Abschnitt des Harnkanälchens, *$mepro_2$* dessen Membrana propria, *hak_2* zweiter Abschnitt des Harnkanälchens, *büsau* Bürstensaum seiner Zellen, *hak_3* dritter, *hak_4* vierter, *hak_5* fünfter Abschnitt des Harnkanälchens, *bkap* Blutkapillaren, *stä* Heidenhainsche Stäbchen.

Dieser erste Abschnitt des Harnkanälchens (*hak_1*) hat eine Dicke von 25 μ und eine Länge von höchstens 100 μ. Das auskleidende Epithel, die direkte Fortsetzung des Kapselepithels, ist ein Geißelepithel. Eine einfache Schicht kubischer Zellen trägt auf ihrer freien Fläche je ein Bündel langer Flimmern. Die Flimmern legen sich zur Bildung von Geißeln zusammen, die in ihrer Länge den Durchmesser des Kanallumens übertreffen und sich deshalb im Bogen in das letztere hineinlegen, so daß die Geißelspitzen sämtlich gegen den zweiten Kanalabschnitt gerichtet sind. Außen liegt dem Epithel, ebenso wie allen anderen Abschnitten des Kanalsystems, die strukturlose Membrana propria (*$mepro_2$*) auf, deren Außenfläche auch spärliche Zellen anlagern.

Im zweiten Abschnitt (*hak_2*) verdickt sich das Kanälchen bis auf 50 μ. In das enge Lumen springen die großen, hochkubischen Epithelzellen mit abgerundeten Kuppen vor, die stets von einem deutlichen Bürstensaum (*büsau*) überzogen sind. Der Körper ist angefüllt mit zahlreichen Körnchen und enthält einen kugligen Kern, der mindestens doppelt so groß ist, als die Kerne im ersten Abschnitt.

Der dritte Abschnitt (hak_3) gleicht in seinem Bau dem ersten. Er findet sich immer in der unmittelbaren Nähe der MALPIGHIschen Körperchen.

Der vierte und fünfte Abschnitt (hak_4 u. hak_5) zeigen bei gleicher Dicke auch im wesentlichen gleichen Bau, nur sind in ersterem die Zellen etwas höher kubisch und das Lumen ist infolgedessen etwas enger, als in letzterem. Der Kern liegt entweder in der Zellmitte oder rückt in die in das Lumen vorspringende Zellkuppe. Diese ist immer hell und enthält spärliche Körnchen. Die dunkle Zellbasis zeigt eine regelmäßige Radiärstreifung, die HEIDENHAINschen Stäbchen, welche dadurch zustande kommt, daß in die radiär verlaufenden Maschen des Zellprotoplasmas zahlreiche stäbchenförmige Mitochondrien eingelagert sind.

Gegen das Ende des fünften Abschnittes verschwindet die Stäbchenstruktur und das Harnkanälchen mündet in das mit einfachem kubischen Epithel ausgekleidete Sammelrohr.

Der Raum zwischen den Harnkanälchen und den MALPIGHIschen Körperchen wird einmal ausgefüllt durch die zahlreichen, die Kanälchen umspinnenden Blutkapillaren (*bka*) und dann von einem aus sternförmigen, anastomosierenden

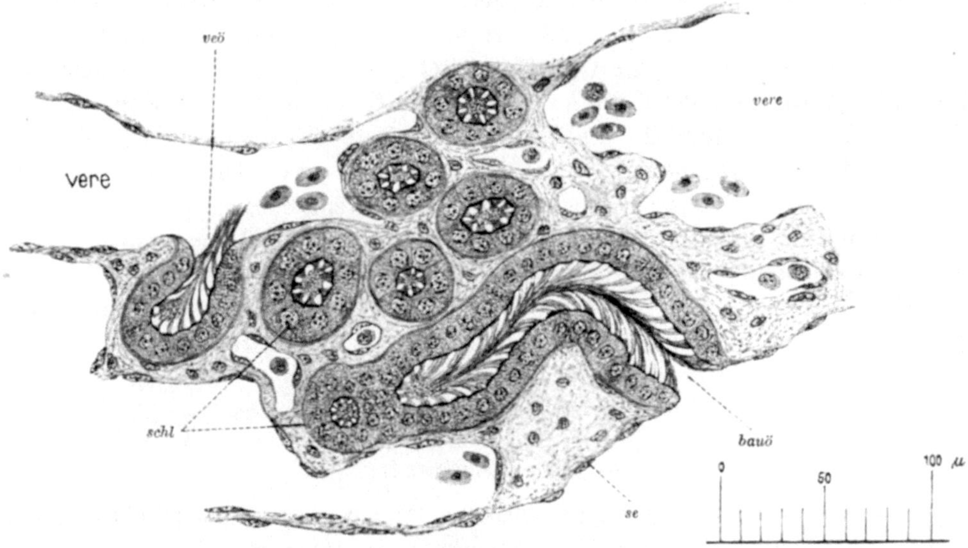

Fig. 289. Frosch. Niere.
se Serosa, *bauö* Bauchhöhlenöffnung des Wimpertrichters, *schl* schleifenförmiges Mittelstück des letzteren, *veö* Venenöffnung des Wimpertrichters, *vere* Vv. renales revehentes.

Zellen gebildeten Füllgewebe, dem nur wenig Bindegewebsfasern beigemischt sind. An der lateralen Nierenkante verläuft eine stärkere, den Harnleiter umgebende Bindegewebsmasse.

Wenn wir die in ZENKERscher Flüssigkeit fixierte Niere von der Ventralseite aus mit der Lupe untersuchen, so finden wir in dem vom Peritoneum überzogenen Gebiet, soweit es nicht von der Nebenniere okkupiert wird, zahlreiche feine, rundliche Öffnungen, die den Wimpertrichtern angehören. Diese Bildungen treten auch schon bei schwacher Vergrößerung auf unserem Nierenquerschnitt recht deutlich hervor (Fig. 287 *witr*). Bei starker Vergrößerung (Fig. 289) präsentiert sich uns ein solcher Wimpertrichter als ein ungefähr 50 μ dickes, vielfach stark gewundenes Rohr, das mit dem einen Ende (*bauö*) sich in die Bauchhöhle, mit dem anderen (*veö*) in eine V. renalis revehens (*vere*) öffnet. Es legt sich auf diesem Weg in mehrere Schleifen, so daß es teils auf dem Längs-, teils auf dem Querschnitt getroffen wird und ist an beiden Enden trichterförmig erweitert. Ausgekleidet ist der Wimpertrichter mit einer einfachen Schicht kubischer Flimmerzellen. Die langen Flimmern legen sich zu Geißeln zusammen, die als langer Schopf in das Venenlumen hineinragen. Durch die Flimmerung wird die Bauchhöhlenflüssigkeit in die Vv. revehentes hineingetrieben.

Die der Niere das Blut zuführenden Gefäße entstammen zwei Quellen, den Aa. renales und der V. portae renis. Aus der Aorta abdominalis entspringen in der Höhe der Niere jederseits 5—6 Aa. urogenitales, die sich in je eine A. genitalis und eine A. renalis teilen. Die Aa. renales dringen am medialen Rand in die Ventralfläche der Niere ein und zerfallen hier in ihre Äste. Die letzteren zeigen ein verschiedenes Verhalten. Der größte Teil zerfällt pinselartig in kleinste Arterien, deren jede als Vas afferens in ein MALPIGHIsches Körperchen eindringt und den Glomerulus bildet. Der übrige Teil der Arterienäste liefert die Harnkanälchen umspinnende Kapillaren. Der weitaus größte Teil der letzteren aber entstammt der V. portae renis. Sie entsteht aus der Vereinigung der V. iliaca externa und der V. ischiadica, sammelt das Blut aus der hinteren Extremität und der dorsalen Rumpfwand und gelangt mit dem Harnleiter zusammen als V. Jacobsonii zur Dorsalfläche der Niere, an deren lateralem Rand sie entlang zieht. Dabei nimmt sie noch die V. dorsolumbalis und beim Weibchen die Vv. oviducales auf und erschöpft sich durch Abgabe der Vv. renales advehentes an die Niere. Aus den gröberen Zweigen der letzteren gehen direkt die weiten, die Harnkanälchen umspinnenden Kapillaren hervor, die wieder zu einem weiten, auf der ventralen Nierenfläche sich ausbreitenden Venenplexus zusammenfließen. Er nimmt auch das aus dem Gebiet der Aa. renales abfließende Blut auf und läßt aus sich 5—6 Vv. renales revehentes hervorgehen, die zur Bildung der medianen unpaaren V. cava posterior jederseits zusammentreten.

b) Der Harnleiter.

Der Harnleiter nimmt die Sammelkanäle der Niere auf und verläuft in den beiden rostralen Dritteln der Niere innerhalb der lateralen Nierenkante, umgeben von einer starken Bindegewebsmasse (Fig. 287 *halei*). Zu Beginn des kaudalen Nierendrittels löst er sich von der Nierensubstanz los und zeigt dann während der Brunstzeit die erwähnte spindlige, als Samenblase dienende Erweiterung.

Ein Querschnitt durch das Organ hat ovale Form und einen größten Durchmesser von 600—700 μ. Das weite Lumen wird eingerahmt von zahlreichen, dicht nebeneinander stehenden längsverlaufenden Schleimhautfalten von ungefähr 100 μ Höhe, die sich aus der ungefähr ebenso dicken Propria erheben. Jede Falte hat als Grundstock eine schmale Proprialeiste. Das überkleidende Epithel ist einschichtig zylindrisch. Das helle, deutlich netzmaschige Zellprotoplasma verdichtet sich auf der freien Oberfläche zu einem dunklen Saum. Der große, chromatinreiche Kern besitzt zahlreiche Buckel und tiefe Einbuchtungen und findet sich recht häufig in mitotischer Teilung. Eine zusammenhängende Muskularis ist nicht vorhanden, dagegen trifft man in der Propria zerstreute, teils längs, teils zirkulär verlaufende glatte Muskelfasern.

c) Die Harnblase.

Die Harnblase des Frosches hat in gefülltem Zustand ausgesprochen Kartenherzform. Mit dem spitz ausgezogenen Hals mündet sie in die ventrale Kloakenwand, während der Blasenkörper in zwei abgerundete Zipfel ausläuft. Die Kloakenmündung der Blase liegt schräg gegenüber den Harnleitermündungen, so daß der Harn aus letzteren direkt in erstere gelangen kann.

Die Harnblase des Frosches ist infolge der Zartheit und Durchsichtigkeit ihrer Wand ein vorzügliches Objekt für mannigfache histologische Untersuchungen. Am besten eröffnet man bei dem geköpften Frosch die Bauchhöhle, legt eine Ligatur um den Enddarm und führt eine Kanüle in die Kloake ein, die so dick gewählt wird, daß sie die Analöffnung gut verschließt. Dann injiziert man die Fixationslösung, 10%iges Formalin oder 2,5%ige Sublimatlösung mit 3% Essigsäure, so lange, bis die Blase prall gefüllt ist. Im ersteren Fall wird das ganze Tier bis zum nächsten Tag in Formalin verbracht, in letzterem Fall legt man es nach 10—15 Minuten in eine große Schale mit Wasser, schneidet dann die Blase heraus und zerlegt sie in nicht zu kleine Stücke, die auf Wachsplatten aufgesteckt und entweder eingebettet und geschnitten oder in toto in Biondilösung oder Hämalaun oder Eisenhämatoxylin gefärbt werden. Von den Sublimatstücken lassen sich auch leicht die Epithelzellen abschaben und als Isolationspräparate weiter verarbeiten.

Was uns an solchen Flächenpräparaten zunächst auffällt, ist ein ausgebreitetes Netzwerk von Muskelbalken. Von den gröbsten, bis zu 500 μ dicken Balken zweigen feinere und von diesen wieder allerfeinste ab, anastomosieren miteinander und bilden so ein Netz- und Flechtwerk mit rundlichen und länglichen Maschen. Die Balken bestehen aus glatten Muskelfasern mit spindligen und walzenförmigen, ungefähr 50 μ langen Kernen. Die Fasern zeigen bei Eisenhämatoxylinfärbung sehr schön die glatten Myofibrillen und sind durch eine Kittsubstanz miteinander verbunden, die sich durch Behandlung mit Höllensteinlösung schwärzt.

Das Muskelnetzwerk wird durchflochten von einem Netzwerk von Blutgefäßen, die da, wo sie noch mit Blut gefüllt sind, sehr schön hervortreten.

Auf dem Querschnitt zeigt die ad maximum ausgedehnte Harnblasenwand eine Dicke von höchstens 60—70 μ und wird ausgekleidet von einem an den meisten Stellen zwei-, seltener dreischichtigen Epithel. Die Zellen sind sämtlich durch die Dehnung stark abgeplattet und in die Länge gezogen, die der distalsten Schicht springen mit rundlichen Kuppen ins Lumen. Zwischen den Epithelzellen liegen ziemlich zahlreiche, rundliche Becherzellen. Die bindegewebige Propria wird von zahlreichen Blutkapillaren durchsetzt und geht ohne jede Grenze in die Muskularis über, in der die quer, schräg und längs getroffenen Muskelbalken durch weite Blutgefäße und stark entwickeltes Bindegewebe getrennt werden. Außen sitzt der Muskularis das Epithel der Serosa auf.

Die Propria der Blase enthält außerdem ein ausgedehntes Geflecht markloser und markhaltiger Nerven, das sich durch Injektion einer 0,5%igen Methylenblaulösung vom Bulbus cordis aus leicht färben läßt. In dieses Geflecht sind am Blasenhals und im Blasengrund kleine sympathische Ganglien bestehend aus unipolaren Zellen mit Spiralfaser, eingeschaltet. Einzelne solcher Zellen trifft man auch allenthalben in der Blase, den Nervensträngen anliegend. Der Zellausläufer wird zu einer marklosen Faser, die an einer Muskelfaser endet. Die markhaltigen Fasern splittern in baumförmige, in der Propria gelegene Endverästelungen auf.

11. Die männlichen Geschlechtsorgane.

Der Hode des Frosches stellt einen bald mehr kugligen, bald mehr eiförmigen Körper dar von gelblicher Farbe, welcher jederseits der Mitte der ventralen Nierenfläche aufliegt. Er ist von dorsal nach ventral etwas abgeplattet und wird in seiner Lage durch eine Peritonealduplikatur, das Mesorchium, fixiert, dessen laterales Blatt zur Niere, dessen mediales Blatt zur Wurzel des Mesenteriums zieht. Die medialen, vom Peritoneum nicht bedeckten Kanten beider Hoden liegen in der Medianlinie dicht zusammen, sie bilden den Hilus des Organs, aus dem die abführenden Samenwege, die Vasa efferentia testis austreten und in den die ernährenden Blutgefäße eintreten.

Da bei Rana esculenta die Produktion der Samenfäden ziemlich gleichmäßig das ganze Jahr hindurch erfolgt, so ist die Zeit der Untersuchung gleichgültig. Bei Rana fusca fällt dagegen die Bildung der Samenfäden nur in die Sommermonate und während dieser Zeit ist das Volum des Hoden, der überhaupt größer ist als bei Rana esculenta, auch bedeutender als in der übrigen Ruhezeit. Wir benutzen zur Untersuchung eines der früher bei der Niere (S. 574) beschriebenen Präparate.

Die äußere Umhüllung des Hoden wird, abgesehen von dem Peritonealüberzug, gebildet von einer bindegewebigen Kapsel, der Tunica albuginea (Fig. 287 *tualb*), von der sich zahlreiche Fortsätze in das Hodenparenchym hinein erstrecken. Das letztere wird gebildet von den Hodenkanälchen (*hok*), vielfach gewundenen 200—300 μ dicken Röhrchen. Sie beginnen blind unter der Tunica albuginea, verlaufen zunächst gerade radiär, dann geschlängelt zur Hodenmitte, vereinigen sich auf diesem Wege vielfach miteinander und gehen dann unter erheblicher Verdünnung in die netzförmig verbundenen intratestikulären Ausführungsgänge über (*aufg*). Aus diesem Netzwerk gehen an der medialen Hodenkante 10 und mehr Vasa efferentia testis (*vaefte*) hervor, laufen nun im lateralen Blatt des Mesorchiums (*meor*) zur Niere hin und treten in den in der medialen Nierenkante längsverlaufenden BIDDERschen Längskanal ein. Er gibt auf seinem Wege eine Anzahl von Ästen ab, die in der Nähe der ventralen Nierenoberfläche als ventrale Querkanäle (Fig. 287 *veqk*) das Nierenparenchym durchsetzen und durch Seitenzweige sich in die MALPIGHIschen Körperchen öffnen (Fig. 287 ×).

Von dem Verlauf dieser Verbindungswege zwischen Hoden und Niere können wir uns durch die Injektion leicht überzeugen. Wird bei der S. 573 geschilderten Injektion der Niere vom Harnleiter aus der Druck nach Füllung der Niere noch etwas gesteigert, so erscheint die Masse sehr bald auf der Oberfläche des gleichseitigen Hoden. Legen wir dann den letzteren medialwärts um, so erscheinen auf der Dorsalfläche des lateralen Mesorchiumblattes die quer zur Niere ziehenden, zum Teil netzförmig miteinander verbundenen Vasa efferentia testis.

Bei stärkerer Vergrößerung (Fig. 290) zeigt sich jedes Hodenkanälchen umgeben von einer zellhaltigen Membrana propria (*mepro*), der innen das Epithel aufliegt. Die Zellen der letzteren sind zumeist in Form halbkugeliger oder prismatischer Haufen, der Spermiozysten (*spzyst*) angeordnet. Sie werden gegen das Kanallumen häufig, aber nicht immer, durch eine zellige Follikelmembran (*fome*) abgeschlossen. In anderen Kanalabschnitten treten an die Stelle der Spermiozysten isoliert liegende große Zellen, die Samenmutterzellen oder Spermiogonien (*spgo*). Sie werden bis zu 50 μ groß und enthalten einen sehr großen kugligen oder unregelmäßigen Kern. In dem fädigen Protoplasma erkennt man sehr deutlich neben dem Kern das Idiozom (*idz*), ein doppeltes Zentralkörperchen, umgeben von einer mitochondrialen Hülle. Durch Teilung dieser Spermiogonien entstehen die Zellen der zweiten Generation, die Spermiozyten, die sich zu den Spermiozysten zusammenlagern und mit einer Follikelmembran umgeben.

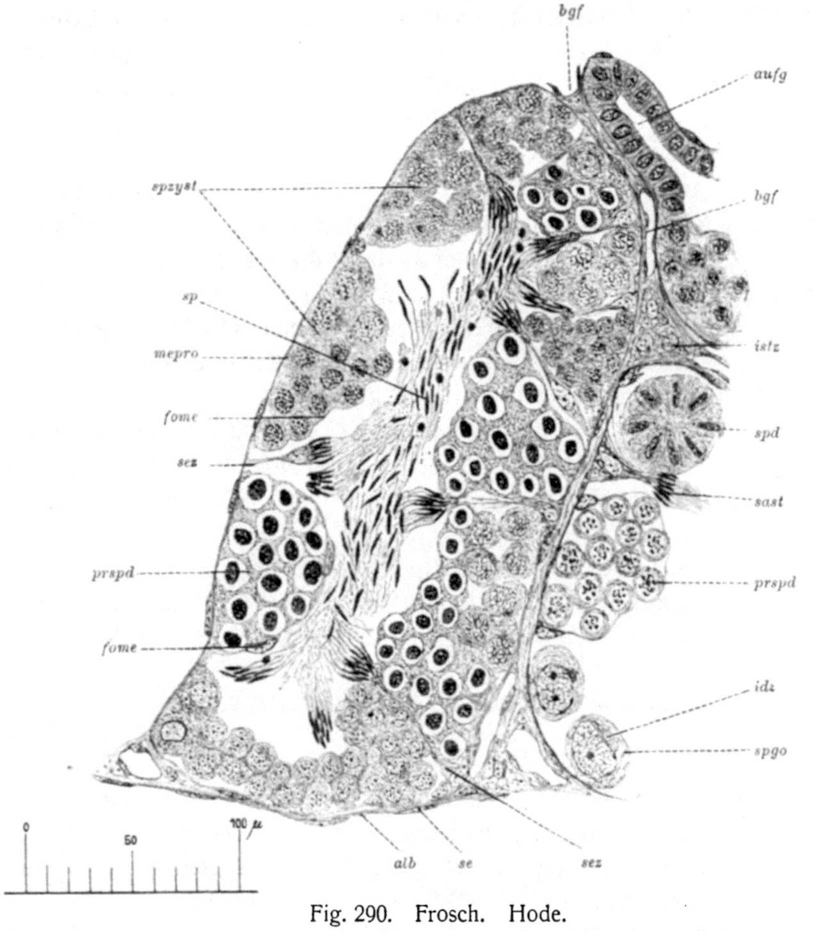

Fig. 290. Frosch. Hode.

alb Albuginea, *se* Serosa, *sez* Sertolische Zellen, *spgo* Spermiogonien mit Idiozom (*idz*), *prspd* Präspermiden, *sast* Samenständer, *spd* Spermiden, *istz* interstitielle Zellen, *bgf* Blutgefäße, *aufg* Ausführung, *spzyst* Spermiozysten, *mepro* Membrana propria des Hodenkanälchens, *fome* Follikelmembran, *sp* Spermien im Kanallumen.

Die Zellen der letzteren sind indifferenter Natur und haben mit der Samenbildung selbst direkt nichts zu tun.

Innerhalb der Spermiozysten findet dann eine zweimalige Teilung der Zellen statt, so daß eine dritte und vierte Zellgeneration, die Präspermiden (*prspd*) und die Spermiden (*spd*) entstehen, von denen die letzteren sich durch ihren total gefärbten Kern auszeichnen. Aus den Spermiden entstehen durch Umbildung die Spermien (*sp*): der Kern wird zum Spermienkopf, die beiden Zentralkörper liefern Mittelstück und Schwanzfaden.

Im Laufe dieser Umbildung werden die Spermiden aus der Spermiozyste frei und ordnen sich zu den sog. Samenständern (*sast*) an. Wir finden sie zwischen den Spermiozysten, von der Membrana propria in das Kanallumen hineinragen.

Jeder Samenständer besteht aus zwei Teilen, der SERTOLIschen Zelle und den Spermiden. Die SERTOLIsche Zelle (*sez*) ist ein mehr oder weniger langes Gebilde, das mit breiter Basis der Membrana propria aufsitzt. Entweder enthält dieser Fuß selbst den Kern, dann läuft die Zelle distalwärts spitz aus. Oder der Fuß geht zunächst in einen dünnen Stiel über, der sich dann kelchartig erweitert und den Kern umschließt. In beiden Fällen sind aber in das distale Zellende die Spermiden mit ihren Köpfen eingelagert, und zwar erfolgt die Umlagerung aus den Spermiozysten erst dann, wenn sich der Schwanzfaden schon gebildet hat. In den Samenständern reifen die Spermiden zu den Spermien heran und werden schließlich büschelweise in das Kanallumen abgestoßen.

Der reife Samenfaden (*sp*) des Frosches, wie man ihn leicht durch Ausstrich aus dem durchschnittenen Hoden gewinnen kann, hat eine Gesamtlänge von ungefähr 60 μ. Davon kommen ungefähr 15 μ auf den 2—3 μ breiten, walzenförmigen Kopf, an dessen vorderem, ganz schwach zugespitztem Ende bei stärkster Vergrößerung ein kleines Endknöpfchen zu erkennen ist. Das kurze Mittelstück setzt sich gegen den Kopf nur schwach ab und geht in den unmeßbar feinen Schwanz über, der in ein spitzes Endstück ausläuft.

Die das intratestikulare Hodennetz bildenden Ausführungsgänge (Fig. 290 *aufg*) sind wesentlich dünner, als die Hodenkanälchen und ausgekleidet mit einer einfachen Lage niedrig zylindrischer Zellen. Die gleiche Auskleidung zeigen auch die Vasa efferentia testis.

Der Raum zwischen den Hodenkanälchen wird ausgefüllt von Blutgefäßen (Fig. 290 *bgf*), von Bindegewebe und spärlichen interstitiellen Zellen (*istz*), welche in ihrem vakuolisierten Protoplasma Lipoidtröpfchen enthalten.

12. Die weiblichen Geschlechtsorgane.

a) Der Eierstock.

Die sackartigen, paarigen, durch ein Mesovarium fixierten Eierstöcke zeigen, je nach der Jahreszeit, ein sehr verschiedenes Aussehen. Ende Mai, nach dem Ablaichen, ist der Eierstock nur wenig größer als die Niere, der er ventralwärts aufliegt und hat unregelmäßige Bohnenform mit median gerichteter Konkavität. Wenn dann im Sommer die Eiproduktion einsetzt, schwillt das Organ allmählich an und füllt im Frühjahr den größten Teil der Leibeshöhle aus.

Jeder Eierstock wird durch quere, fächerartige Falten in mehrere in sich abgeschlossene Kammern zerlegt mit je einem zentralen Hohlraum. In den bindegewebigen Scheidewänden verlaufen die größeren Blutgefäße, die von median her aus den Aa. urogenitales sich abzweigen. Die Venen münden in die V. cava posterior ein.

Der Eierstock des Frosches bietet insofern für die Untersuchung einige Schwierigkeiten, als die voll ausgebildeten Eier durch die Paraffineinbettung leicht sehr hart werden und beim Schneiden splittern, deshalb ist die Zelloidineinbettung vorzuziehen. Man fixiert das ganze Organ am besten in ZENKERscher oder BOUINscher Flüssigkeit.

Ein Schnitt, senkrecht zur Oberfläche des Organs geführt (Fig. 291) zeigt uns die geräumige Kammerhöhle (*kahö*), in welche die Eifollikel (*fo*) hineinragen. Die letzteren sitzen in verschiedenen Abständen der Kammerwand auf, mit dieser durch einen mehr oder weniger breiten Stiel verbunden. Zwischen den Follikeln ist die Wand sehr dünn und besteht aus gefäßführendem Bindegewebe, dem außen das Peritonealepithel (*se*), innen das Binnenepithel (*biep*) in einfacher Schicht aufliegt. Das letztere kleidet eine jede Ovarialkammer vollständig aus, überzieht also auch jeden Follikel.

Die Arterien des Eierstocks besitzen eine außerordentlich dicke Wand, herrührend von der Einlagerung starker Bündel glatter Muskelfasern in die Adven-

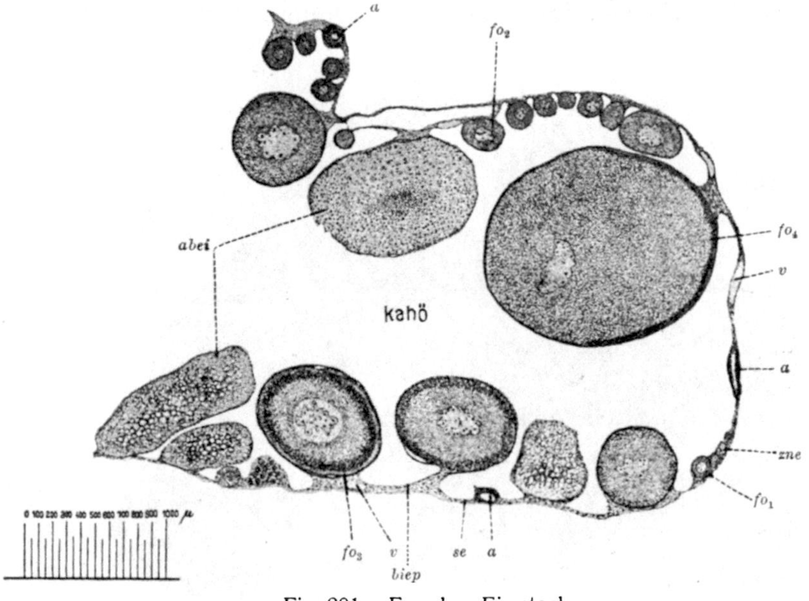

Fig. 291. Frosch. Eierstock.

kahö Höhle einer Eierstockskammer, *biep* ihr Epithel, *se* Serosa, *a* Arterie, *v* Vene der Kammerwand, fo_1—fo_4 Eierstocksfollikel in den verschiedenen Stadien der Ausbildung, *zne* Zellnester, *abei* Abortiveier.

titia des Gefäßes (Fig. 259a). In den stärkeren Arterien bildet sich so eine starke muskulöse Hülle um das Gefäß, in den feinen Zweigen zerfällt sie mehr und mehr in getrennte Längsbündel.

Neben den in allen Stadien der Entwicklung begriffenen Follikeln (fo_{1-4}) stoßen wir in der Eierstockwand stets auch auf Haufen kleiner Zellen, die sog. Zellnester (*zne*). Die sie zusammensetzenden Zellen (Fig. 292 *zne*) sind kuglig, 15—20 μ groß, der große Kern befindet sich fast immer in Mitose. Das sind die Ureier, die in ihrer weiteren Entwicklung getrennte Wege einschlagen. Ein kleiner Teil von ihnen wächst und wird zu Eiern, der größere Teil dagegen wird durch fortgesetzte Teilung kleiner und ordnet sich als Follikelepithel um die Eier herum. So entstehen die kleinen Follikel (fo_1). Sie haben einen Durchmesser von 50—100 μ und enthalten das von einer einfachen Schicht von Follikelzellen (*foz*) umgebene Ei. Innerhalb des körnigen, dichten Eiprotoplasmas liegt das kuglige Keimbläschen (*keibl*). Es wird erfüllt von dem äußerst feinkörnigen Kernsaft, in dem sich ein feinmaschiges Kerngerüst ausbreitet. Außerdem enthält das Keimbläschen noch eine größere Anzahl Keimflecke (*keifl*) von unregelmäßiger Gestalt. Während das Chromatin der Ureier intensive Basophilie zeigt, finden sich im Kern des jungen Follikeleies, ebenso wie in allen späteren Entwicklungsstadien, basophile Bestandteile überhaupt nicht mehr. Hier ist alles azidophil, am intensivsten die in Biondilösung sich leuchtend orange färbenden Keimflecke.

Beim weiteren Wachstum des Follikels halten zunächst Eikörper und Keimbläschen gleichen Schritt, später bleibt letzteres im Wachstum zurück. Überschreitet der Follikeldurchmesser etwa 100 μ (*fo*$_2$), so tritt im Eikörper eine eigenartige Bildung auf, der Dotterkern (*dok*). Er bildet eine dunkle, klumpige Masse und hebt sich bei Biondifärbung durch seine Orangefärbung deutlich von dem

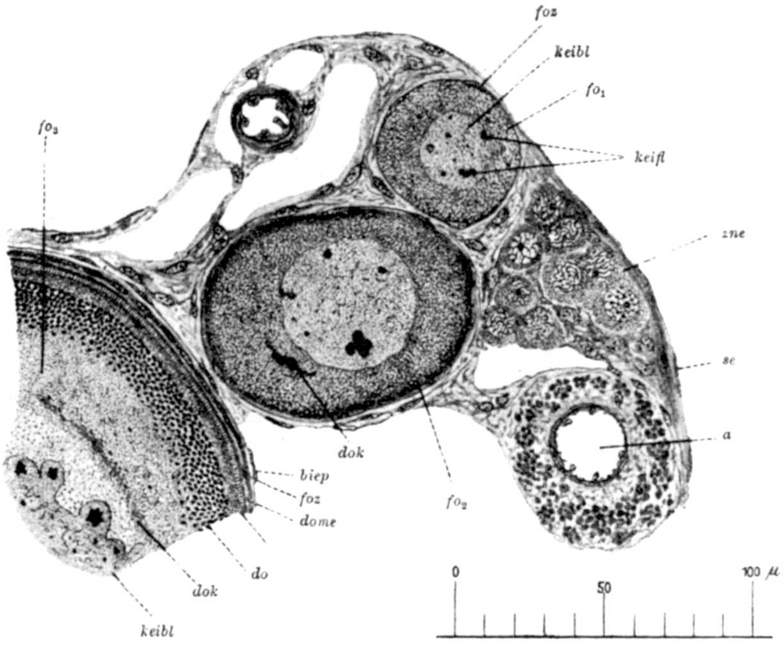

Fig. 292. Frosch. Eierstock.

se Serosa, *zne* Zellnest mit Ureiern, *fo*$_1$ jüngster Follikel, *foz* Follikelzellen, *keibl* Keimbläschen, *keifl* Keimflecke, *fo*$_2$ etwas älterer Follikel mit Dotterkern, *fo*$_3$ Follikel mit beginnender Dotterbildung, *biep* Binnenepithel, *foz* Follikelzellen, *dome* Dottermembran, *zora* Zona radiata, *do* Dotter, *dok* Dotterkern, *keibl* Keimbläschen, *a* Arterie mit Muskelhülle.

mehr blauroten Eiplasma ab. In diesem Stadium beginnt dann ferner die äußere Peripherie des Eikörpers sich zu verdichten und sich mehr und mehr gegen den übrigen Eikörper abzusetzen.

Bei Follikeln von 500—600 μ Durchmesser (*fo*$_3$) hat das Keimbläschen einen Durchmesser von 200—300 μ erreicht und schickt zahlreiche, lappige Fortsätze aus, von denen jeder gewöhnlich einen größeren Keimfleck enthält. Das Kernnetz ist noch deutlich erkennbar. In seinen Maschen liegen zahllose kleine und kleinste Keimflecke. Der Dotterkern hat sich stark ausgebreitet und umgibt den Kern im Schnitt ringförmig, in Wirklichkeit kugelschalenförmig. Die wichtigsten Veränderungen hat aber die Außenzone des Eikörpers erfahren. Einmal ist es hier zur Abscheidung der Dotterkörner (*do*) gekommen, kleinen, zunächst nur 2—3 μ im Durchmesser haltenden, ovoiden Körperchen, die intensiv azidophil sind. Nach außen von der Dotterzone folgt zunächst eine dotterfreie Rindenschicht, dann ordnet sich das Eiplasma in Form radiär gestellter Stäbchen an (*zora*). Dieser Zona radiata, der äußersten Eirinde, liegt nach außen eine homogene Membran, die Dottermembran (*dome*) auf, dann folgt das Follikelepithel (*foep*), weiter ein gefäßführendes Bindegewebe und schließlich das Binnenepithel (*biep*).

Das ausgebildete Eierstockei, wie wir es im Winter und Frühjahr antreffen (Fig. 291 fo_4), hat einen größten Durchmesser von 1,4—1,5 mm. Die Dotterhaut hat eine Dicke von 5—6 μ erreicht, die Zona radiata ist nur noch undeutlich zu erkennen. Der Dotterkern ist mit zunehmender Dotterbildung verschwunden und die Dotterkörner, ovoide Körperchen mit einem größten Durchmesser von 10—12 μ, füllen nun den ganzen Eikörper aus, jedoch so, daß die eine Eihälfte eine größere Dottermasse enthält als die andere und dadurch schwerer wird. Es bilden sich so am Froschei zwei Pole aus, der animale, entsprechend der leichteren, der vegetative, entsprechend der schwereren Eihälfte. Am ersteren ist das zwischen den Dotterkörnern gelegene Eiplasma durchsetzt von feinsten Pigmentkörnchen, die dieser Eihälfte ein dunkles Aussehen verleihen. In der Nähe des animalen Poles findet sich auch stets das halbkugelige Keimbläschen von 300 μ größtem Durchmesser mit zahlreichen Keimflecken.

Seine definitive Reife erlangt das Ei erst kurz vor der Laichzeit und während dieser selbst. Nachdem sich aus dem Keimbläschen die erste Richtungsspindel gebildet hat, fällt das Ei durch Platzen des Follikels in die Bauchhöhle, wird vom Ostium abdominale der Tube aufgenommen, stößt im Eileiter den ersten Richtungskörper aus, während der zweite erst kurz nach der Befruchtung abgeschnürt wird. Im Eileiter umgibt sich das Ei schließlich mit der von einer äußeren und inneren Kapsel umschlossenen Gallerte und gelangt durch den Uterus und die Kloake nach außen.

Das abgelegte Froschei hat einen Durchmesser von 1,8 mm; es dreht sich innerhalb seiner Gallerte immer so, daß der pigmentierte, animale Pol nach oben sieht. In ihm zeigt eine schwächer pigmentierte Stelle, die Fovea germinativa, die Lage des Keimbläschens an. Die einzelnen Eier verschmelzen mit der äußeren Kapsel ihrer Gallerte miteinander zur Bildung größerer, als Laich bezeichneter Eiballen.

Ein erheblicher Teil der Ovarialeier gelangt nicht zur Ausstoßung, sondern macht innerhalb des Eierstocks regressive Veränderungen durch. Solche Abortiveier (Fig. 291 *abei*) finden wir immer zahlreich in unseren Schnitten. Unter dem Einfluß der sich stark vermehrenden Follikelzellen und einwandernder Leukozyten wird der Dotter verflüssigt und das Eiplasma erscheint in immer höherem Grade vakuolisiert. Dabei lagert sich im Eikörper massenhaft Pigment ab, von der Oberfläche dringen die Blutgefäße in ihn ein und verwandeln ihn schließlich in eine Bindegewebsmasse.

b) Der Eileiter.

Zur Abführung der Geschlechtsprodukte dient beim weiblichen Geschlecht der MÜLLERsche Gang, an dem wir den rostralen Abschnitt als Eileiter, den kaudalen als Uterus unterscheiden.

Der Eileiter beginnt mit dem ventral vom Lungenhals gelegenen trichterförmigen Ostium abdominale und läuft als Pars recta tubae dem M. transversus abdominis angelagert, gerade kaudalwärts. Nach ungefähr 2 cm verdickt sich das Rohr zur Pars convoluta tubae, legt sich in zahlreiche Schlingen, die zur Brunstzeit ein mächtiges, lang ausgezogenes Konvolut bilden. In der Höhe des kaudalen

Nierenpoles geht der Eileiter in den Uterus über, der in die dorsale Kloakenwand einmündet. Er liegt ebenso wie die Pars recta retroperitoneal, während die Pars convoluta durch eine Peritonealduplikatur, das Mesotubarium, an der Dorsalwand der Bauchhöhle fixiert ist.

In der Pars recta legt sich die Eileiterschleimhaut in hohe, dicht nebeneinander stehende Längsfalten und ist bedeckt von einem einschichtigen, niedrigzylindrischen Flimmerepithel. Die bindegewebige Propria bildet den Grundstock der Falten und breitet sich nach außen von ihnen noch in dünner Schicht aus. Eine abgegrenzte Muskularis fehlt, sie wird ersetzt durch schräg oder spiralig verlaufende, in der Propria zerstreute glatte Muskelfasern.

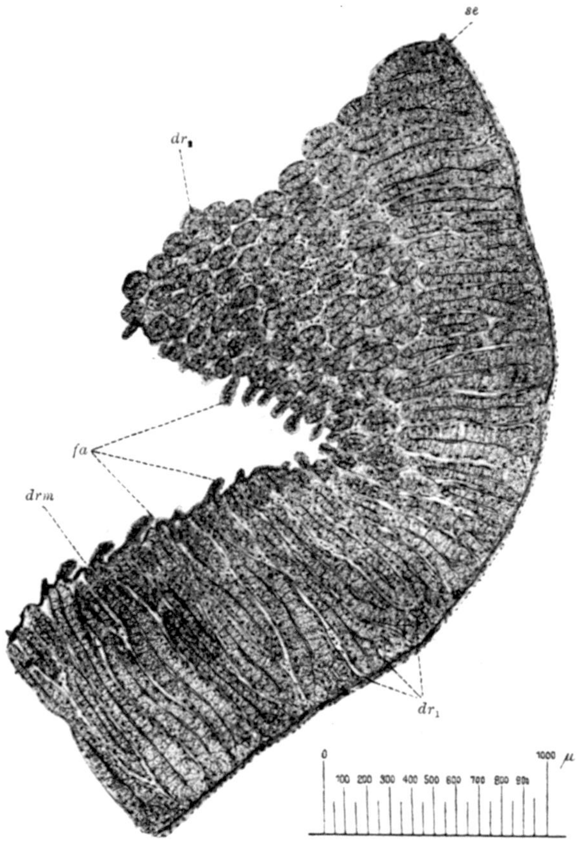

Fig. 293. Frosch. Eileiter. Pars convoluta. *fa* Schleimhautfalten, dr_1 Drüsen im Längsschnitt, dr_2 Drüsen im Querschnitt, *drm* Drüsenmündungen.

Ganz wesentlich anders ist der Bau der Pars convoluta, deren Wand beim brünstigen Tier über 1 mm dick ist. Diese Verdickung wird hervorgerufen durch die Einlagerung eines mächtigen Drüsenstratums, dem die Absonderung der Gallerte zufällt. Die Schleimhaut zeigt sehr niedrige und weit auseinanderstehende Längsfalten (Fig. 293 *fa*). Zwischen den mit einem einschichtigen niedrig zylindrischen Flimmerepithel bedeckten Falten finden sich die engen Mündungen der Drüsen (*drm*). Es sind einfache, die ganze Dicke der Tubenwand radiär durchsetzende Schläuche (dr_1), die außerordentlich dicht liegen. Das spärliche, zwischen ihnen sich findende Bindegewebe enthält nur sehr wenig Blutgefäße und geht distalwärts in das die Falten bildende Propriagewebe über. Am Grund ist der Drüsenkörper meist etwas verdickt und häufig gegabelt. Das enge Drüsenlumen ist ausgekleidet von langen Zylinderzellen. Der stark abgeplattete unregelmäßige Kern schmiegt sich dem Zellgrunde an, der Zellkörper ist erfüllt von groben Sekretkörnern, die alle färberischen Reaktionen des Schleims geben. Nach außen von den Drüsen breitet sich die Propria noch in dünner Schicht aus und enthält zerstreute glatte Muskelfasern. Schließlich wird die Tubenwand noch außen von der Serosa (*se*) überzogen.

Die Wand des Uterus ist wieder beträchtlich dünner und enthält nur in ihrem rostralen Abschnitt Drüsen. Die Schleimhaut legt sich auch hier in längs verlaufende, von einem einschichtigen, flimmernden Zylinderepithel bedeckte Falten. Die Muskelfasern schließen sich nach außen von der Propria zu einer dünnen Muskularis zusammen.

13. Die Kloake.

Die Kloake stellt den nur knapp 10 mm langen, auf dem kaudalen Steißbeinende gelegenen Endabschnitt des Verdauungsrohres dar, der mit dem After nach außen sich öffnet. In sie münden die Harnleiter, die MÜLLERschen Gänge und die Harnblase, und zwar die beiden ersteren auf besonderen papillenförmigen Erhebungen der dorsalen Wand, Papillae urinariae und uterinae, während die Harnblase in die ventrale Kloakenwand einmündet. Gegen den Enddarm setzt sich die Kloake durch einen ringförmigen Wulst, die Valvula rectocloacalis ab.

Die Kloakenschleimhaut legt sich in niedere Längsfalten und wird bedeckt von einem geschichteten Epithel, dessen Schichtenzahl nach dem After zu immer mehr zunimmt. Zunächst sind es nur 2—3 Schichten kubischer Zellen, ähnlich dem Harnblasenepithel und wie dieses mit Becherzellen durchsetzt. Kaudalwärts verschwinden die letzteren, das Epithel wird mehrschichtig und geht gegen den After zu in die Epidermis über. Auf die bindegewebige, von Pigmentzellen durchsetzte Propria folgt zunächst eine dünne Lage zirkulärer, dann eine stärkere Lage longitudinaler Muskelfasern. Außen wird der rostrale Teil der Kloake umgeben vom Sinus pelvicus, kaudalwärts lagern sich ihr zwei quergestreifte Muskeln an, M. compressor cloacae und der M. sphincter ani.

An Parasiten sind Kloake und Enddarm des Frosches außerordentlich reich. Wir finden hier von Amöben die Entamoeba ranarum, von Ziliaten Opalina ranarum, O. dimidiata und O. zelleri, Balantidium entozoon und Nyctotherus cordiformis. Bei Rana fusca außerdem noch Eier und Jugendstadien eines Nematoden, Rhabdonema nigrovenosa.

14. Die Zirkulationsorgane.

a) Das Blut.

Zur Untersuchung des Blutes lassen wir am besten aus dem ausgeschnittenen Herzen einen Tropfen auf den Objektträger fallen, breiten ihn sofort mit der Kante eines zweiten Objektträgers in dünner Schicht aus und bringen ihn, bevor noch die Eintrocknung vollkommen geworden ist, für 10 Minuten in 10%iges Formalin. Gefärbt wird in Hämalaun-Eosin oder in Biondi oder in Giemsalösung. Daneben untersuchen wir natrülich auch das frische Blut, indem wir einen kleinen Blutstropfen mit dem Deckglas bedecken und mit KRÖNIGschem Lack umranden.

Die Erythrozyten des Froschblutes (Fig. 294 *erz*) sind kernhaltige, ovale Scheiben; ihre Länge schwankt zwischen 20 und 25 μ, ihre Breite zwischen 12 und 18 μ. Von der Kante gesehen, zeigt jede Scheibe eine verdickte Mitte und dünn auslaufende Ränder. Die Körperchenmitte nimmt der ovoide, etwas abgeplattete, ungefähr 7 μ im Längsdurchmesser haltende Kern ein. In frischem Zustand erscheint der Erythrozyt leicht hellgelb mit dunkler Mitte, auf Zusatz dünner Essigsäure hellt sich der Zelleib auf und der Kern tritt scharf hervor. Der erstere färbt sich in Hämalaun-Eosin leuchtend rot, in Biondi orange, in Giemsa blaugrün. Die Zahl der Erythrozyten beträgt durchschnittlich 350000 im Kubikmillimeter Blut.

Zwischen den roten Blutkörperchen findet man immer weiße Blutkörperchen; ihre Zahl ist sehr großen Schwankungen unterworfen, man kann etwa auf 20—100 rote ein weißes rechnen. Unter ihnen stellen die Lymphozyten das weitaus größte Kontingent. Es sind zumeist 7—10 μ große, kugelige Zellen mit kugeligem Kern, der den Zellkörper so vollkommen ausfüllt, daß nur ein minimaler, schwach basophiler Plasmarand ihn umzieht (lyz_1). Neben den kleinen Lymphozyten treten auch ganz ähnlich gebaute große Lymphozyten (lyz_2) auf von 15—20 μ Durchmesser.

Die Leukozyten lassen wieder basophile und eosinophile Formen erkennen. Die nur sehr vereinzelt auftretenden basophilen Leukozyten (*leuz*) gleichen

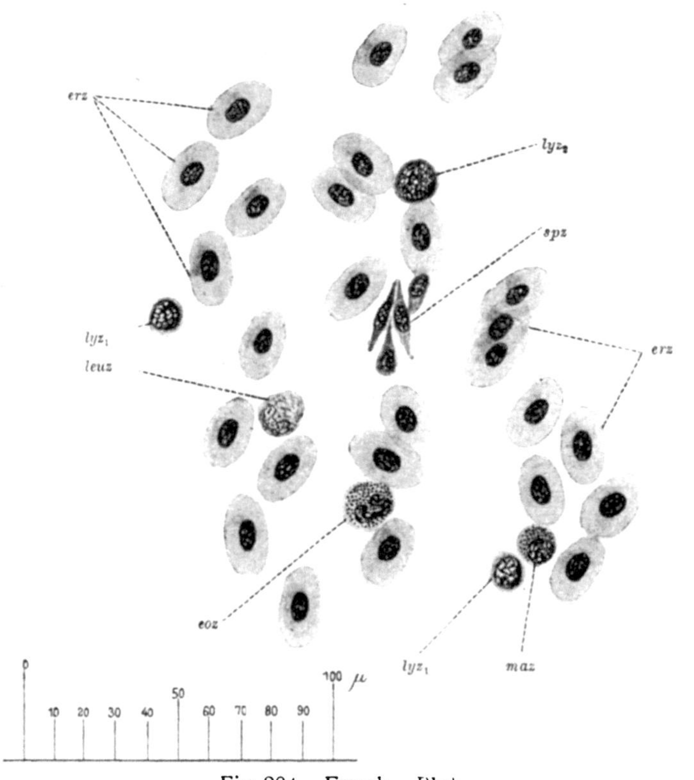

Fig. 294. Frosch. Blut.
erz Erythrozyten, lyz_1 kleine Lymphozyten, lyz_2 großer Lymphozyt, *leuz* basophiler Leukozyt, *eoz* eosinophiler Leukozyt, *maz* Mastzelle, *spz* Spindelzellen.

in ihrer Größe den großen Lymphozyten. Der Kern ist aber nie kuglig, sondern mehr oder weniger stark eingeschnürt oder gelappt und wird stets von einem breiten basophilen Plasmasaum umgeben. Die eosinophilen Leukozyten (*eoz*) sind von verschiedener Größe. Ihr Kern ist immer stark gelappt und der Zellkörper enthält grobe, stark azidophile Granulationen. Mastleukozyten, Mastzellen (*maz*) enthält das Froschblut oft in recht beträchtlicher Anzahl. Sie sind von variabler Größe; der fast immer regelmäßig kuglige Kern wird von einem schmaleren oder breiteren Plasmasaum mit stark basophilen Granula umgeben.

Einen letzten Bestandteil des Froschblutes bilden schließlich die Spindelzellen (*spz*). Sie sind, wie ihr Name besagt, von spindliger Form und etwas kleiner als die Erythrozyten. Der an beiden Enden etwas spitz ausgezogene Zellkörper verhält sich bald schwach basophil, bald schwach azidophil und enthält einen länglichen Kern, der meist eine mehr oder weniger deutliche, unvollkommene Längsspaltung erkennen läßt. Die Spindelzellen liegen meist zu kleinen Haufen zusammen und bilden bei der Blutgerinnung Zentren, von denen die Gerinnung ihren Ausgang nimmt, und um welche sich die Erythrozyten rosettenförmig anordnen.

Im Froschblut findet man nicht selten als Schmarotzer einen sich lebhaft bewegenden Flagellaten, das Trypanosoma sanguinis.

Der Blutkreislauf kann am lebenden Frosch an vielen Stellen, so an den Schwimmhäuten, der Zunge, der Lunge, dem Mesenterium beobachtet werden. Man vergleiche in dieser Beziehung auch das auf S. 533 Gesagte.

b) Das Herz.

Das Froschherz besteht aus einer Kammer und zwei Vorkammern. An seine Dorsalfläche legt sich, von ventral her nicht sichtbar, der große, flache, dünnwandige Sinus venosus an. Er nimmt das gesamte venöse Blut des Körpers auf, und zwar von kaudal her die unpaare V. cava posterior, von rostral und lateral her die paarige V. cava anterior. Der Sinus venosus ergießt sich durch das mit zwei Klappen versehene Ostium venosum in den rechten Vorhof, der, geräumiger als der linke, von diesem durch das dünne Septum atriorum geschieden wird. In den linken Vorhof mündet die kurze, unpaare V. pulmonalis communis in dem von einem besonderen Schließmuskel umgebenen Ostium pulmonale. Beide Ostien liegen dicht nebeneinander in der rostralen Vorhofswand, getrennt durch das Septum atriorum. Die Vorhöfe ergießen ihr Blut in die Kammer durch das Ostium atrioventriculare. Es wird durch das Septum atriorum in eine rechte und linke Hälfte geteilt und ist von vier Atrioventrikularklappen umsäumt. Die Kammer entleert ihr Blut durch das mit drei Klappen versehene Ostium ventriculare bulbi in den Bulbus cordis. Auf der rechten Herzseite, zwischen Kammer und rechter Vorkammer gelegen, springt er bei Eröffnung des Herzbeutels deutlich, die Herzform im kleinen nachahmend, hervor. Durch eine spiralförmige Klappe, das Septum bulbi, wird sein Binnenraum unvollständig in zwei Wege geteilt, den einen für das venöse, den anderen für das arterialisierte Blut. Aus dem stumpfen, mit drei weiteren Klappen versehenen, rostralen Bulbusende geht der Truncus impar hervor, der sich alsbald in den Truncus arteriosus dexter und sinister teilt. Im Truncus impar scheidet das Septum principale ein Cavum aorticum von einem Cavum pulmonale und setzt sich in die beiden Trunkusäste als Septum pulmoaorticum fort, während gleichzeitig das ventral gelegene Cavum aorticum durch ein weiteres Septum aorticocarotideum in zwei weitere Räume zerlegt wird. Wir haben so in jedem Trunkusast drei von dorsal nach ventral übereinanderliegende Kanäle, den Canalis pulmocutaneus, den Canalis aorticus und den Canalis caroticus, aus denen auf jeder Seite eine A. pulmocutanea, eine Aorta und eine A. carotis communis hervorgehen.

Für die histologische Bearbeitung des Herzens kommt es vor allem darauf an, das Organ in möglichst gedehntem, diastolischem Zustand zu erhalten. Zu diesem Zweck tötet man das Tier durch protrahierte Einwirkung von Chloroform, eröffnet die Bauchwand ohne Verletzung der V. abdominalis, unterbindet die letztere rostralwärts und legt das Herz frei. Dann senkt man das ganze Tier in ein größeres Glas mit Bouinscher Flüssigkeit für 24 Stunden ein und behandelt noch mehrere Tage mit 10%igem Formalin nach. Das jetzt völlig harte Organ wird nun aus seinen Verbindungen gelöst und durch einen dicht rostral von der Atrioventrikulargrenze verlaufenden Querschnitt in einen Vorhof- und einen Kammerteil und der letztere wieder durch einen sagittalen Längsschnitt in eine rechte und linke Hälfte zerlegt. Aus diesen drei Teilen wird unter Wasser durch Ausspritzen mit der Pipette das, sonst später das mikroskopische Bild stark beeinträchtigende Blut herausgespült, wobei sich hinreichende Gelegenheit zum makroskopischen Studium der Herzhöhlen bietet. Dann wird Entwässerung und Paraffineinbettung in gewöhnlicher Weise vorgenommen. Der Vorhofsteil wird quer, die Kammerteile werden sagittal geschnitten.

Fig. 295 stellt einen solchen Querschnitt durch den ersteren dar. Er trifft die beiden Vorkammern, die geräumige rechte (*atde*) und die weniger geräumige linke Vorkammer (*atsi*), beide getrennt durch das dünne Vorhofsseptum

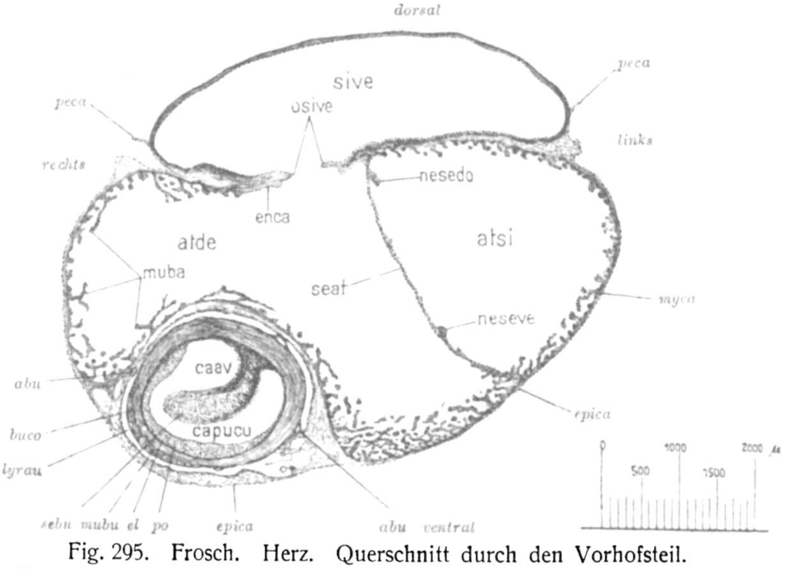

Fig. 295. Frosch. Herz. Querschnitt durch den Vorhofsteil.
peca Perikard, *myca* Myokard, *epica* Epikard, *abu* Zweige der A. bulbi, *po* Polster des Bulbus cordis (*buco*), *el* elastische Schicht des letzteren, *mubu* Muskulatur des Bulbus, *sebu* Septum bulbi, *lyrau* Lymphraum zwischen Bulbus und Epikard, *capucu* Cavum pulmocutaneum, *caao* Cavum aorticum, *atde* rechter Vorhof, *muba* Muskelbälkchen der Vorhofswand, *enca* Endokard *seat* Vorhofsseptum, *sive* Venensinus, *osive* Ostium sinus venosi, *atsi* linker Vorhof, *nesedo* N. septalis dorsalis, *neseve* N. septalis ventralis.

(*seat*). In die rechte Vorkammer öffnet sich der der dorsalen Herzfläche dicht anliegende Sinus venosus (*sive*) durch das Ostium sinus venosi (*osive*). Die ventrale Wand der rechten Vorkammer wird ferner an ihrer lateralen Kante stark nach innen vorgebuchtet durch den rundlichen Querschnitt des Bulbus cordis (*buco*).

Die Außenfläche der Vorkammern ist überzogen von dem Epikard (*epica*) mit Ausnahme des dem Venensinus und dem Bulbus anliegenden Teils. Der erstere stülpt von dorsal her den Perikardialsack ein und ist mit den Vorkammern durch lockeres Bindegewebe fest verwachsen. Der Bulbus dagegen liegt innerhalb des Epikards, das hier durch eingelagertes Bindegewebe stark verdickt ist. Dieses Bindegewebe füllt den Raum zwischen Bulbus und rechter Vorhofswand aus bis auf schmale, die Bulbusoberfläche bekleidende Lymphräume (*lyrau*). Am Sinus venosus geht das Epikard kontinuierlich in das Perikard (*peca*) über. Seine Grundlage bildet ein an den verschiedenen Stellen verschieden mächtiges, von Pigmentzellen durchsetztes Bindegewebe, dessen nach allen Richtungen sich überkreuzende kollagene Bündel von einem starken Netzwerk elastischer Fasern durchsetzt werden. Die elastischen Elemente sind so dicht gelagert, daß das Epikard bei Resorzinfuchsinfärbung an vielen Stellen vollkommen schwarz erscheint. Außen liegt auf dieser bindegewebig elastischen Grundlage das Epikardialepithel, ein einschichtiges Plattenepithel.

In der Vorhofswand folgt auf das Epikard das Myokard (*myca*), die Vorhofsmuskulatur. Ihre Muskelbalken zeigen zunächst außen einen zirkulären Verlauf. Aus der Zirkulärschicht zweigen sich dann die freien Muskelbalken (*muba*) ab und bilden auf der Vorhofsinnenfläche ein ausgedehntes Netzwerk.

Man kann sich dieses Netzwerk sehr schön zur Anschauung bringen, wenn man beim eben getöteten Frosch den Vorhofsteil abschneidet, die Vorkammern eröffnet und auf einer Wachsplatte ausbreitet und aufsteckt. Das Präparat wird für einige Minuten in eine physiologische Kochsalzlösung eingelegt, der auf 10 ccm 1 Tropfen 2%ige Methylenblaulösung zugesetzt wird. Nach Fensterung der Wachsplatte erscheint dann das blau gefärbte Muskelnetz noch in voller Kontraktion, die unter geeigneten Vorsichtsmaßregeln längere Zeit beobachtet werden kann.

Jeder Muskelbalken setzt sich wieder zusammen aus Muskelzellen. Legt man ein Stück des frischen Froschherzens für 15—20 Minuten in eine kleine Menge 40%iger Kalilauge, so lassen sich diese Zellen als lange, dünne, spindelige Elemente isolieren. Sie gleichen den glatten Muskelfasern der Darmmuskulatur, enthalten aber an Stelle der glatten quergestreifte Myofibrillen. Die Zellen sind in den Muskelbalken durch eine, in Kalilauge lösliche Kittsubstanz miteinander verbunden. Bei der Teilung der Muskelbalken gehen die Zellen aus einem Teilstück in das andere über. Färbt man höchstens 5 μ dicke Paraffinschnitte mit Eisenhämatoxylin, so treten die Myofibrillen sehr gut hervor und man kann dann an geeigneten, längsgetroffenen Bälkchen dieselben kontinuierlich durch den ganzen Balken durchlaufen sehen, so daß also in dieser Beziehung die Herzmuskelzelle keine abgeschlossene Einheit und das Isolationspräparat ein Kunstprodukt darstellt. Die Myofibrillen werden umgeben von Sarkoplasma, das sich in der Zellachse in größerer Menge anhäuft. Hier liegt auch der 15—20 μ lange, walzenförmige Kern.

Die Innenfläche der Vorhöfe wird ausgekleidet von dem Endokard (*enca*). Wie beim Epikard, so haben wir auch hier wieder als Grundlage Bindegewebe von elastischen Fasernetzen durchsetzt. Auf den Muskelbälkchen ist diese bindegewebig-elastische Schicht oft kaum zu erkennen, da, wo das Endokard der äußeren zirkulären Muskelschicht aufliegt, ist sie wesentlich dicker. Das Endokardialepithel ist wieder ein einfaches Plattenepithel.

Das Vorhofsseptum (*seat*) zeigt im wesentlichen den Bau der Vorhofswand und besteht, abgesehen von mehreren gröberen, hauptsächlich längs verlaufenden Muskelbalken aus einem Netzwerk dünner und dünnster Muskelbälkchen, beiderseits vom Endokard überzogen. Da, wo es sich aus der Vorhofswand erhebt, ist es dicker, in der Mitte verdünnt es sich auf 10—15 μ, so daß vielfach die beiden Endokardialblätter in direkte Berührung kommen. Sein kaudaler Rand heftet sich dorsal und ventral an die rostrale Fläche der beiden größeren Atrioventrikularklappen an, während die Mitte frei ins Ostium atrioventriculare hineinsieht.

Der Sinus venosus (*sive*) gehört nicht mehr zum Herzen. Das zeigt sich auch in dem Bau seiner Wandung, die aus längs und zirkulär verlaufenden glatten Muskelfasern besteht, innen von der Intima, außen von der Adventitia überzogen.

Seine Mündung in den rechten Vorhof, das Ostium sinus venosi (*osive*) besitzt zwei Klappen, die in unserem Schnitt nicht getroffen erscheinen, da sie quergestellt sind.

Gegenüber dem Sinus venosus gibt sich der Bulbus cordis (*buco*) durch den Besitz von quergestreifter Muskulatur als echter Herzteil zu erkennen. Unser Schnitt hat ihn ungefähr in der Mitte seines Verlaufes getroffen. Von der 400 bis 500 μ dicken Wand ragt in das Lumen das Septum bulbi (*sebu*) als mächtiger Zapfen, das erstere unvollständig in das ventrale Cavum pulmocutaneum (*capucu*) und das dorsale Cavum aorticum (*caao*) teilend. Die Bulbuswand besitzt eine starke Muskulatur (*mubu*), die hauptsächlich aus Ringmuskeln besteht. Sobald im rostralen Bulbusende das Septum principale auftritt, öffnet sich dieser Herzmuskelring auf der linken Seite, seine Schenkel ziehen sich dann immer mehr zurück bis auf geringe Reste auf der rechten Bulbusseite, die schließlich auch verschwinden, so daß der nun folgende Truncus impar keine muskulösen Elemente des Herzens mehr enthält.

Innen wird die Bulbusmuskulatur bedeckt von einer teilweise 30—40 μ dicken Schicht elastischer Fasern, untermischt mit kollagenen Fasern (*el*). Beide Faserarten dringen von hier aus einmal zwischen die Bündel der Muskularis ein und dann verbreiten sie sich weiter nach innen in ein der inneren Bulbuswand aufgelagertes Polster (*po*), dessen Dicke bis auf 300 μ anwächst. In Biondipräparaten hebt es sich mit intensiv blaugrüner Farbe von der roten Muskularis ab. Diese Färbung rührt her von der Anwesenheit einer homogenen, durch Schrumpfung häufig etwas streifig erscheinenden Grundsubstanz, in der sich ein Netzwerk sternförmiger Zellen ausbreitet. Sie enthält außerdem noch ein ziemlich dichtes Netzwerk elastischer Fasern und wird schließlich von zahlreichen, teils zu Bündeln vereinigten Bindegewebsfasern durchzogen. Bei oberflächlicher Betrachtung macht das Ganze den Eindruck von einem elastischen Knorpel, genauere Untersuchung zeigt aber, daß es sich um eine intra vitam wohl festweiche, schleimartige Masse handelt, welche ganz ähnlich wie beim embryonalen Gallertgewebe die Maschen des Zell- und Fasernetzwerkes durchtränkt. Aus diesem Polster entwickeln sich am kaudalen Bulbusanfang die drei Bulbuseingangsklappen, am rostralen Bulbusende die drei Bulbusausgangsklappen. Dieselbe Struktur wie dem Polster, kommt auch dem Septum bulbi (*sebu*) zu, das Septum principale dagegen zeigt schon ganz den Bau der Arterienwand. Die gesamte Bulbusinnenfläche wird dann noch vom Endokard ausgekleidet.

Der Herzventrikel besitzt einen axialen Haupthohlraum, von dem zahlreiche, längsgestellte, spaltförmige Nebenräume in radiärer Anordnung gegen die Herzoberfläche vordringen. Diese Nebenräume werden getrennt durch septenartig aus der Herzrinde sich erhebende Muskelmassen, von denen jede wieder ein Netzwerk von Muskelbalken bildet. Unser Sagittalschnitt (Fig. 296) hat den Hauptraum (*hauka*) in der Mitte getroffen und dorsalwärts ein solches Muskelseptum (se_1) in seiner ganzen Ausdehnung. Ventral dagegen erscheint das Septum (se_2) nur in seinem zentralen Teil geschnitten, so daß zwischen ihm und der Herzrinde (*ri*) der Nebenraum (*neka*) klafft. Der äußerste Teil der Rinde wird von einer dünnen Schicht, im wesenltichen ring- oder schraubenförmig verlaufender Muskelbündel gebildet, aus der sich Radiärbalken erheben und unter Teilung und Verflechtung nach innen vordringen. Von den Radiärbalken zweigen sich seitliche

Äste ab, um einen zirkulären Verlauf einzuschlagen. Es entsteht so ein Flechtwerk gröberer und feinerer Muskelbalken, das in allen seinen Teilen vom Kammerblut umspült wird. In den Septen verlaufen vor allem starke Längsbalken und entwickeln an ihrem rostralen Ende Sehnen (*se*), die sich an der kaudalen Fläche der Atrioventrikularklappen festsetzen.

Von den vier das Atrioventrikularostium (*oatve*) umsäumenden Klappen hat unser Schnitt die beiden größten, die ventrale (*vaatve*$_1$) und die dorsale (*vaatve*$_2$)

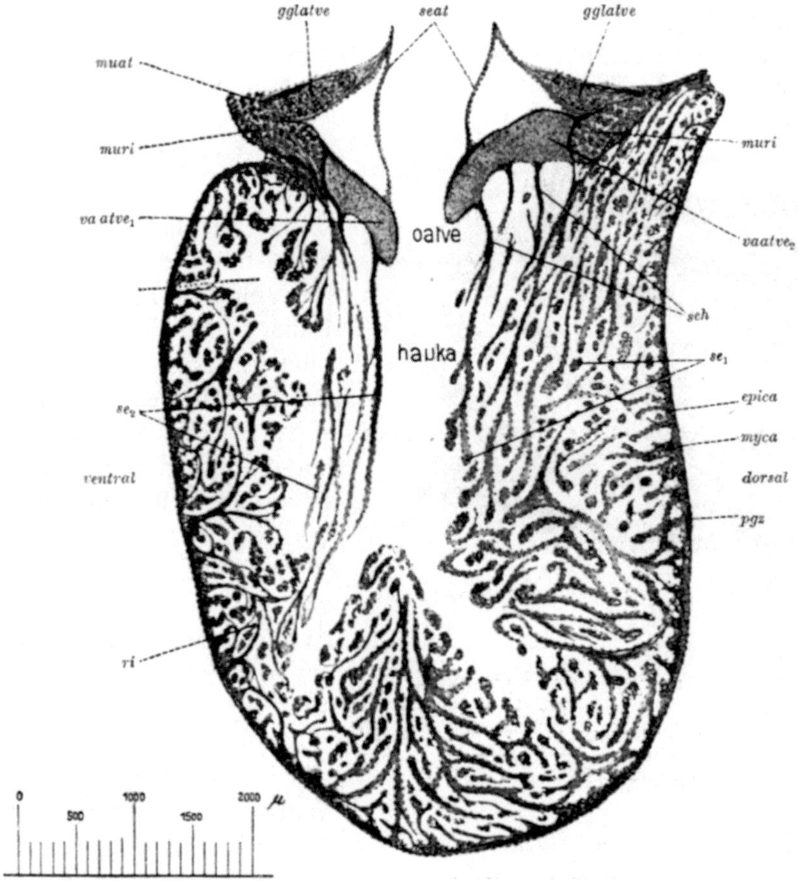

Fig. 296. Frosch. Herz. Sagittaler Längsschnitt durch den Kammerteil.
gglatve Ganglion atrioventriculare, *seat* Vorhofsseptum, *muri* Muskelring, *vaatve*$_2$ dorsale Atrioventrikularklappe, *seh* Sehnen, *se*$_1$ Muskelseptum längs getroffen, *epica* Epikard, *myca* Myokard, *pgz* Pigmentzellen des Epikards, *ri* Muskelrinde, *se*$_2$ Muskelseptum schräg getroffen, *vaatve*$_1$ ventrale Atrioventrikularklappe, *muat* Übergang des Muskelringes (*muri*) in die Vorhofsmuskulatur, *oatve* Ostium atrioventriculare, *hauka* Hauptraum der Kammer.

getroffen. Mit ihrer Basis sind die Klappen an einen dicken, die Atrioventrikularöffnung umkreisenden und die muskulöse Verbindung zwischen Vorhöfen und Kammer vermittelnden Muskelring (*muri*) angeheftet. Auf der rostralen Klappenfläche setzt sich das Vorhofsseptum (*seat*) fest, das in einem der nächsten Schnitte sich dann quer über die Atrioventrikularöffnung herüberspannt. An der kaudalen Klappenfläche inserieren die Sehnen (*seh*) der Septenmuskeln. Die Sehnen sind nur kurz und enthalten neben kollagenen massenhaft elastische Fasern, so daß man sie als elastische Sehnen bezeichnen kann. Über den Bau der Klappen ist wenig zu sagen, sie gleichen vollständig dem Septum bulbi. In einer schleimigen

Grundsubstanz liegt ein Netzwerk verästelter Zellen. Die freien Klappenflächen werden vom Endokard überzogen, das auf der rostralen Klappenfläche eine starke elastische Grundschicht besitzt. Von ihr dringen, ebenso wie von den Klappensehnen, zahlreiche elastische und kollagene Fasern in die Grundsubstanz der Klappe ein.

Bezüglich des feineren Baues des Myokards, Endokards und Epikards der Kammer ist dem früher Gesagten nichts hinzuzufügen.

Aus dem Mitgeteilten geht hervor, daß die Herzwand beim Frosch keine eigenen Blutgefäße besitzt, mit Ausnahme des Bulbus cordis, dessen Wandung von der aus dem Canalis caroticus dexter entspringenden A. bulbi versorgt wird.

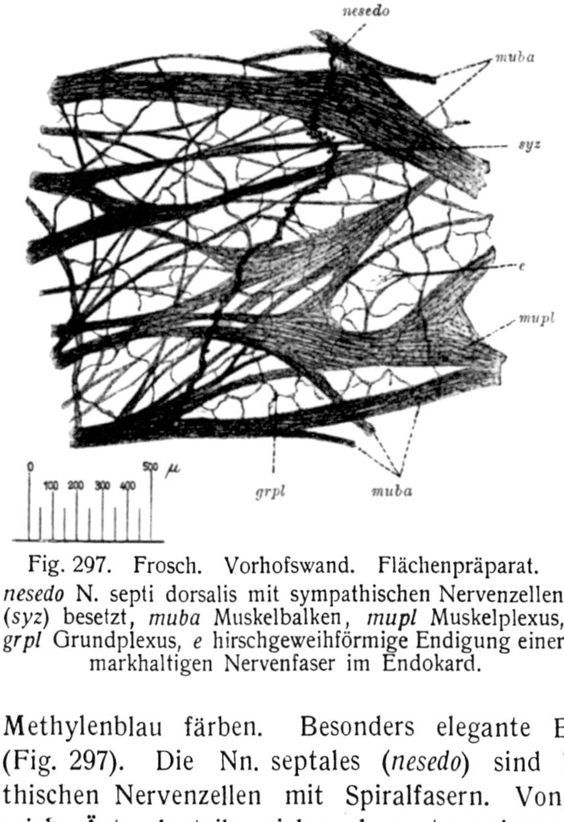

Fig. 297. Frosch. Vorhofswand. Flächenpräparat. *nesedo* N. septi dorsalis mit sympathischen Nervenzellen (*syz*) besetzt, *muba* Muskelbalken, *mupl* Muskelplexus, *grpl* Grundplexus, *e* hirschgeweihförmige Endigung einer markhaltigen Nervenfaser im Endokard.

Der Ramus cardiacus n. vagi, der neben markhaltigen zahlreiche, dem Grenzstrang entstammende marklose Fasern enthält, führt dem Herzen seine Nerven zu. Die beiderseitigen Rami bilden in der Wand des Sinus venosus den Remakschen Plexus, aus dem die beiden Nn. septales hervorgehen. Sie sind mit zahlreichen Nervenzellen besetzt und ziehen in der linken Vorkammer im Vorhofsseptum (Fig. 295 *nesedo* und *neseve*) zu den Atrioventrikularganglien (Fig. 296 *gglatve*), von denen aus die Fasern zum Ventrikelstrahlen.

Die Vorhofsnerven lassen sich in der S. 591 beschriebenen Weise sehr schön supravital mit Methylenblau färben. Besonders elegante Bilder liefert das Vorhofsseptum (Fig. 297). Die Nn. septales (*nesedo*) sind besetzt mit unipolaren, sympathischen Nervenzellen mit Spiralfasern. Von den Nerven zweigen sich zahlreiche Äste ab, teilen sich und anastomosieren zu einem weitmaschigen Grundplexus (*grpl*). Von diesem treten wieder Fasern aus und bilden um und in den Muskelbalken feinmaschige Plexus markloser Fasern, den Muskelplexus (*mupl*). Von dem letzteren aus werden die Muskelfasern mit Nervenfäserchen versorgt, die an ihnen mit kleinen Anschwellungen enden. Vom Grundplexus lösen sich ferner markhaltige Fasern los, um im Bindegewebe des Endokards in Form von Endgeweihen (*e*) sich aufzulösen.

In ganz ähnlicher Weise lassen sich auch die Kammernerven färben. Hier können wir einen endokardialen, einen muskulären und einen epikardialen Plexus erkennen, die alle vielfach miteinander in Verbindung stehen.

c) Die Blutgefäße.

Über die Struktur der Blutgefäße, deren Untersuchung ja an den verschiedensten Organschnitten erfolgen kann, ist wenig zu sagen. Am instruktivsten sind die Querschnitte durch den Kopf, die immer eine ganze Anzahl Arterien und Venen der verschiedensten Kaliber enthalten. In der Arterienwand lassen sich stets Intima, Media und Adventitia scharf voneinander unterscheiden. Die Intima besteht aus dem Gefäßepithel und einer äußerst feinen Lage von Bindegewebe. Die Zellen der ersteren sind länglich polygonal und von minimaler Dicke. Ihre Grenzen lassen sich durch Injektion 0,5%iger Höllensteinlösung, z. B. an den Arterien der Harnblase oder der Rachenschleimhaut leicht darstellen. Intima und Media werden durch eine, selbst in den kleinsten Arterien noch deutlich erkennbare Elastika getrennt.

Die Muskulatur der Media setzt sich aus zirkulär verlaufenden, glatten Muskelfasern zusammen, getrennt und umflochten durch spärliche Bindegewebsfasern. Die Dicke der Media wächst mit dem Durchmesser des Gefäßes. In den kleinsten Arterien stellt die Muskulatur eine einfache Spirale dar, in der sich Muskelzelle an Muskelzelle reiht. Die Muskelspiralen färben sich in den kleinsten Arterien der Haut, der Harnblase, der Darmwand und an vielen anderen Stellen besonders elegant bei der vitalen Methylenblaufärbung (Fig. 274).

Die Adventitia der Arterienwand ist bindegewebig mit spärlichen elastischen Fasern.

In der Venenwand ist eine Trennung in die drei Komponenten nicht durchführbar. Bei den kleinen und mittleren Venen ist das Gefäßepithel außen bedeckt von Bindegewebe mit sehr ausgedehnten elastischen Fasernetzen. Erst in den größten Venen kommt es zur Entwicklung einer Muskularis, die im Sinus venosus ihre stärkste Ausbildung erlangt.

d) Die Milz.

Die Milz des Frosches stellt einen ungefähr bohnenförmigen, braunen Körper von 6—8 mm größtem Durchmesser dar, der am Übergang des Dünndarmes in den Enddarm, und zwar auf dessen linker Seite in das Mesenterium eingelagert ist und vom kaudalen Ende des Magens bedeckt wird. In den rechten Rand des Organs, den Milzhilus, tritt die aus der A. mesenterica anterior kommende A. lienalis ein, und neben ihr kommt die V. lienalis aus der Milz heraus, um in die V. portae einzumünden.

Ein mit Biondilösung gefärbter Querschnitt durch das in ZENKERscher oder CARNOYscher Flüssigkeit fixierte Organ zeigt uns, daß die Milz umhüllt wird von einer 10—15 μ dicken Kapsel, der äußerlich das Serosaepithel aufliegt. Das von dieser Kapsel umschlossene Milzparenchym läßt schon bei schwacher Vergrößerung zwei verschiedene Bestandteile erkennen, nämlich ein aus groben und feinen Balken bestehendes tief orangerot gefärbtes Netzwerk, die rote Milzpulpa und eine die Maschen erfüllende, hellrote Substanz, die weiße Milzpulpa. Die Orangefärbung der roten Milzpulpa rührt her von ihrem Gehalt an Erythrozyten, die in lakunären, wandungslosen Räumen enthalten sind. Die Lakunen sind eingelassen in das Milzretikulum, ein Maschenwerk anastomosierender, verästelter Zellen, das mit der Milzkapsel und den dünnen von letzterer ausgehenden

Milzbälkchen in Verbindung steht. Dieses Milzretikulum steht also in offener Verbindung mit den Lakunen der roten Pulpa und enthält in seinen Maschen neben Erythrozyten kleine und große Lymphozyten und basophile Leukozyten. Ein weiterer charakteristischer Bestandteil der roten Milzpulpa tritt schon bei schwacher Vergrößerung durch seine intensive gelbbraune Färbung hervor. Es sind größere oder kleinere Haufen von Pigmentzellen, die sich teils im Retikulum, teils in den Lakunen finden. Das Aussehen dieser Pigmentzellen ist sehr verschieden. Hier tritt das Pigment in feinen Körnchen, dort in groben Schollen auf, und an einer dritten Stelle liegt nur eine einzige Scholle mit mehr oder weniger gut erhaltenem Kern in der Zelle. Es sind das Erythrozyten, die in der Milz massenhaft zugrunde gehen. Sie werden von Leukozyten aufgenommen und weiter verarbeitet.

Die weiße Milzpulpa füllt die Maschen der roten Pulpa aus und erscheint teils in Form kugliger Körperchen, Malpighischer Körperchen, teils mehr strangförmig angeordnet. Das Milzretikulum durchsetzt auch die weiße Pulpa, hier sind aber die Retikulummaschen ausschließlich von Lymphozyten und Leukozyten erfüllt. Die Tatsache, daß man in diesen farblosen Körperchen zahlreiche Mitosen antrifft, beweist, daß die Milz auch eine Bildungsstätte weißer Blutkörperchen ist, die von der weißen in die rote Pulpa und von da in den Blutstrom gelangen.

Die A. lienalis zerfällt sehr bald nach ihrem Eintritt in den Milzhilus in feine Zweige, aus denen Kapillaren hervorgehen und sich in die Lakunen der roten Pulpa öffnen. Die letzteren stehen in Verbindung mit den Wurzeln der Milzvene, deren gröbere Äste immer dicht unter der Kapsel verlaufen.

e) Die Lymphherzen.

An Stelle der mit kontraktiler Wandung versehenen Lymphgefäße, wie wir sie bei Vögeln und Säugetieren gefunden haben, besitzt der Frosch große spalten- oder sackförmige, einer eigenen Wand entbehrende Hohlräume, von denen wir oberflächliche und tiefe unterscheiden. In diese Lymphsäcke, von denen wir ja schon zahlreiche im Laufe unserer Untersuchungen kennen gelernt haben, ergießt sich die in den Gewebsspalten enthaltene Organlymphe. Röhrenförmige Lymphgefäße besitzt nur der Darm, sie führen ihren chylösen Inhalt, wie wir sahen, in den Sinus subvertebralis. Die Weiterbeförderung der Lymphe aus jenen Säcken in die Blutgefäße, und zwar in die Venen, wird dann übernommen von den Lymphherzen, deren der Frosch zwei Paare besitzt, rostrale und kaudale. Das rostrale Lymphherz liegt jederseits in der Höhe des Gelenkes zwischen drittem und viertem Wirbel, und zwar zwischen der medialen und lateralen Portion des M. intertransversarius dorsi. Dorsalwärts wird es bedeckt von der Supraskapula, dem M. serratus medius und der Fascia dorsalis, ventral grenzt es an den Sinus subscapularis. Das kaudale Lymphherz liegt jederseits lateral vom kaudalen Ende des Steißbeins in dem dreieckigen Raum, der begrenzt wird vom M. coccygeoiliacus innen, vom Darmbein und dem Ansatz des M. glutaeus magnus außen und von dem M. piriformis kaudal. Ventral liegt es dem M. compressor cloacae auf, dorsal wird es von der Fascia dorsalis bedeckt, durch welche hindurch man nach Spaltung der Haut seine Kontraktionen erkennen kann.

Jedes Lymphherz mündet mit einem mit Klappen versehenen Ostium venosum in eine Vene, das rostrale in die V. vertebralis, das kaudale in die V. iliaca transversa. Außerdem steht jedes Lymphherz durch Ostia lymphatica in offener Verbindung mit den umgebenden Lymphsäcken.

Die Wand der Lymphherzen setzt sich, wie die der Blutgefäße, aus Intima, Media und Adventitia zusammen und unterscheidet sich von jener im wesentlichen nur dadurch, daß die Muskelfasern der Media nicht glatt, sondern quergestreift sind.

f) Der ventrale Kiemenrest.

Wenn auch dem Frosch eigentliche Lymphdrüsen fehlen, so besitzt er doch in dem bei der Rückbildung der Kiemen während der Metamorphose entstehenden ventralen Kiemenrest ein Organ, das in seinem Bau den Lymphdrüsen der höheren Tiere nahe kommt. Man bekommt dasselbe sehr leicht zu Gesicht, wenn man den Schultergürtel in Verbindung mit der ventralen Bauchwand durchschneidet und rostralwärts umklappt. Dann findet man es in dem kaudal offenen Winkel zwischen dem M. sternohyoideus und dem M. omohyoideus als ein mattrotes Körperchen von ungefähr 2 mm größtem Durchmesser. Kaudal liegen zwei graue, kleinere Körperchen, die Epithelkörperchen.

Eine dünne, bindegewebige Kapsel umschließt das in dicken, netzförmigen Strängen angeordnete Parenchym. Die Netzmaschen werden von Blutkapillaren ausgefüllt. Als Gerüst des Parenchyms haben wir ein Retikulum sternförmiger, anastomosierender Zellen, dessen Maschen mit dicht gelagerten Lymphozyten ausgefüllt sind. Die großen, lichten, chromatinarmen Kerne der Retikulumzellen lassen sich immer leicht von den kleinen, kompakten Lymphozytenkernen unterscheiden. Erstere enthalten auch immer ein Kernkörperchen, letztere nie. Der Kiemenrest stellt wahrscheinlich eine Brutstätte von Lymphozyten dar, die durch Diapedese in die Blutkapillaren gelangen.

15. Die Schilddrüse.

Die Schilddrüse liegt ganz in der Nähe des ventralen Kiemenrestes und ist in dem früher geschilderten Präparat leicht zu finden, wenn man zwischen der Insertion des M. sternohyoideus am Zungenbein und dem medial von ihm gelegenen M. hyoglossus etwas in die Tiefe geht. Es ist ein meist auf beiden Seiten ungleich stark entwickeltes Körperchen von höchstens 2 mm Durchmesser, hebt sich in seiner Färbung nur schwer von der umgebenden Muskulatur ab und zeigt schon bei Lupenvergrößerung eine Zusammensetzung aus großen bläschenförmigen Follikeln.

Auf Schnitten durch die Drüse erscheinen die Follikel als allseitig geschlossene, kuglige oder längliche Blasen, mit einem Durchmesser von 300—400 μ. Sie sind ausgekleidet von einer einfachen Lage kubischer Epithelzellen, die um so niedriger werden, je größer der Follikel ist. Die Follikelhöhle ist ausgefüllt mit dem Absonderungsprodukt dieser Zellen, dem homogenen, stark azidophilen Kolloid. Zwischen den Follikeln liegen Blutgefäße, umgeben von Bindegewebe, das auf der Oberfläche der Drüse eine dünne Kapsel bildet.

16. Die Epithelkörperchen.

Die Lage der beiden kleinen, kugligen Körperchen, ihr Durchmesser erreicht kaum 1 mm, ist schon beim ventralen Kiemenrest angedeutet worden. Mikroskopisch zeigt sich jedes Körperchen von einer ziemlich derben bindegewebigen Kapsel umgeben; sein Parenchym besteht aus länglichen, zu Strängen und Zügen angeordneten Zellen, welche keine hervorstechenden Strukturdetails aufweisen. Die Stränge werden durch gefäßführendes Bindegewebe getrennt.

17. Der Thymus.

Den Thymus des Frosches kann man sich leicht auf folgende Weise zugänglich machen. Vom Mundwinkel wird zunächst ein ungefähr zentimeterlanger Schnitt kaudal und von dessen Ende ein ebenso langer Schnitt dorsal geführt. Unter dem so entstandenen Hautlappen kommt der kaudale Rand des M. depressor mandibulae zum Vorschein. Er wird frei präpariert und aufgehoben und man findet dann auf seiner ventralen Fläche ein höchstens 2 mm langes, gelbgraues Körperchen, den Thymus.

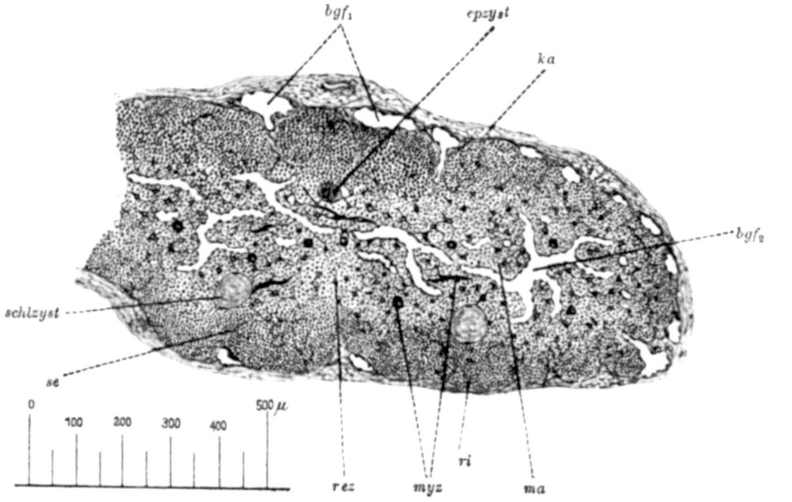

Fig. 298. Frosch. Thymus.
bgf$_1$ Blutgefäße der Kapsel, *epzyst* Epithelzyste, *ka* Kapsel, *bgf*$_2$ Blutgefäße des Markes, *ma* Marksubstanz, *ri* Rindensubstanz, *myz* myoide Zellen, *rez* Retikulumzellen, *se* Septen, *schlzyst* Schleimzysten.

Das Organ ist umhüllt von einer bindegewebigen Kapsel (Fig. 298 *ka*), von der blutgefäßführende Septen (*se*) ins Innere ziehen, sich hier verästelnd und verlierend. Das Parenchym läßt schon bei schwacher Vergrößerung eine helle, blutgefäßreiche Marksubstanz (*ma*) und eine dunkle Rindensubstanz (*ri*) erkennen. Von der Kapsel und den Septen aus erstreckt sich durch das ganze Parenchym ein Retikulum anastomosierender Zellen. In der Rinde tritt dasselbe kaum hervor, im Marke dagegen sind die Retikulumzellen (*rez*) mit ihren großen Kernen überall deutlich zu erkennen. Sie liegen hier einmal dichter als in der Rinde, werden aber ferner hier auch nicht so verdeckt durch den Hauptbestandteil des Parenchyms, die Lymphozyten. Mit ihnen sind die Retikulummaschen der Rinde außerordentlich dicht vollgepfropft, während das Mark nur wenig Lymphozyten enthält.

Dagegen treten im Mark dunkle rundliche und längliche, oft verzweigte Gebilde hervor, die sich bei starker Vergrößerung als Muskelzellen, myoide Zellen (*myz*) mit quergestreiften Fibrillen entpuppen. Ferner finden sich an der Grenze von Mark und Rinde stets kleinere und größere Zysten mit teils schleimigem (*schlzyst*), teils zelligem (*epzyst*) Inhalt.

18. Die Nebennieren.

Wir haben bei der Untersuchung der Niere die Nebenniere bereits kennen gelernt als einen länglichen, bandartigen Körper, der der Ventralfläche der Niere aufgelagert und innig mit ihr verwachsen ist und die Wurzeln der Vv. renales revehentes durchsetzt. Von dem dunkelbraunen Nierenparenchym hebt sich die Nebenniere durch ihre gelbbraune, oft goldglänzende Farbe ab.

Durchmustern wir einen unserer Nierenquerschnitte (Fig. 287) mit schwacher Vergrößerung, so sehen wir die weiten Wurzeln der Vv. renales revehentes (*vrv*) umgeben und durchsetzt von den netzförmig miteinander verbundenen, soliden Zellsträngen der Nebenniere (*neni*), die keinerlei scharfe Abgrenzung gegen das Nierenparenchym erkennen lassen.

Für die Untersuchung des feineren Baues der Nebenniere fixieren wir die eine Niere in Zenkerscher Flüssigkeit und betten sie in Paraffin ein, die andere wird in 10%igem Formalin fixiert und auf dem Gefriermikrotom geschnitten.

Ein Zenkerschnitt (Fig. 299) läßt in den Zellsträngen der Nebenniere viererlei Zellen erkennen. Die Hauptmasse wird gebildet aus unregelmäßigen, polyedrischen Elementen mit kleinem kugligen Kern (*lipz*). Ihr heller Zellkörper zeigt ein feinmaschiges, vakuolisiertes Protoplasma. Die Maschen sind leer. Ein mit Sudan gefärbter Gefrierschnitt des in Formalin fixierten Organs zeigt sie uns dagegen erfüllt mit feinen rotgefärbten Körnchen, die sich durch Nachbehandlung mit Osmiumsäure schwärzen. Wir haben es also hier mit einer lipoidartigen Substanz zu tun, welche durch unsere technische Manipulation in den Zenkerschnitten in Lösung gegangen war.

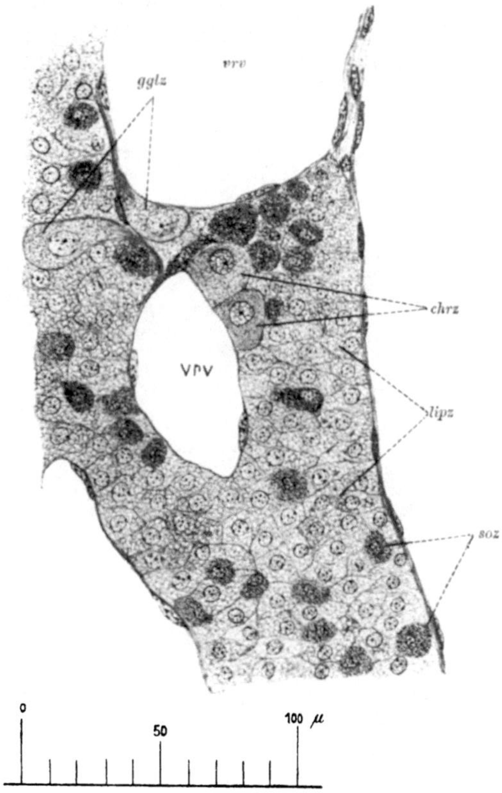

Fig. 299. Frosch. Nebenniere.
vrv Vv. revehentes, *gglz* Ganglienzellen, *chrz* chromaffine Zellen, *lipz* Lipoidzellen, *soz* Sommerzellen.

Zwischen diesen Lipoidzellen liegen zahlreiche, mit azidophilen Körnchen erfüllte Zellen (*soz*). Da sie besonders zur Sommerzeit stark hervortreten, hat man sie als Sommerzellen bezeichnet.

Die dritte Art von Zellen fällt zunächst durch ihre Größe auf (*chroz*). Sie liegen teils einzeln, teils zu Ballen vereint. Der Kern ist groß, kuglig und auffallend licht. Der Zellkörper zeigt Einlagerung scholliger Massen. Am auffallendsten treten diese Zellen bei Betrachtung ungefärbter Zenkerschnitte hervor. Während alle anderen Zellen ungefärbt sind, erscheinen sie durch die Behandlung mit dem chromsalzhaltigen Fixationsmittel braun gefärbt. Man hat sie wegen dieser auffallenden Affinität als chromaffine Zellen bezeichnet.

Schließlich enthalten die Balken auch noch echte sympathische Ganglienzellen (*gglz*). Wir sehen also, daß bei den Amphibien die Nebenniere kein einheitliches Organ ist, sondern aus der Durchwachsung zweier verschiedener geweblicher Komponenten entstanden ist. Die eine derselben, ihr gehören Lipoid- und Sommerzellen an, bildet das Interrenalgewebe, die andere das Adrenalgewebe, es umfaßt die chromaffinen und Ganglienzellen und entstammt dem Sympathikus, ist also ektodermalen Ursprungs.

Alphabetisches Inhaltsverzeichnis.

A.

B.

C.

D.

E.

F.

G.

H.

I.

K.

N.

O.

P.

T.

U.

V.

W.

X.

Z.

MIX
Papier | Fördert
gute Waldnutzung
FSC® C083411

Zeitfracht Medien GmbH
Ferdinand-Jühlke-Straße 7
99095 Erfurt, Deutschland
produktsicherheit@kolibri360.de